茄果类蔬菜优质高效栽培及病虫害防控技术

朴凤植　姚秋菊　张　涛　孙凯乐　申顺善◎主编

中国农业出版社
北　京

图书在版编目（CIP）数据

茄果类蔬菜优质高效栽培及病虫害防控技术 / 朴凤植等主编. —北京：中国农业出版社，2024.5
ISBN 978-7-109-31574-7

Ⅰ.①茄…　Ⅱ.①朴…　Ⅲ.①茄果类—蔬菜园艺②茄果类—病虫害防治　Ⅳ.①S641②S436.41

中国国家版本馆 CIP 数据核字（2023）第 231824 号

中国农业出版社出版
地址：北京市朝阳区麦子店街 18 号楼
邮编：100125
责任编辑：王秀田
版式设计：小荷博睿　　责任校对：周丽芳
印刷：北京中兴印刷有限公司
版次：2024 年 5 月第 1 版
印次：2024 年 5 月北京第 1 次印刷
发行：新华书店北京发行所
开本：700mm×1000mm　1/16
印张：18.5　　插页：4
字数：331 千字
定价：88.00 元

本书编委会

主　　编　朴凤植（河南农业大学）

　　　　　姚秋菊（河南省农业科学院蔬菜研究所）

　　　　　张　涛（河南农业大学）

　　　　　孙凯乐（河南农业大学）

　　　　　申顺善（河南农业大学）

副 主 编　黄　松　刘勇鹏　韩娅楠　王　永

　　　　　马肖静　黄　岩

参　　编　董晓宇　何梦菡　李　阳　杨新芳

　　　　　王　彬　常晓轲　张　航　郭倩倩

　　　　　刘艳霞　王　勇　史艳艳　李　丽

　　　　　丁明霞　马仕琳

目 录

第一章
茄果类蔬菜育苗技术

中国既是蔬菜生产大国，又是蔬菜消费大国，目前蔬菜种植面积约3.2亿亩*，年移栽需苗量6 000亿～7 300亿株（张真和和马兆红，2017）。近些年，随着中国国力不断提升，大众经济水平和消费水平的不断提高，对蔬菜的要求也有了明显的改变，消费者希望蔬菜的上市时间更早，上市后供应时长更长，甚至全年都有供应，加之现在城市规模的不断扩大，耕地面积正在逐渐减少，对土地单位面积产出率的要求也越来越高。育苗是蔬菜生产中的关键环节，21世纪初基于蔬菜产业发展规律和现实需求，农业技术部门提出了发展蔬菜集约化育苗，有力推动了蔬菜育苗技术革新和产业形成，也让蔬菜种植户逐渐意识到优质种苗对于蔬菜品质和产量的重要性，迫切希望在每个茬口都能购买到优质的种苗。

为了满足市场的需求，经过多年的发展，集约化批量生产商品苗，已成为我国蔬菜育苗的主要形式。根据各省（自治区、直辖市）粗略统计，目前我国建有蔬菜集约化育苗场逾3 000个，包括各类种苗公司、育苗中心、育苗专业合作社等，部分规模化育苗场年育苗量已超过10亿株。育苗技术已经开始从传统的床土育苗、育苗钵育苗、电热温床育苗等落后的育苗方式向集约化、工厂标准化的育苗方式一步步发生转变。围绕着蔬菜育苗的种子精选加工、穴盘和播种机制造、商品基质生产、成苗包装等外围支撑性分支产业已基本形成，专业嫁接、专业播种等社会化服务也得到了快速发展。但是，我国在育苗方面与美国、荷兰、澳大利亚、日本等一些发达国家相比，起步相对比较晚，还存在发育调控理论创新不足、高效实用技术装备缺乏以及运营管理技术亟待加强等问题。高效种苗生产体系建立，非一个学科，亦非一个单位可以完成，需要大联合，才能高效推进。相信在不久的未来我们的蔬菜种苗产业能够采用现代影像学、生理生化学、多组学关联分析等手段，培育出生理活力高、适应性强、株型紧凑、适应机械化移栽的壮苗，也能够构建数字种苗生产系统，实现产、学、研联合，不断提质增效，走在世界的前列。

茄果类蔬菜是我国种植区域广、面积大、产量高、经济效益高的一类蔬菜。本章将介绍茄果类蔬菜（番茄、茄子、辣椒）的常规育苗、工厂化育苗、嫁接育苗特点，具体育苗的步骤以及常见病虫害的诊断和防治。

---

* 1亩=1/15公顷。

第一节　种子生活力及检测

选择种子是育苗的开始，优质的种子让我们的育苗工作事半功倍，而且更容易培育出优质的种苗。在第一步种子的选择与处理中需要判断种子的质量，优质种子的质量标准主要看种子的净度、品种纯度、品种的真实度、水分、发芽率、发芽势、生活力。其中测定种子的发芽率、发芽势和生活力更能直观地显示种子的质量情况。

种子发芽率是在适宜种子发芽的条件下，正常发芽的种子数占供试种子数的百分比。公式：发芽种子数÷供试种子总数×100%。

种子发芽势是供试种子在规定的时间内发芽数所占百分比。反映了种子的发芽整齐度。公式：规定时间内发芽数÷供试种子数×100%。

种子生活力是指种子的发芽潜力或胚所具有的生命力。种子生活力是种子质量的重要指标，与播种后种子的生活情况密切相关。种子生活力的测定相较种子的发芽率和发芽势的测定更加快速，节省时间；种子的寿命在实际生产中往往很难确定，采用种子生活力的测定可以更快速地确定种子的质量和播种所需种子数。现在常用的生活力快速测定法有：四唑（2，3，5-氯化三苯基四氮唑；2，3，5-Triphenyl Tetrazolium Chloride，TTC）染色法、溴麝香草酚蓝（BTB）法和紫外荧光法等。

四唑染色法

①种子软化。每次随机选100粒种子在室温条件下浸泡8～12小时，若需更快得到实验结果，可以增加水的温度至30～35℃，浸泡3～5小时。

②将种子放入30℃、1%的四唑溶液中染色18小时，种子需完全浸入溶液。

③判断标准。观察染色数目，将染色的种子进行纵切，观察胚部染色情况。

辣椒：胚全部染色为发芽的。刀切伤口断面处为白色，但胚全部染成红色的为发芽的。胚染成淡粉色或浅色的为不发芽的。胚全部不染色或呈浅色的为不发芽的。

番茄：胚全部染色的为发芽的。胚部分染色的为不发芽的。胚染色呈粉色为不发芽的。胚全部不染色的为不发芽的。

茄子：观察种子染色时，需将胚部逐粒挤出观察，胚部全染色为发芽的。刀切伤口断面为白色，胚部染色的为发芽的。胚部呈浅粉色的为发芽的。胚部全不染色的为不发芽的。

第二节 番茄、茄子、辣椒常规育苗技术

一、常规育苗技术形式及特点

（1）常规育苗指的是传统的育苗方式，包括床土育苗、育苗钵育苗以及电热温床育苗，是农户利用自己土地搭建的阳畦或改良阳畦进行育苗的方式。

（2）常规育苗技术简单、设备简单、因地制宜、就地取材、育苗成本低；缺点是苗期长、种苗质量参差不齐、浪费劳动力、土地利用率低、风险大。

（3）常规育苗的技术流程主要包括：种子的选择与处理、苗床及床土处理、播种、播种后管理、移栽标准。

二、番茄常规床土育苗技术流程

（一）种子的选择与处理

（1）根据当地的气候条件、土壤条件，以及各品种的特性选择合适高产优质的品种。

（2）正式播种前，需要对发芽率进行测定或者测量发芽势。选择发芽率高，发芽整齐的种子。种子需进行消毒，消毒后用清水将种子冲洗干净，风干；种子风干后用温汤浸种，然后进行催芽。

（3）种子消毒常采用次氯酸钠溶液消毒、氢氧化钠溶液消毒、乙醇消毒、高锰酸钾消毒、硫脲溶液消毒等方式。采用次氯酸钠消毒时，使用20%次氯酸钠溶液浸泡20分钟，然后用清水冲洗4～5次；采用氢氧化钠溶液消毒时，使用2%氢氧化钠溶液浸泡15分钟，然后用清水清洗5～6次；采用乙醇消毒时，使用75%乙醇浸泡30秒，然后用清水冲洗3～4次；采用高锰酸钾溶液消毒时，使用0.2%高锰酸钾溶液浸泡25分钟，然后用清水冲洗3～4次；采用硫脲溶液消毒时，使用0.1%硫脲溶液浸泡30分钟，然后用清水冲洗5～6次。温汤浸种时用55℃温水浸泡15～20分钟。对于某些发芽率低的种子，温汤浸种后进行催芽，催芽温度25～30℃，催芽时间2～3天。每天观察种子的发芽情况和表面包裹的毛巾湿度，及时补水，毛巾保持一定的湿度。在种子露白后，就可以取出，然后进行播种。

（二）苗床准备及床土处理

选择一块土壤条件适合种子生长发育的地块，整理出一块 1.5 米宽，适宜深度，表面平整的地块；整理后对床土进行消毒，覆盖用的床土同样需要消毒处理；除了在土地上直接育苗，也可采用营养土育苗的方法，在适当的地块，整理出一个 1.5 米宽，20 厘米深，表面平整的育苗畦，然后将准备好的营养土倒入育苗畦中，整理平整，注意营养土也需要进行消毒。

床土（营养土）消毒的方法很多，主要包括：甲基托布津消毒法、多菌灵消毒法，营养土消毒的方法和普通床土消毒的方法一致。甲基托布津消毒法：50%甲基托布津，按 1∶100 的比例与细土混匀，播种前撒入苗床，种子播种后将细土混入覆盖用床土中；多菌灵消毒法：50%的多菌灵，也按照 1∶100 的比例与细土混匀，撒入床土中。

（三）播种

番茄种子较小，采用撒播的方式播种，每平方米床土播种 3 000～3 500 粒番茄种子为宜，均匀撒开；播后覆盖适宜厚度的土；覆盖完成后浇水，因为水渗透需要一定的时间，所以浇水一般分为两次。第一次，先快速均匀浇过整个地块，先把表层土浸湿（不然浇水时会把种子上层土冲走，影响种子的发芽率），然后以较快的速度浇一遍。第二次，等待半个小时后，观察水的渗透程度，如果水分已经渗透至种子层以下 3 厘米左右，不用进行二次浇水；如果水分仅渗透至种子表面，需要进行二次浇水，二次浇水注意不宜过多，水渗透至种子层以下 3 厘米左右即可。播种后水分充足，减轻了后期补水的劳动量。播种完成后，可在表面覆盖一层塑料薄膜或搭建小拱棚，保持床土水分和苗床温度。

（四）播种后管理

种子出土前，温度保持在 26℃以上，不高于 35℃；观察床土干湿情况，及时进行补水。出土后，白天温度 25℃左右，夜间不低于 15℃；夏季夜间温度高，需控制水分防止徒长；冬季夜温低，可考虑加温措施。表面覆盖有塑料薄膜或搭建有小拱棚的，在种子开始顶土时及时去除覆盖的薄膜或摘除小拱棚，防止种苗夜间徒长。

浇水以清晨为宜，避免下午或傍晚浇水，如果中午温度过高，下午可适当补水，避免幼苗缺水。幼苗刚出土时，一般浇清水；齐苗后，可以适当补浇肥水，确保幼苗正常的生长发育。

齐苗后，观察幼苗的密度和形态，及时剔苗；剔去密度过大、弱小、子叶异状、虫蛀以及有病害的幼苗。

（五）移栽判断

一般在幼苗有真叶6～8片，叶色绿，带花蕾而未开放，茎粗0.5厘米，苗高20厘米以下时进行移栽。传统的育苗方式，由于苗床对每个幼苗的根系生长没有限制，所以在拔苗移栽时，会损伤幼苗的根系，导致移栽后缓苗时间长。

三、番茄电热温床育苗技术

（一）种子的选择与处理

依照生产需要选择优质、高产的品种。选择发芽率高，发芽整齐的种子。种子需进行消毒，消毒后用清水将种子冲洗干净，风干；种子风干后用温汤浸种，然后进行催芽。种子消毒方法和常规床土育苗一样（次氯酸钠溶液消毒、氢氧化钠溶液消毒、乙醇消毒、高锰酸钾消毒、硫脲溶液消毒），温汤浸种55～60℃，浸泡15～20分钟。

（二）苗床准备及床土处理

电热温床就是在苗床底按照一定间距铺设发热线，然后再覆盖上床土进行播种工作。根据天气情况和种子要求的温度进行调控苗床温度。电热温床由育苗畦、隔热层、床土、保温覆盖物和电加热设备等组成。电热加温设备由电热加温线、温控仪、交流接触器组成。采用农业加温线和农用温控仪（控温范围10～40℃）（表1-1）。

电热线的选择：单位面积苗床需要的电热功率——功率密度

总功率(瓦)＝电功率密度(瓦/平方米)×苗床总面积(平方米)

电热线数量(根)＝总功率(瓦)÷额定功率(瓦/根)(根数取整数)

苗床电热线布线道数＝[(线长－2)×苗床宽度]÷苗床长度(布线道数取偶数)

布线间距＝苗床宽度÷(布线道数－1)(根据实际需要调整，一般中间稀，两边密)

表 1-1 电热温床电功率密度选用参考值（瓦/平方米）

设定地温（℃）	基础地温（℃）			
	9～11	12～14	15～16	17～18
18～19	110	95	80	—
20～21	120	105	90	80
22～23	130	115	100	90

电热线的铺设。电热线铺设完成后，可以覆盖一层塑料薄膜，覆盖薄膜后覆盖一层床土，厚度 10 厘米左右。然后进行播种工作，播种完成后再覆盖一层床土，厚度 1～1.5 厘米。所用床土都需进行消毒处理，预防某些病害。

1. 敌克松消毒法

可用 95%敌克松可湿性粉剂，按照 1∶2 000 的比例与细土拌匀，在播种前将细土均匀撒在苗床上；也可用 95%敌克松可湿性粉剂 200～400 倍液对床土进行喷洒。

2. 甲基托布津消毒法

50%甲基托布津，按 1∶200 的比例与细土混匀，播种前撒入苗床，种子播种后将细土混入覆盖用床土中。

3. 代森铵消毒法

将 50%代森铵配 300～400 倍液，然后对床土进行喷淋。

4. 多菌灵消毒法

50%的多菌灵，也按照 1∶100 的比例与细土混匀，撒入床土中。

（三）播种

采用撒播的方式，每平方米床土播种 3 000～3 500 粒番茄种子为宜，均匀撒开。播种后覆盖好床土，浇水（浇水方法同番茄常规床土育苗播种后浇水方式）。播种前，底部床土提前 2～3 天浇透水，覆盖好床土后，快速均匀浇一遍清水。浇水后，可在表面覆盖一层塑料薄膜或搭建一个小拱棚保持床土水分和保持床土温度。

（四）播种后管理

播种后经常观察出苗情况和床土水分情况，及时补水保湿（补水尽量在上午进行）。保持温度25～30℃。当发现50%种子开始顶土时，及时去除覆盖的塑料膜或拆除小拱棚，防止夜间徒长。种子刚出土时，需要喷洒一遍广谱杀菌剂（噁霉灵喷洒一遍）。种子刚出土时，一般不缺肥，在苗子出齐时，可施用一遍肥料水。苗子出齐后，观察幼苗的密度和形态，及时剔苗；剔去密度过大，弱小、子叶异状、虫蛀以及有病害的幼苗，给予苗子适度的生长空间。

（五）移栽标准

一般在幼苗有真叶6～8片，叶色绿，带花蕾而未开放，茎粗0.5厘米，苗高20厘米以下时进行移栽。移栽时，注意尽量不要损伤幼苗的根系，不然会延长幼苗在大田缓苗时间。

四、茄子常规床土育苗技术

（一）种子的选择与处理

根据当地的气候条件以及种植目的选择合适、优质的种子。播种前，不急于获得种子质量的情况，可用发芽率和发芽势进行测定，如果时间紧迫，需要更快地获得种子的质量情况，可进行发芽势的测定。对发芽势的测定一般采用四唑染色法。播种前，需对种子进行消毒（次氯酸钠溶液消毒、氢氧化钠溶液消毒、乙醇消毒、高锰酸钾消毒、硫脲溶液消毒，选用其中任何一种，具体试剂浓度和消毒时间依照番茄常规育苗的浓度和时间即可），消毒后，用清水冲洗2～3遍，然后采用温汤浸种（种子浸泡在55℃温水中，浸泡10～15分钟）；浸种完成后捞出种子，然后放在阴凉处风干，风干后进行播种。若需缩短种子发芽时间，需进行催芽。温汤浸种后，将种子放在湿润的毛巾中包好，放入催芽箱中催芽，催芽温度设定为20～30℃，催芽时间为2～3天，每天观察催芽情况和种子外部包裹毛巾的湿度，及时补水，保持毛巾的湿度。在种子开始露白时，及时将种子从催芽箱中取出，即可进行播种。

（二）苗床及床土处理

如果在普通土壤中进行育种，因为茄子对土壤有一定的要求，需选择土质疏松，透气性好的地块整理出一个1.5米宽，适宜深度，表面平整的苗床。苗床整理好后，要对床土进行消毒。如果采用营养土育苗，在适当的地块，整理出一个1.5米宽，20厘米深，表面平整的育苗畦，然后将准备好的营养土倒入育苗畦中，整理平整。营养土同样需要进行消毒，普通土壤和营养土消毒的方法一致，具体方法为：

甲基托布津消毒法：50%甲基托布津，按1∶100的比例与细土混匀，播种前撒入苗床，种子播种后将细土混入覆盖用床土中。

多菌灵消毒法：50%的多菌灵，也按照1∶100的比例与细土混匀，撒入床土中。

敌克松消毒法：可用95%敌克松可湿性粉剂，按照1∶2 000的比例与细土拌匀，在播种前将细土均匀撒在苗床上；也可用95%敌克松可湿性粉剂200～400倍液对床土进行喷洒。

（三）播种

茄子的种子都比较小，采用撒播的方式播种。每平方米床土播3 000～3 500粒种子为宜。播种后覆盖适宜厚度的土，浇水同番茄浇水方式一样。如果温度过低，在浇水后半个小时，可覆盖一层塑料薄膜或搭建小拱棚保温保湿。

（四）播种后管理

（1）种子出土前，控制温度在30℃左右；夏季观察土壤湿度，及时补水，不然会影响发芽率。种子出土后，白天温度控制在25～30℃，夜晚温度控制在15～20℃。

（2）夏季种子出土后一定注意水分管理，水分过大，易引起幼苗徒长。覆盖有塑料薄膜或搭建有小拱棚的，在种子顶土时及时掀去塑料薄膜或拆除小拱棚，避免拆除过晚，幼苗徒长。经常观察床土的湿度，浇水同样以清晨浇水为宜，避免下午和傍晚浇水。齐苗后及时补浇肥水。

（3）齐苗后，也需要及时剔苗，剔去密度过大、长势弱小、子叶异状、虫蛀以及有病害的幼苗。

（五）移栽

在幼苗生长至真叶5～6片，苗高15厘米左右，茎粗0.4～0.5厘米时即可进行大田移栽。移栽时尽可能减少对幼苗根系的伤害，可配制生根剂蘸根后再进行栽培。

五、辣椒常规床土育苗技术

（一）种子的选择与处理

根据当地的气候条件以及种植目的选择合适、优质的种子。播种前，为检测种子质量，可对发芽率和发芽势进行测定。发芽势的测定一般采用四唑染色法。播种前应对种子进行（次氯酸钠溶液、氢氧化钠溶液、乙醇、高锰酸钾溶液、硫脲溶液等）消毒，具体试剂浓度和消毒时间依照番茄常规育苗的浓度和时间即可，消毒后，用清水冲洗 2～3 遍，然后采用温汤浸种（种子浸泡在 55℃温水中，浸泡 20～25 分钟）；浸种完成后捞出种子，然后放在阴凉处风干，风干后进行播种。同时为缩短种子发芽时间，应进行催芽。常用温汤浸种法，具体方法为：一般先用 55℃的温水将种子浸泡 12～24 小时，然后放在湿润的毛巾中包好，放入催芽箱中催芽，催芽温度设定为 20～30℃，催芽时间为 2～3 天，每天观察催芽情况和种子外部包裹毛巾的湿度，及时对毛巾补水。在种子开始露白时，及时将种子从催芽箱中取出，即可进行播种。

（二）苗床及床土处理

如果在普通土壤中进行育种，辣椒对土壤有一定的要求，需选择土质疏松、透气性好的地块整理出一个和茄子育苗相同规格的苗床。苗床整理好后，要对床土进行消毒。

如果采用营养土育苗，在适当的地块，整理出一个 1.5 米宽、20 厘米深、表面平整的育苗畦，然后将准备好的营养土倒入育苗畦中，整理平整。为防止幼苗根系深扎，可在苗床底部覆盖一层塑料薄膜，然后再将营养土倒入育苗畦中。营养土同样需要进行消毒。床土的消毒方式可参考番茄和茄子的床土消毒方式。根据实际情况，可做一定的调整。

（三）播种

辣椒种子比较小，采用撒播的方式播种。每平方米床土播 3 000～3 500 粒种子为宜。播种后覆盖适宜厚度的土，浇水同番茄浇水方式一致。若需进行保温和保湿，可在浇水完成后，覆盖一层塑料薄膜或搭建小拱棚。

（四）播种后管理

种子出土前，控制温度在30℃左右；夏季观察土壤湿度，及时补水，不然会影响发芽率。采取保温措施的苗床，在种子顶土时，及时掀去塑料薄膜或小拱棚。出土后，白天温度控制在25～28℃，夜晚温度控制在15～18℃。

夏季种子出土后一定注意水分管理，水分过大，易引起幼苗徒长，不及时拆除保温设施，也会引起徒长。浇水同样以清晨浇水为宜，避免下午和傍晚浇水。齐苗后及时补浇肥水。齐苗后，再施用一遍光谱杀菌剂，预防苗期常见病害。

齐苗后，及时剔苗，剔去密度过大、长势弱小、子叶异状、虫蛀以及有病害的幼苗。

（五）移栽

在幼苗生长至真叶10～12片，叶片大而厚，叶色浓绿，茎粗0.4～0.5厘米，苗高15～20厘米，第一花蕾出现时，即可进行移栽。移栽时为保证幼苗大田快速缓苗，可在移栽时配制适宜浓度的生根剂，进行蘸根后栽植。

六、茄子、辣椒电热温床育苗

（一）种子的选择与处理

采用电热温床育苗时，选择优质的种子。种子需进行消毒、温汤浸种、催芽。种子的消毒、浸种和催芽依照茄子和辣椒床土育苗的方法即可。

（二）苗床准备及床土处理

电热温床需要准备育苗畦，要在适宜地块整理出一个宽1.5米、深20厘米的育苗畦。育苗畦准备完成后，依照所准备的育苗畦规格计算所需电热线总功率、电热线数量、电热线的布线道数以及电热线的布线间距（计算方法参照番茄电热温床育苗中的计算方法。）电热线铺设完成后，用正常土覆盖，覆盖厚度0.5～1厘米，或用营养土覆盖，厚度相同。然后可覆盖一层塑料薄膜作为隔热层，同时可防止幼苗根系深扎，减少移栽时对根系的伤害。然后再将已经消毒的床土倒入育苗畦中，整理平整，即可进行播种。床土的消毒方法和茄子、辣椒床土育苗方式消毒方法相同。准备的床土要含有一定的水分。

（三）播种

采用撒播的方式，每平方米床土播种 3 000～3 500 粒种子为宜，均匀撒开。播种后覆盖好床土，浇水（浇水方法同番茄常规床土育苗的播种后浇水方式）。浇水后，可在表面覆盖一层塑料薄膜或搭建一个小拱棚保持床土水分和保持床土温度。

（四）播种后管理

播种后经常观察出苗情况和床土水分情况，及时补水保湿。保持温度 25～30℃。当发现 50%种子开始顶土时，调整温床的温度并及时去除覆盖的塑料膜或拆除小拱棚，防止夜间徒长。

种子刚出土时，需要喷洒一遍光谱杀菌剂。种子刚出土时，一般不缺肥，在苗子出齐时，可施用一遍肥料水。后期根据幼苗的形态特征适当进行补肥。

苗子出齐后，观察幼苗的密度和形态，及时剔苗；剔去密度过大，弱小、子叶异状、虫蛀以及有病害的幼苗，给予苗子适度的生长空间。

（五）移栽标准

茄子：在幼苗生长至真叶 5～6 片，苗高 15 厘米左右，茎粗 0.4～0.5 厘米时即可进行大田移栽。

辣椒：在幼苗生长至真叶 10～12 片，叶片大而厚，叶色浓绿；茎粗 0.4～0.5 厘米，苗高 15～20 厘米，第一花蕾已现时，即可进行移栽。移栽时根据天气情况，可适当提前或延后。移栽时，若对根系造成伤害，可配制生根剂蘸根。

常规的床土育苗和电热温床育苗操作简单，对环境和所需的设备要求低，农户可自行操作，成本较低。但常规育苗培育出的幼苗一般不够整齐，而且壮苗比例较低，影响正常的移栽，且在移栽过程中很容易伤害到幼苗的根系，延长幼苗的大田缓苗期。常规育苗的缺点给后期的管理造成一定的困难，增加了劳动量，也会对后期的产量造成一定的影响。

第三节　工厂化育苗技术

一、工厂化育苗概述

工厂化育苗是以先进的育苗设施和设备，装备种苗生产车间，将现代生物技术、环境调控技术、施肥灌溉技术、信息管理技术贯穿种苗生产过程，以现代化、企业化的模式组织种苗生产和经营，从而实现种苗的规模化生产。

传统的育苗形式是种植户在自家土地上进行的，成本低，但是种苗的质量参差不齐；而且在移栽时，从原有的土壤中拔出然后定植在大田中，此过程对幼苗的根系损伤很大，导致定植成活后幼苗的成长状况不一，对后期的管理带来了较大的麻烦。因此，种苗生产的标准化和规模化生产成了蔬菜大规模种植的前提。集约化育苗在一定程度上解决了传统育苗存在的一些问题，比如在规模上，集约化育苗的规模还是非常大的；在育苗设施上，设备更加先进，机械化程度提高，育苗设施内环境调控能力得到了一定程度的提高。但在生产过程中育苗设施的环境调控能力还是不足，距离真正满足育苗过程所需要的调控能力还有一定的距离。所以近些年，我国提出大力发展工厂化育苗，提高育苗设施的环境调控能力，加快我国育苗行业的发展，提高我国蔬菜育苗行业的标准化、规模化程度，让更多的种植户接受由育苗工厂培育的穴盘苗，从而提高我国蔬菜种植的标准化，使我国的蔬菜种植能力提升到新的高度，通过种苗的标准化和种苗的高质量减少种植后期的劳动力，从而提高种植户的经济收益。

二、工厂化育苗优点

（一）机械化程度高，节省人力

工厂化育苗从播种到浇水，都有相应的机械化设备可以替代人工，降低了劳动力成本，降低了劳动强度，提高了生产效率。

（二）节约种子

精密播种机的运用，确保穴盘的每一个孔穴一粒种子，节约了种子的成本。穴盘育苗有效地增加了土地利用率。

（三）种苗品质好

精确的播种以及基质的配比，适合幼苗的生长发育，后期精准的施肥灌溉与病害防控，为幼苗的生长提供了最适宜的营养条件和保障。

（四）适合长距离运输

穴盘育苗采用的基质质地轻，透水保肥能力强，基质与穴盘不粘连，而且穴盘四季均可使用。适合种苗的长距离运输。

（五）适合机械化移栽

现在已经开发出了针对穴盘育苗的移栽机械。

三、番茄工厂化穴盘育苗技术

（一）种子的选择与催芽

根据用户的需求、茬口的安排以及当地的气候环境选择优质品种。催芽前，对所选择品种的种子进行发芽率、发芽势或种子生活力的测定，从而确定接穗和砧木种子的使用量，避免浪费和不足。

催芽前需对种子进行消毒，采用20%次氯酸钠溶液浸泡20分钟（其他消毒方法可参考番茄床土育苗），然后用清水冲洗2～3遍，将种子表面的残留消毒溶液冲洗干净。风干后将种子放入55℃的温水中浸泡15～20分钟，捞出，用湿布包裹，在湿布外再包裹一层塑料薄膜保持水分，放入培养箱；培养箱温度设定为25～30℃。

（二）穴盘的选择

根据计划的成苗标准选用穴盘，培育4叶1心的秧苗可用105孔穴盘，培育3叶1心的秧苗宜用128孔穴盘。现有的育苗厂一般选用72孔穴或50孔穴的穴盘进行番茄的育苗。

（三）基质的配比及消毒

每100盘标准128孔穴盘需基质0.38立方米，72孔穴盘需基质0.47立方米。基质配比体积按照草炭∶蛭石∶珍珠岩＝3∶1∶1，高温天气减少珍珠岩的用量。每立方米基质用400～500克多菌灵或者甲基托布津进行消毒。加入复合肥，然后将基质放入基质搅拌机中，搅拌充分。基质的干湿程度要保证用手捏成团后可轻轻拨开。

（四）播种

种子数量不大时可采用人工点种；一般采用精密播种机进行播种，运用机械播种时一定要注意观察是否有无种子的孔穴，如果有则需要人工补点。播种完成后将穴盘规则摆上苗床，浇透水（一般需要浇两次；第一次浇水后，观察穴盘底部空洞有没有渗水；如果没有，等待半个小时，浇第二次，就可浇透）。

（五）播种后管理

1. 温湿度

播种后至出苗前白天气温保持在26～27℃，夜间气温18～23℃。幼苗出齐后，白天气温保持在20～25℃，夜间气温17～18℃。第一片真叶出现后至炼苗，白天气温保持在23～25℃、夜间13～15℃。炼苗期应逐渐降低温度，白天气温保持在20℃左右，夜间12～13℃。空气相对湿度应保持在60%～70%，可通过洒水、喷雾等措施增加湿度，通过加热、加强空气流通等措施降低湿度。

2. 水

种子出土前，保持基质水分适中，及时补水；种子出土后及时控制浇水量，避免因为夜温过高，导致幼苗徒长。一般种子出土前，浇水时使用清水即可；在幼苗出齐后，补浇肥水一次，然后根据幼苗的生长状态判断是否需要浇肥水。浇水最好在清晨进行，避免下午或者傍晚浇水。

3. 肥

选用含微量元素（总氮∶有效五氧化二磷∶氧化钾＝20∶20∶20）的水溶肥料。出苗期至2叶1心时，施用浓度为0.1%～0.15%，每周施用1～2次。2叶1心期至成苗期，施用浓度为0.15%～0.2%，每周施用2～3次。

4. 光

番茄喜光，所以在种子出土后，可以逐渐增加幼苗的光照时间。冬季短日照和低光照条件下，秧苗嫩弱且易发生徒长，应通过补光系统适当增加光照强度。夏季为防止强光伤害秧苗，应加盖遮阳网降低光照强度。

5. 排苗

种子的发芽率不会是100%，所以在幼苗2叶1心时进行排苗，将没有发芽的孔穴补齐，在种苗销售前，再进行一次排苗，确保同一盘种苗的长势相似；将小苗留下继续培育，染病的幼苗扔掉。

（六）种苗移栽标准

运用穴盘育苗时，依据茬口不同，对幼苗的形态和苗龄的要求也就不同。株高12～17厘米，茎粗大于0.4厘米，叶片数4～5片，茎秆短粗，叶片肥厚，叶色浓绿，根系发达，根坨不散，整株秧苗无病虫害，无机械损伤。

（七）生产档案

建立番茄秧苗生产过程管理档案，并妥善保存。

四、茄子工厂化穴盘育苗技术

进行茄子工厂化种苗繁育必须有苗床或苗架，根据当地气候条件、栽培方式及育苗手段，选用通风、浇灌、控温、遮阳、防虫等功能齐全的连栋温室。

（一）种子的选择与催芽

同样依据用户的需求以及定植地的土壤条件选择适合的优良品种。催芽前同样对所使用品种的发芽率、发芽势或种子的生活力进行测定，以便确定种子的使用量，避免浪费。

催芽前，需要对种子进行消毒，一般使用试剂进行消毒，消毒完成后，用清水将种子表面的消毒试剂冲洗干净，然后放在阴凉处风干。风干后进行温汤浸种，将种子放入55℃的温水中浸种12小时，将种子捞出，用湿布包裹，在湿布外再包裹一层塑料薄膜，防止水分散失；将包好的种子放入培养箱中催芽，培养箱温度设置为30℃，培养24小时。

（二）穴盘的选择

采用聚乙烯（PE）、聚苯乙烯（PS）等材料生产的50～72孔穴盘，穴盘长×宽＝（540×280）毫米，深度≥5厘米。

（三）基质的配比和消毒

每100盘标准128孔穴盘需基质0.38立方米，72孔穴盘需基质0.47立方米。基质配比体积按照草炭∶蛭石∶珍珠岩＝7∶2∶1，每立方米基质加400～500克多菌灵或者甲基托布津进行消毒，防止苗期的病害。加入复合肥，然后将基质放入基质搅拌机中，搅拌充分。基质的干湿程度要保证用手捏成团后可轻轻拨开。

（四）播种

高质量种子可采用机械播种，不需要将种子放入培养箱中，消毒后可直接播种；因为穴盘苗是一孔一粒种子，所以必须选用高质量的种子。对于一些种子质量差或者发芽率低的种子，可进行催芽—挑芽—催芽的方法来获得出芽整齐的种苗。

上述两种方法播种完成后，将穴盘摆上苗床，浇透水（一般需要浇两次；第一次浇水后，观察穴盘底部空洞有没有渗水；如果没有，等待半个小时，浇第二次，浇完后再次观察穴盘下部孔洞是否有水渗出，有水渗出证明水浇透）。

冬春季茄子苗龄40～50天，夏季苗龄35～40天，根据茬口和苗期选择播种时间。冬春种在12月至翌年2月播种，夏季种在6月至7月下旬播种。

（五）播种后管理

1. 温度

种子出土前，控制温度在28℃左右。种子出土后，白天温度控制在25℃，夜间控制在15～20℃。

2. 水

种子出土前，保持基质水分适中；种子出土后，尤其注意浇水量，防止夜温过高时幼苗发生徒长。一般在冬春季晴天9：00—10：00喷灌，夏季17：00—18：00喷灌。春季种苗一般2～3天浇一次，夏季种苗一般每天浇一次。保持见干见湿。

3. 肥

种子出土前，视苗情，采用水肥一体化设备，用喷灌的方式补充养分，冬春季分别于3叶期和5叶期各喷施一次，夏季于2叶期后间隔4～7天喷施一次，浓度100毫克/升。常用水溶性肥大量元素的比例为总氮∶有效五氧化二磷∶氧化钾=20∶20∶20 或 20∶10∶20。

4. 光

种子出土前，避免阳光直射；种子出土后，可以逐渐增加光照时长。

5. 排苗

在幼苗 2 叶 1 心时，进行第 1 次排苗，将没有幼苗的孔穴补上，同时也将染病或长势弱小的幼苗从穴盘里剔除；在种苗销售前，进行第 2 次排苗，第 2 次排苗的主要目的是使同一穴盘的幼苗长势大致相同，将较小的苗留下继续培育。

（六）种苗移栽标准

冬春季茄子苗龄 40～50 天，夏季苗龄 35～40 天，株高 15～18 厘米，茎粗 0.4～0.6 厘米，冬春季 6～8 片真叶，夏季 5～6 片真叶，节间短，根系发达，须根多，叶色深绿，无病虫害，无机械损伤，整齐一致。

五、辣椒工厂化穴盘育苗技术

（一）种子的选择与催芽

选择优质高产的品种，同时需要符合种植者和市场的需求，以及需要适应当地的栽培环境。提前对种子发芽率、发芽势或对种子的生活力进行测定，进而确定所需的种子数量。确定好所需品种和种子的数量后进行催芽。催芽前，需要对种子进行消毒（参照番茄常规床土育苗中的种子消毒方法），消毒完成后，用清水将种子表面的消毒试剂冲洗干净，然后放在阴凉处风干。风干后进行温汤浸种，将种子放入 55℃的温水中浸种 20～25 分钟，将种子捞出，用湿布包裹，在湿布外再包裹一层塑料薄膜，防止水分散失；将包好的种子放入培养箱中催芽，培养箱温度设置为 30℃，催芽时间为 2～3 天。

（二）穴盘的选择

穴盘可选择 50 孔、72 孔或 128 孔规格聚苯乙烯吹塑穴盘。

（三）基质的配比和消毒

不同的穴盘规格每盘所需的基质数量也不同。一般来说，每 100 盘标准 128 孔穴盘需基质 0.38 立方米，72 孔穴盘需基质 0.47 立方米。基质配比体积按照草炭：蛭石：珍珠岩=3：1：1，也可加入微生物菌剂0.3千克，复合肥260克，其中微生物菌剂含有放线菌、光合细菌、酵母菌、乳酸菌和醋酸菌的混合发酵液，复合肥（硫酸钾型，氮：五氧化二磷：氧化钾=15：15：15）。每立方米加入尿素152.33克，磷酸二氢钾508.76克，硫酸钾291.67克，硝酸钙707.00克。若使用加工好的基质可不添加肥料，若用草炭混配，每立方米加入1千克全水溶性肥料即可。

另外，配制基质时，每立方米基质加400～500克多菌灵或者甲基托布津进行消毒，防止苗期的一般病害。加入复合肥，然后将基质放入基质搅拌机中，搅拌充分。基质的干湿程度要保证用手捏成团后可轻轻拨开，配制好的基质，用塑料薄膜盖好，防止水分散失。

（四）播种

一般冬春季节辣椒苗龄为50～70天，夏秋季辣椒苗龄为25～35天。根据不同栽培茬口合理安排播种时间。

播种时对高发芽率、发芽势的种子或生活力好的种子，可在消毒处理后直接进行机械播种。不需要进行催芽。对于一些种子质量差或者发芽率低的种子就需要在催芽后进行播种，可以得到整齐的幼苗。上述两种方法播种完成后，将穴盘摆上苗床，浇透水（一般需要浇两次：第1次浇水后，观察穴盘底部空洞有没有渗水；如果没有，等待半个小时，浇第2次，即可浇透）。

（五）播种后管理

1. 温度

种子出土前，控制温度在25～30℃。种子出土后，白天温度控制在25～28℃，夜间控制在15～18℃。冬春茬、早春茬、春茬育苗，应采用多层覆盖、热水等加热系统维持幼苗正常生长发育所需温度，使辣椒育苗设施内环境温度不低于12℃。夏秋茬、秋茬育苗，应采用遮阳网、湿帘风机等降温系统维持幼苗正常生长发育所需温度，使辣椒育苗设施内环境温度不高于35℃。

2. 水

种子出土前，观察表层基质的干湿程度判断是否需要浇水，若表层缺水，可适当进行补水；种子出土后，注意浇水量，防止夜温过高时幼苗发生徒长。

3. 肥

种子出土前，浇水时使用清水；种子出土后，待幼苗出齐时，施用一次低浓度的肥水，然后观察幼苗的生长特征，调整肥水的成分补肥。

4. 光

采用清洁透明覆盖材料、悬挂反光幕、安装补光灯等技术措施，增加设施内光照强度和光照时间；采用遮阳网覆盖，降低设施内光照强度，使设施内光照时间保持在 8～12 小时。光照强度随幼苗发育阶段逐步提高，子叶展平至第 1 片真叶展开阶段，为了防止强光灼伤幼苗，宜加盖遮阳网；第 1 片真叶展平至成苗标准规定的所有真叶展开至培养幼苗适应环境的能力阶段应为自然光照强度。

5. 排苗

在幼苗 2 叶 1 心时，进行第 1 次排苗，将没有幼苗的孔穴补上，同时也将染病或长势弱小的幼苗从穴盘里剔除；在种苗销售前，进行第 2 次排苗，第 2 次排苗主要目的是使同一穴盘的幼苗长势大致相同，方便用户移栽后管理，将较小的苗留下继续培育。

（六）种苗移栽标准

春茬辣椒 8 片叶以上，秋茬辣椒 6 片叶以上，株高 15～20 厘米，茎粗 3 毫米以上，植株生长健壮、整齐，叶色浓绿、肥厚，无病斑、无虫害，根系旺盛。

第四节　嫁接育苗技术

一、嫁接育苗概述

嫁接技术是人工繁殖的方法之一，是将一种植物的芽或枝嫁接到另一种植物的茎或根上，使连接在一起的两个部分愈合形成一个新的植物体。嫁接用的芽或枝称为接穗；连接芽或枝的植物体称为砧木。

嫁接技术很早就出现在人类种植历史上。随着科学技术和信息技术的发展，嫁接技术的独特优势被越来越多的人熟知，近百年来在果树和蔬菜方面发展迅速。有学者认为，嫁接是一门古老而新兴的技艺。现如今，随着嫁接技术不断被完善（亲和力强的优良砧木的培育、成活率的不断提高），应用范围也在不断扩大，除了果树以外，蔬菜、观赏植物、草本植物、林木、茶树等其他经济植物的嫁接应用不断增多，尤其在蔬菜方面的应用。随着工厂化、规范化育苗形式的出现，嫁接育苗非常适合如今的工厂化育苗，用来培育克服连作障碍的优质种苗。

二、嫁接育苗优点

（一）克服连作障碍

随着中国人口的增长和城市框架的不断扩大，土地资源正在不断减少，加之作物的产地一般比较集中，因此在蔬菜的大面积种植过程中，连作障碍是农户必须面对的问题。连作障碍已是限制农业发展的一个重要因素。随着嫁接技术的不断成熟，嫁接育苗成为解决连作障碍的一种主要方式。

（二）提高植株的抗逆性、环境适应能力

嫁接育苗过程中使用的砧木，多数是经过严格筛选的野生或半野生植物，抗逆性强，用这些品种为砧木进行嫁接可以提高接穗的抗逆性和环境适应能力，使接穗在抗寒、抗旱、耐涝等方面能力增强，扩大了优良品种的栽培范围。

（三）早熟，提高产量

嫁接所选用的优良砧木根系旺盛，吸水和吸收养分的能力非常强，提高了地上部的代谢速率，植株生长旺盛，所以嫁接苗一般早熟，而且产量也会提高。砧木本身具有的耐低温特性，让农户可以提早定植，作物可以提前开花坐果，采摘提前，上市提早，农户可获得更高的利润。

（四）增强植株抗病虫害的能力

嫁接采用的优良砧木品种，对病原菌和害虫的抗性，可以有效减少病虫害对植株的侵害，减少农药的用量，方便后期的管理，减少劳动成本。

三、番茄工厂化嫁接育苗技术

（一）接穗和砧木的品种选择

接穗选择一般按照用户需要、茬口安排、当地的气候条件，选择性状优良的品种。

砧木的品种很多，我国选育的砧木主要有浙砧 1 号、浙砧 2 号、英雄、金棚砧木 1 号、桂砧 1 号、砧爱 1 号等。国外引进的砧木品种有 LS89、Tsueeze、BFM－R 等。不同砧木的特性不一样，根据所用接穗和不同的茬口选择相适应的品种。而且要选择抗病性强，根系旺盛、与接穗结合好无排斥的优良品种。

（二）主要砧木品种介绍

1. 浙砧 1 号

杂交种，砧木用品种。中熟，无限生长类型，植株长势中等；果实高圆形，果表光滑，果形圆整；果皮坚韧，贮运性佳；幼果无青果肩，成熟果大红色；单果质量 180 克左右，果实大小整齐均匀。中抗巨细胞病毒，中抗叶霉病，抗烟草花叶病毒，高抗枯萎病，感番茄黄化曲叶病毒，感根结线虫，耐低温和弱光的能力较好，嫁接亲和力强。

2. 金棚砧木 1 号

杂交种，砧木用品种。无限生长类型，植株长势极强，茎秆较脆，叶大，全株密生长茸毛，有臭味。果实圆形或扁形，黄色，有绿条。单果重 10～15

克，单穗 13～15 个果。根系强大，耐寒性好。种子秕瘦，生活力较差。感巨细胞病毒、叶霉病，高抗烟草花叶病毒、枯萎病，感番茄黄化曲叶病毒，高抗根结线虫，抗寒性好，可耐轻霜。

3. 砧爱 1 号

杂交种。番茄嫁接用砧木。早熟，无限生长型，植株根系发达长势强，果实圆形带绿肩，成熟果实为红色，绿肩随着成熟度增加而逐渐消失，平均单果重 160 克，与番茄接穗品种具有高度的亲和性。感巨细胞病毒，抗叶霉病、烟草花叶病毒、枯萎病和番茄黄化曲叶病毒，抗根结线虫，耐高温。

（三）接穗和砧木的播种与处理

砧木、接穗的播种时间根据不同品种、茬口以及嫁接方法具体安排。夏季番茄嫁接苗的育苗天数一般在 25 天左右。冬季番茄嫁接苗天数在 45 天左右。接穗和砧木在播种前的处理与自根苗处理相同（可采用 20%次氯酸钠溶液浸泡 20 分钟，其他消毒方法参照番茄常规床土育苗。然后用清水把种子冲洗干净，风干）；接穗和砧木都直接播入 72 孔穴盘中；砧木生长速度要快于接穗，所以接穗要提前砧木 3 天左右播种。

（四）播种后管理及嫁接前准备

种子出土后，控制水分，多见光防止徒长，不然茎秆过细，影响嫁接的成活率；接穗和砧木出齐时，喷噁霉灵进行消毒；其间温度白天控制在 28℃，夜间 18℃。接穗 4 叶，砧木保证 5 叶，茎粗在 2～3 毫米时可进行嫁接工作。

嫁接前需要对棚内进行消毒和预防害虫，一般使用百菌清烟剂和氨基甲酸酯类杀虫烟剂。嫁接开始前，对砧木和接穗都需浇透水；还需对接穗和砧木喷一遍广谱杀菌剂，预防嫁接时感染某些病害。

（五）嫁接方法的选择和操作要点

对于番茄工厂化嫁接，一般选用去头贴接（速度快），采用软质嫁接夹，内径 3.0 毫米，材料为聚乙烯橡塑，无毒无味，韧性好。嫁接前要对嫁接用具（刀片、嫁接夹）、人手进行消毒。嫁接时，在砧木真叶下合适的位置，切出一个 30°～40°的切口，切口的长度 5～8 毫米；同样在接穗真叶下方适当位置，切出一个 30°～40°的切口，切口长度与砧木切口长度大致相同；然后将切口对齐，用嫁接夹夹紧。

（六）嫁接后管理

嫁接后，为保证嫁接苗的正常生长，就需要对温度、光照、湿度等方面严格要求；嫁接 1～3 天遮光，愈合后逐渐增加光照时长；温度白天控制在 25℃左右，夜间控制在 18℃左右。愈合期，注意观察接穗的形态，每天喷一定浓度的广谱杀菌剂，进行病害预防。伤口愈合后，逐渐步入常规管理。大规模嫁接育苗，成活率不会达到 100%，所以需及时排苗，将没有成活的嫁接苗从穴盘移除。

（七）移栽标准

嫁接成活后，经过 1～3 天的正常水肥管理，即可进行移栽。

（八）生产档案

对番茄育苗各环节所采取的措施进行记录，建立育苗生产技术档案。生产技术档案保留 2 年。

四、茄子工厂化嫁接育苗

（一）接穗和砧木的品种选择

接穗一般根据客户的要求，还要结合茬口的安排和当地的土壤条件进行选择。

砧木的选择：目前应用最多的砧木是托鲁巴姆，此砧木抗病性强，可抗 4 种土传病害。但是育苗困难，不易发芽；其次有赤茄、CRP、耐病 VF；赤茄作为砧木的优点是嫁接苗对茄子枯萎病有很好的抗性，耐低温。CRP 的抗病性和托鲁巴姆相当，也可以同时抗多种病害，但因为茎秆上长刺，嫁接时不易操作，但相比托鲁巴姆易发芽。耐病 VF 是日本培育的砧木，抗病性也很强，主要对黄萎病和枯萎病有抗性。

（二）接穗和砧木的播种与处理

根据选择的砧木进行播种安排，选用赤茄时，比接穗提前 7 天播种即可；选用 CRP 时，比接穗提前 20～25 天播种；选用耐病 VF 时，比接穗提前 3 天播种；选用托鲁巴姆时，比接穗提前 30～35 天播种；砧木和接穗在播种前都需进行消毒处理（采用20%次氯酸钠浸泡20分钟，然后用清水把种子冲洗干净，风干）后播种。选用托鲁巴姆作为砧木时，最好进行催芽处理。接穗和砧木都直接播种在50孔穴盘中。

（三）播种后管理及嫁接前准备

播种完成后需要浇透水；然后在种子出土前，保持水分适中。种子出土后，控制浇水量，有利于培养出茎秆粗壮的砧木。种子出土前，控制温度在30℃左右；夏季观察土壤湿度，及时补水，不然会影响发芽率。出土后，白天温度控制在25～30℃，夜晚温度控制在15～20℃。嫁接前，对砧木和接穗都需要浇透水，然后喷一遍广谱杀菌剂，防止嫁接时感染病害。

（四）嫁接方法的选择和操作要点

工厂化茄子嫁接苗的嫁接方式一般选用劈接，速度快，上手容易。嫁接前，对嫁接用具（刀片、嫁接夹）和人手都要进行消毒。嫁接时，砧木下部保留1～2片真叶，然后将上部平切去掉，在切口面中央，用刀片垂直切下一个1.5厘米左右的切口，然后将接穗从穴盘中拔出，切去下端，然后在刀口附近将茎秆削成楔形，楔形的长度与砧木切口深度相当，注意楔形的斜面角度，要保证在接穗放入砧木切口，然后用嫁接夹夹紧时，接穗不会被挤出。

（五）嫁接后管理

1. 温度

嫁接后，伤口的愈合受温度影响较大，温度越高越有利于伤口的愈合，但是不能过高，温度过高，加快水分的流失，从而导致幼苗失水过多未成活。因此，白天的温度控制在23～28℃，夜间控制在20～22℃。温度低于20℃或高于30℃都不利于伤口的愈合。秋季育苗需要进行相应的保温措施，夏季育苗需要降温。

2. 湿度

嫁接后湿度需保持高水平，棚内湿度保持在95%左右；大约7天后，愈合完成，可进行短时间的通风换气。嫁接完全成活后，可以进行正常的湿度管理。

3. 光照

嫁接完成后需要进行遮光处理，避免阳光直射，保持棚内高湿环境。大约3天后可逐渐增加光照时长。完全成活后，进行正常的光照管理。

(六) 移栽标准

嫁接成活后，经过1～7天的正常水肥管理，即可进行移栽。

(七) 生产档案

对茄子育苗各环节所采取的措施进行记录，建立育苗生产技术档案。生产技术档案保留2年。

五、辣椒工厂化嫁接育苗

(一) 品种选择

1. 砧木品种

选择与接穗品种嫁接亲和力强、抗病、耐逆、根系发达的砧木品种，如威壮贝尔、格拉芙特等品种。

2. 接穗品种

选择抗病性强、产量高、商品性好，并经农业农村部登记的接穗品种。辣椒品种可选择墨秀八号、青果帝王、圣保罗等，甜椒品种可选择布兰妮、凯瑟琳、奥黛丽等，彩椒品种可选择先红5号、黄欧宝2号、苏彩椒3号等。

(二) 穴盘选择及使用

砧木使用50或72孔穴盘，接穗使用72、98或105孔穴盘。新穴盘可直接使用，重复使用的穴盘，需在2%次氯酸钠或1‰高锰酸钾水溶液中浸泡2小时，取出后用清水冲洗，晾晒备用。

(三) 播种时间

根据定植期向前推算确定播种时间，夏秋季育苗可在定植前45～50天播种；冬春季在定植前75～80天播种。一般砧木比接穗早播7～10天，生长速度慢的砧木可再酌情提前。

(四) 种子处理

采用温汤浸种或10%磷酸三钠药剂浸种20～30分钟。种子捞出后用清水冲洗干净，催芽适宜温度28～30℃。

（五）装盘和播种

砧木和接穗数量按 1∶1～1.2∶1 育苗。将装好的穴盘用压穴器压好后进行播种。压穴时需调整好压穴器，每穴压的深度要均匀一致，穴深为 0.5～0.8 厘米。每穴播 1 粒种子，平放在穴孔中间，播完后覆盖一层均匀、已消毒的蛭石。将播好的育苗盘平放在苗床上，喷匀、喷透水，喷至每穴滴水为宜。冬季时，育苗盘上要覆盖一层薄膜，保温保湿；夏季光照强的情况下，需使用遮阳网适当遮阳。在种子没有出苗前要适当补水，使育苗盘保持一定的持水量，便于出苗。

（六）播后管理

播种后的穴盘置于催芽室或育苗温室移动苗床上。播种完成后需要浇透水。

温度：种子出苗前，白天温度控制在 25～32℃，夜间温度为 20～22℃；种子出苗后至 2 叶 1 心，白天温度控制在 25～28℃，夜间温度为 18～20℃；种子嫁接前，白天温度控制在 25～28℃，夜间温度为 16～20℃。夏季观察土壤湿度，及时补水，不然将影响发芽率。

水分：出苗前，基质含水量控制在 80％～90％；子叶展平至 2 叶 1 心时，基质含水量保持在 70％～85％。

（七）嫁接和嫁接后管理

1. 嫁接时期

砧木苗和接穗苗 3～5 片真叶，茎粗 2.0～3.0 毫米。

2. 嫁接前准备

嫁接前 1～2 天，淘汰弱苗病苗，保证每穴植株健壮。基质浇透水，用葡萄糖 150 克＋22.5％啶氧菌酯 10 毫升兑水 15 千克，喷洒砧木和接穗幼苗。

3. 嫁接环境

全面消毒后，在温度 20～30℃、空气湿度 80％以上、60％遮光环境下嫁接。

4. 嫁接工具

嫁接夹或内径 2.0～3.0 毫米的带尾翼塑料套管（橡胶管），套管长度 1.2～1.5 厘米，不锈钢刀片、75％医用酒精等。

5. 嫁接方法

贴接：①砧木剪取在子叶上方 1.0～1.5 厘米处，由下向上以 45°～60°斜切，去除砧木真叶。②接穗斜切由上向下 45°～60°斜切接穗茎基部，切面长度与砧木一致。③切口固定：将砧木和接穗切口斜面密合，用塑料套管或嫁接夹固定，开口朝向嫁接面侧边。把嫁接好的苗置于愈合室或育苗棚室内。

劈接：①砧木剪取：在子叶上方 1.0～1.2 厘米处，用刀片去除真叶。②砧穗处理：用刀片将砧木茎从中间自上而下垂直劈开 1.0～1.2 厘米。接穗茎基部削成楔形，削面大小与砧木切口一致。③切口固定：将接穗与砧木切面维管束对齐，用嫁接夹、塑料套管固定，开口朝向嫁接面侧边。

（八）嫁接后管理

1. 温湿度管理

嫁接后 1～3 天，白天温度 28～30℃，夜间温度 18～20℃，不浇水，空气湿度 90%～100%；3～7 天白天温度 28～30℃，夜间温度 18～20℃，基质含水量 90%～95%，空气湿度 90%～95%；7 天后，白天温度 27～28℃，夜间温度 15～18℃，基质含水量 80%～85%，空气湿度 75%～80%。

2. 光照管理

嫁接后 1～3 天保持弱光条件，但早晚可以见散射光；第 4 天可逐渐加大光照强度；7～8 天后可全部去掉遮阳网。

3. 通风管理

夏天嫁接后 24 小时通风 1 小时，冬天嫁接后 72 小时通风 1 小时。之后逐渐加长通风时间，若叶片发生萎蔫，需及时向叶面喷雾补水。7 天后嫁接苗不发生萎蔫时可全天通风。

4. 去除不定芽

及时摘除砧木萌发的不定芽。

（九）移栽标准

具有 5～8 片展开叶，叶色正常、根系嫩白密集，嫁接口愈合度≥80%，无机械损伤，无病虫害。

（十）生产档案

对辣椒育苗各环节所采取的措施进行记录，建立育苗生产技术档案。生产技术档案保留 2 年。

第五节　茄果类蔬菜苗期常见病虫害诊断及防治技术

一、番茄苗期常见病害及防治方法

番茄苗期常见的病害主要有：猝倒病、立枯病、病毒病、早疫病、晚疫病。

（一）猝倒病

发病症状：在幼苗出土前染病表现为烂种、死苗症状。烂种一般发生在播种后，种子尚未萌发或者刚开始露芽时染病，腐烂死亡；死苗是在种子萌发后出土前染病而死亡。在幼苗出土后、真叶没有完全展开前，染病幼苗茎基部初期呈水渍状病斑，后发展为黄褐色，绕茎扩展，逐渐缢缩成线状，病部变软腐烂，使幼苗倒伏死亡。苗床湿度过大时，病株附近会长出白色棉絮状菌丝。

发病条件：该病由卵菌引起，病菌在土壤中可长期存活，喜低温，10℃左右即可活动，15～16℃时繁殖较快，所以在苗床湿度大、温度长期低于15℃以下时容易发生猝倒病。遇阴雨天气时，光照不足，幼苗生长弱，病害传播快发病严重。

防治方法：预防时主要是在播种前对基质消毒，控制好苗床湿度，通风换气，连阴天前可用72.2%普力克400倍水剂喷施，哈茨木霉菌可湿性粉剂，100～166.7克/亩喷施；幼苗发病后，可使用75%百菌清可湿性粉剂600倍液、64%杀毒矾M8可湿性粉剂500倍液、72.2%普力克水剂400～600倍液对染病苗床所有幼苗喷施一遍，对于染病苗盘进行灌根处理。染病后需观察病菌是否扩散，若有扩散现象再喷施一次不同的药剂；在大棚内育苗时发现病株，需及时通风换气。

（二）立枯病

发病症状：多发生在子叶期，染病幼苗茎秆下部产生暗褐色病斑；发病初期，白天叶片萎蔫，晚上又恢复；病斑逐渐扩散至茎基部一周，变色腐烂，茎秆缢缩，叶片萎蔫，一般不倒伏，但是茎叶枯死。种子出土前也会染病死亡。高湿环境下，病残体表面及周围会形成稀疏的淡褐色蛛网状菌丝。

发病条件：该病由真菌引起，病菌在土壤中可以长期生存和越冬。病菌在12℃以下或30℃以上生长受到抑制。在土壤基质潮湿、棚内通风不良等条件下容易发生和蔓延。

防治方法：与防治猝倒病用药相似，预防时主要是在播种前要对基质消毒，控制好苗床湿度，通风换气，连阴天前可用所述药剂（低浓度）进行预防；幼苗发病后，可使用75%百菌清可湿性粉剂600倍液，72.2%普力克水剂400～600倍液对染病苗床所有幼苗喷施一遍，对于染病苗盘进行灌根处理。染病后需观察病菌是否蔓延，若有蔓延现象再喷施一次不同的药剂；在大棚内育苗时发现病株，需及时通风换气。

（三）病毒病

发病症状：番茄病毒病的苗期主要症状是植株矮小、子叶下垂，叶片由绿色逐渐转为亮黄色，叶片出现深褐色病斑；严重时全株死亡。

发病条件：一般高温干旱条件有利于病毒病发生。番茄病毒病的传播主要以昆虫为介体；主要传播介体是蚜虫、粉虱和蓟马。

防治方法：可用1.5%植病灵乳剂1 000倍液、20%康润一号可湿性粉剂500倍液、20%吗啉胍1 000倍液喷洒，抑制病毒的扩展。

（四）早疫病

发病症状：早疫病又称轮纹病，苗期侵染叶和茎。叶片染病，染病初期呈深褐色或黑色圆形或椭圆形小斑点，逐渐扩大，病斑边缘呈深褐色，中央呈灰褐色，有同心轮纹，病斑上长有黑色霉状物。由植株下部叶片开始逐渐向上部蔓延。严重时，叶片完全枯死。茎部染病时，发生在茎下部，病斑为黑褐色。病株后期逐渐布满黑褐色的病斑。

发病条件：该病是由茄链格孢引起的真菌病害，在高温高湿环境下容易发病，而且蔓延快。

防治方法：发病前预防，及时通风换气，尤其是浇水后，防止环境湿度过高；幼苗发病后，可选用50%扑海因可湿性粉剂1 000～1 500倍液，或10%苯醚甲环唑800～1 200倍液，或25%嘧菌酯3 000～4 000倍液，或80%代森锰锌 600 倍液，或 75％百菌清 700 倍液喷施。

（五）晚疫病

发病症状：幼苗期染病，染病初期叶片出现暗绿色水渍状病斑，叶柄腐烂，病部黑褐色，茎基部逐渐变细缢缩，呈褐色腐烂状，最后植株萎蔫或倒伏；高湿环境下，染病处表面有稀疏白色霉层。

发病条件：低温高湿有利于病害发生。白天 22～25℃、夜间 10～13℃、相对湿度大于 75％时容易发生；尤其在连阴天时容易发生和蔓延；当温度高于 25℃时，不利于该病的传播。

防治方法：发病前预防，通风换气，控制温度，可用药剂喷施预防；幼苗发病后，可用 40％乙磷铝可湿性粉剂 300 倍液，75％百菌清可湿性粉剂 500 倍液，25％甲霜灵可湿性粉剂 750 倍液喷施。

二、茄子苗期常见病害及防治方法

茄子苗期的常见病害：猝倒病、立枯病、灰霉病。

（一）猝倒病、立枯病

猝倒病、立枯病是茄果类蔬菜常见的病害之一。茄子猝倒病和立枯病的发病症状、发病条件以及防治方法与番茄猝倒病相同。

（二）灰霉病

发病症状：苗期发病，茎秆逐渐缢缩变细，或者顶芽变色呈水渍状。叶片染病，叶面出现圆形或不规则轮纹斑，湿度大时病部产生灰色霉层。

发病条件：该病由灰葡萄孢引起，喜低温、高湿，因此湿度高于 80％，温度 15℃左右，容易发病。

防治方法：发病前预防，调节环境条件，及时通风换气，控制温度。幼苗发病后，可选用 50％速克灵可湿性粉剂 1 500～2 000 倍液，或 75％百菌清 800 倍液，或 38％噁霜嘧酮菌酯 800 倍液，或 41％聚砹嘧霉胺 600 倍液，或 50％扑海因可湿性粉剂 1 500 倍液，或 60％防霉宝超微粉剂 600 倍液，或 45％噻菌灵悬浮剂 4 000 倍液，或 2％阿司米星水剂 150 倍液，或 50％农利灵可湿性粉剂 1 000 倍液等。

三、辣椒苗期常见病害及防治方法

辣椒苗期常见的病害有猝倒病、立枯病、灰霉病。

辣椒的猝倒病、立枯病、灰霉病与茄子的猝倒病、立枯病、灰霉病的发病症状、发病条件、防治方法相同。参照茄子苗期病害内容进行诊断和防治。

四、番茄苗期重要虫害

主要有蚜虫、潜叶蝇、白粉虱、蓟马等。

物理防治措施：通常采用高温闷棚进行设施消毒。应在育苗设施所有通风口及进出口处设上 40 目的防虫网防虫。可在苗床上方 50 厘米处悬挂（25 厘米×40 厘米）的黄色粘虫板诱杀粉虱、蚜虫，蓝色粘虫板诱杀潜叶蝇、蓟马，每亩可悬挂 30～40 张。

（一）蚜虫

判断与危害：蚜虫外观上呈椭圆形，体长约为 2 毫米，身体半透明，一般聚集寄生在植株嫩叶或嫩枝上，最先出现在叶片背面，逐渐向叶片正面寄生，繁殖快；分为有翅和无翅两种，多为绿或黄绿色。蚜虫影响植物生长发育，使叶片缺乏营养变黄脱落，严重时会使整株叶片变黄脱落。

防治方法：预防时可用 10％吡虫啉可湿性粉剂 2 000 倍液进行喷施；发现植株有蚜虫，可用 70％吡虫啉水分散粒剂 1 000～2 000 倍液喷施。

（二）潜叶蝇

判断与危害：潜叶蝇危害一般是幼虫在叶片或叶柄内取食；幼虫一般钻入叶片组织中取食，在叶片表面呈现为不规则的白色蛇形虫道，虫道两侧边缘为幼虫排泄的黑色条状粪便，使叶片逐渐枯黄，严重时会使整株叶片变黄脱落，甚至死苗。

防治方法：可用灭杀毙 8 000 倍液，或灭蝇胺 6 000 倍液，或阿维菌素 2 500 倍液，或 25％溴氰菊酯 3 000 倍液，或 20％氰戊菊酯 3 000 倍液进行防治。

五、茄子、辣椒苗期重要虫害

茄子和辣椒苗期主要的虫害是蚜虫和白粉虱。首先在育苗设施的所有通风口及进出口设置 40 目防虫网，然后在设施内张挂黄板，每 10 平方米悬挂 1 块，诱杀白粉虱和蚜虫等。

化学防治方法：预防时同样可用10%吡虫啉可湿性粉剂2 000倍液进行喷施；发现虫害后，可用25%噻虫嗪水分散粒剂1 000～2 000倍液，或20%螺虫乙酯3 000倍液，或5%高效氯氰菊酯乳油1 000倍液喷施。

六、苗期生理性病害

番茄、茄子、辣椒在育苗期间容易发生生理性病害，如沤根、烧苗、闪苗、徒长等，出苗后应根据天气变化及时加强防控措施。

夏天育苗时，当苗床温度达到40℃以上时，容易产生烧苗，此时应及时进行苗床遮阴，或通过风扇排风降温。

冬季育苗要做好保温措施，可用双层塑料薄膜覆盖，夜间加盖草帘，条件许可时采用地热线和煤炉加热等方式提高温度。

通风时要正确掌握通风量，准确选择通风口的方位，以防出现闪苗。苗床温度偏高、氮肥施用过量时，易形成徒长苗，此时应控制水肥，适时喷施多效唑等培育壮苗。

第二章
茄子优质高效栽培技术

茄子（*Solanum melongena* L.）为茄科茄属一年生、热带多年生草本植物，又名茄瓜、紫瓜、落苏、酪苏、酩酥、昆仑瓜、小菰、紫膨亨等。营养丰富，维生素P含量居蔬菜之首，具有多种保健功能，是一种经济实惠的大众蔬菜，深受广大生产者和消费者欢迎，是我国、东南亚及非洲等地区的重要蔬菜（张鸿燕等，2018；王佳慧，2012）。茄子原产于亚洲东南热带地区，古印度为其最早驯化地，中国是茄子的第二起源地（李锡香等，2006；齐东霞等，2017）。我国茄子栽培历史悠久，各地普遍栽培，山东、河南、河北、辽宁、江苏、四川等省份皆为茄子主要产区，华北地区以圆茄为主，东北和南方地区以长茄为主、部分地区以卵圆茄为主；茄子栽培模式多样，不同茬口、不同季节均有栽培（刘富中等，2021）。随着设施农业的发展，我国茄子已经实现周年供应，长江中下游及其以南地区形成了塑料棚、地膜、遮阳网三元覆盖型周年系列化保护栽培体系，黄淮海平原地区形成了高效节能型日光温室、塑料棚、地膜、遮阳网四元覆盖型周年系列化保护栽培体系，东北、西北、内蒙古及山西的大部分地区，形成了高效节能型日光温室、塑料棚、地膜三元覆盖型周年系列化保护栽培体系（申爱民，2007）。生产上可以利用现代农业设施进行茄子反季秋冬茬、越冬茬、冬春茬等大面积栽培，在解决蔬菜淡季供应方面有重要作用（郭卫丽等，2017）。

中国为全球茄子种植面积最大的国家，2020年种植面积为77.9万公顷，产量为3 694.3万吨左右，分别占全球总种植面积和总产量比例的42.2%、65.62%，近年来产量与单位面积产量持续正增长。中国是全球最大的茄子生产国，也是全球茄子消费大国与出口大国。消费量约3 692.82万吨，出口量14 802.4吨、价值1 906.1万美元，主要出口销往地为中国香港、中国澳门和俄罗斯、越南等地区（联合国粮食及农业组织统计）。

随着农业产业结构的调整，中国茄子产能不断提升，市场对茄子的需求量也在不断增加，对茄子商品的要求也越来越高，尤其是茄子安全生产方面，国内不少市场已实行市场准入制，而国际市场绿色壁垒更加严格，因此在茄子生产过程中有必要选择适宜种植的优质品种，严格控制农药用量，通过绿色、优质、高产、高效栽培技术，提高茄子的产量和质量，提高农民的种植效益，促进当地蔬菜产业的发展。

第一节　茄子的生物学特征

一、茄子植物学特征

（一）根

图 2-1　茄子根系

茄子根系发达，分为主根和侧根。主根粗壮，垂直生长，能深入土壤1.3～1.7米，从主根上分生侧根，其侧根分为二级、三级侧根（图 2-1）。由这些根组成以主根为中心的根系。侧根横向生长可达1～1.3米，主要根群分布在地表0.3米以内的土壤中，所以栽培时应注意深耕。茄子的根在排水不良的土壤中容易腐烂，所以在栽培时应选择土层深厚、排水良好、地势较高的地块种植，以促使茄子根系发达，植株健壮。茄子根的木栓化比较早，不定根发生能力较弱，因此不适合移植过晚或多次移植。

（二）茎

图 2-2　茄子茎

茄子的茎为圆形，直立、粗壮，株高80～110厘米，色泽为紫色或绿色。茄子茎和枝条的木质化程度比较高，幼苗时期茎是草质的，随着植株逐渐长大，茎秆及枝条的干物质逐渐增加而开始木质化，可见对结果期起主要输送养分及水分的主茎来说，在幼苗成龄期至结果初期，木质化程度才显著增强，至成株时，茎已基本上木质化。因此，一般情况下，植株完全能够承载地上部植株与果实的重量而不需要支架。但在保护地栽培中，可以采用吊架的形式调整株形，以便更好地通风透光。茄子的分枝能力较强，分枝习性为假轴分枝。根据茄子分枝能力强、侧芽萌发快的特点，可将其植株剪掉，只留地上少许部分来进行茄子的多年生栽培（图 2－2）。

（三）叶

图 2－3　茄子叶

茄子的叶片为单叶、互生，卵圆形或长椭圆形（图 2－3）。叶紫色或绿色，在氮肥充足、温度稍低的条件下，叶色深。因为茄子的嫩叶中含有花青素，在低温多肥的条件下花青素显现很浓，且顶芽呈钩状弯曲。叶面粗糙，有茸毛，叶脉及叶柄有刺毛，主叶脉及叶柄色与茎色相同。茄子的叶面积较大，蒸腾作用强，散发掉较多水分，故抗旱能力较弱。栽培上应注意及时灌溉，以满足茄子正常的生长需要。叶片叶龄大小直接影响其光合能力。叶龄 20～30 天是叶片光合作用的旺盛期，在此期间叶龄越大光合强度越高。叶龄 40 天以后，光合作用迅速减弱。从全期来看，叶龄 15～35 天的叶片是光合作用最好的叶片，要保护好处于最佳光合状态的叶群，并及时摘除基部衰老的叶片。茄子叶的颜色与果实颜色相关，紫茄子品种的叶带紫色，而白茄子和绿茄子品种的叶呈绿色。子叶对幼苗生育和花芽的形成作用很大，当 2～3 片真叶展开以后，真叶就对幼苗生长发育起着重要作用。子叶和 2～3 片真叶的大小对幼苗生长发育及花芽的质量和数量都有影响。

（四）花

茄子的花多数是单生花，也有 2～3 朵簇生的，紫茄品种的花冠多为淡紫色；白茄和绿茄品种的花冠多为白色。花冠 5～8 瓣，相连成为合瓣花，花瓣基部合生成筒状。雄蕊包含着雌蕊，雌蕊基部膨大部分为子房，子房上端是花柱，花柱的顶部为柱头，开花时雌蕊的花药顶孔开裂散出花粉，雌蕊的柱头接受花粉。授粉后花粉粒在柱头上萌发，穿过花柱，到达内胚囊，胚珠受精后发育成种子，并产生激素，刺激子房膨大成为果实。茄子花的类型可依据雌蕊柱头突出的长短，分为长柱花和短柱花。长柱花的花柱高于花药，属于健全花，能正常授粉，受精能力强。短柱花通常花形细小，花柱低于花药或退化，花药散发出的花粉难以落在柱头上，受精能力弱，为不健全花。茄子花器的大小与温度、光照、营养条件、植株长势及品种特性有关。茄子的花很多，特别是上部花更多，所以叫满天星，但有效花较少（图 2-4）。

图 2-4　茄子花

（五）果实

茄子的果实为浆果，心室几乎无空腔，它的胎座特别发达，形成果实的肥嫩海绵组织，用以贮藏养分，这是供人们食用的部分（图 2-5）。茄子的形状大小和色泽因品种不同有很大差异。果实有圆形、扁圆形、长条形和卵圆形等，颜色有黑紫、紫红、绿色和白色等。茄子的紫色是因为花青素，存在于内表皮细胞中。果肉新鲜时有涩味，是一种植物碱，煮熟后即可消除，所以茄子一般熟食。茄子花经过授粉后，花冠脱落，萼片宿存，幼果开始膨大，当发育很快的幼果突露出萼片时，其形状像愤怒的眼睛，故被称为“瞪眼期”。这是茄子果实生长发育过程中的一个临界标志，之后果实便进入迅速膨大期。在这个时期，应对茄子加强肥水管理，满足果实生长发育的需要，如果这个时期茄子植株受旱或营养不足，常会出现未经授粉而结成的果实，表皮粗糙，果实小而不发育，果实内无种子，肉质硬而味涩，这叫僵果，应尽早摘除僵果，并加强肥水管理。

图 2-5　茄子果实

（六）种子

茄子开花后 50～60 天即到达生理成熟期，种子老熟。茄子种子多为黄色，扁平成肾形，千粒重为 4～5 克，每个大圆茄有种子 2 000～3 000 粒，长茄有种子 800～1 000 粒（图 2-6）。茄子的种子由种皮、胚乳、胚芽、胚根、子叶等部分构成。胚由胚根、胚芽、下胚轴和子叶组成，胚根萌发后发育成植

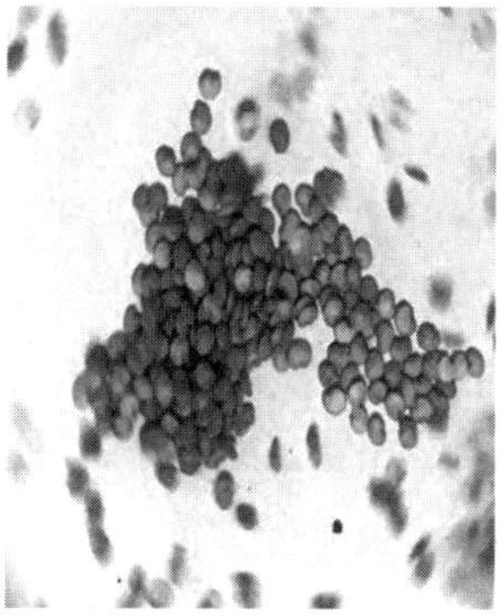

图 2-6　茄子种子

株的根，胚芽发育成地上植株，子叶是幼胚的种子，胚芽位于两片子叶之间，子叶对胚芽有着重要的保护作用和营养价值。茄子种皮上的胶质，比其他蔬菜种子更丰富，在浸种催芽时要注意到这一特点。茄子种子的寿命为 4～5 年，但具有发芽能力的使用年限为 2～3 年，选种时要注意选用新种，陈种子发芽率低，播种后会出苗不齐，易造成大小苗现象。

二、茄子生物学特性与栽培

（一）品种熟性

茄子品种熟性通常以主茎子叶节到门茄之间叶片数划分，可分为早熟、中熟和晚熟 3 个品种。早熟品种的主茎生长至 5～6 片叶时顶芽形成花芽，并发育成门茄，多数植株矮小，果实相对较小。中熟品种的主茎生长至 8～9 片叶时顶芽形成花芽，并发育成门茄。晚熟品种的主茎生长至 10 片叶以上时顶芽形成花芽，并发育成门茄，多数植株高大，果实也相对较大。

（二）茄子生长发育期

根据茄子生长发育特点的不同，可分为种子发芽期、幼苗期、开花坐果期、结果期。

1. 种子发芽期

从胚根突出种皮到真叶出现为发芽期。茄子种子在播种之后，正常情况下一般需要 7～10 天的时间才能发芽，30℃左右时只需 6～8 天，发芽快且发芽率较高，在 20℃条件下，需要 13～15 天才能出芽，发芽缓慢且发芽率低。发芽期长短主要取决于温度、湿度、通气状况及覆土厚度等。

2. 幼苗期

从真叶出现到门茄现蕾为幼苗期，大约需要 50～60 天。茄子幼苗第 1 片真叶出现至 2～3 片真叶为基本营养生长阶段；生长至 3～4 片真叶、幼茎粗度达 2 毫米左右时开始花芽分化，同时进行营养器官和生殖器官的分化和生长；长至 5～6 片叶时现蕾。分苗应在 4 片真叶展平前进行。

3. 开花坐果期

从茄子现蕾至门茄果实坐住为开花坐果期。花蕾在适宜的条件下开花，寿命为 3～4 天，从开花前 1 天到开花后 3 天内，柱头都有受精能力，一般从开花到果实坐住长到“瞪眼期”需要 8～10 天。该阶段是由营养生长为主向生殖生长为主过渡的关键时期，栽培管理的中心工作是中耕、蹲苗，适当控制营养生长，保证生长重心转向生殖生长。茄子开花的早晚与品种和幼苗生长的环境条件密切相关。

4. 结果期

从门茄"瞪眼"到拉秧为结果期。门茄坐住后，营养生长长势减弱，果实生长占优势，即植株的营养分配已转到以生殖器官为中心。果实与生长点之间争夺养分，结果盛期下层果实还对上层果实有抑制作用，注意及时采收。该生长阶段要加强肥水供应，保证茎叶持续生长和果实膨大的需要。从"瞪眼期"到商品成熟期约需要 13～14 天，从商品成熟期到种子成熟期约需要 30 天。该阶段营养生长过剩的现象极少，应加强管理，防止植株早衰。

（三）茄子对环境要求

1. 温度

茄子喜高温，在不同的生长发育阶段，对温度的要求不同，种子发芽适温 25～30℃，幼苗期发育适温白天 25～30℃，夜间 15～18℃；开花结果期的适宜温度为白天 25～30℃，夜间 20℃左右。当温度低于 20℃时，茄子植株生长缓慢，授粉、受精和果实生长都会受到影响；15℃以下生长缓慢，并引起落花；10℃以下停止生长，5℃以下产生冷害，生长的最低地温要在 12℃以上。花芽分化期间，温度偏低，花芽分化推迟，长柱花多；温度高，特别是夜温高时多产生短柱花。温度在 35～40℃时，花器发育不良，茎叶发育受阻，45℃高温时茎叶有灼伤。

2. 光照

茄子是喜光作物，对光照强度要求高，光饱和点为 800 微摩尔光量子/(平方米・秒)，光补偿点是 40 微摩尔光量子/(平方米・秒)。当日照时间长、光照度强时，植株生长旺盛，如光照减弱 50%，产量同步下降。紫色和紫红色品种对光照强度的要求较其他品种更高，光照强度不足会影响茄子转色，影响茄子的商品性。尤其在幼苗期，光照不足，花芽分化和开花延迟，长柱花减少，中柱花和短柱花增多。因此，在冬季生产时，改善设施的光照条件很有必要。

3. 水分

茄子属于喜水但又怕水的作物。茄子根系发达，但主要分布在 30 厘米表土层内，同时茄子枝叶繁茂，结果多，因此需水量较大。不同生长发育期对水分的需求不同，门茄坐果前需水量减少，结果盛果期对水分需求量大。茄子适宜的土壤相对湿度为70%，湿度过大时易烂根，空气湿度过大易流行病害。田间最大持水量不能低于55%，否则会出现僵苗、僵果。

4. 湿度

茄子生长正常的空气相对湿度为70%～80%，春季温度高，蒸发量大，易造成空气湿度降低，不利于茄子正常的生长发育。在寒冷季节，棚内每次浇水或打药都应尽量选在晴天的上午进行，浇水量要适当控制，浇水后及时排湿。茄子缓苗期最佳空气湿度是80%～90%，缓苗后为70%～80%。

5. 土壤和矿物质营养条件

茄子对土壤适应性广，适宜的土壤pH为6.8～7.3。对营养需求方面以氮肥为主、钾肥次之、磷肥较少，根据茄子的吸肥规律，施肥时可把磷肥全部作为基肥，把氮、钾肥总量的30%～50%作为基肥，其余部分作为追肥施入，同时配施钙、镁、硼、铁、锌等中微量元素肥料。结果期每生产1 000千克茄子，大约需要吸收氮（N）3.3千克、磷（P_2O_5）0.8千克、钾（K_2O）5.1千克。茄子植株不同部位对氮素吸收的比例为：叶占21%，茎占9%，根占8%，果实占62%，所以，果实膨大期需要补充大量氮肥，同时适当配合施钾肥，有利于果实膨大，提高产量。

三、茄子的营养价值及功效

（一）茄子营养丰富

茄子含有蛋白质、脂肪、碳水化合物、维生素以及钙、磷、铁等多种营养成分。特别是紫色茄子的皮中含有丰富的维生素E和维生素P，这是其他蔬菜不能比的。

（二）维生素P含量高

每100克茄子中含750毫克维生素P，能增强人体细胞间的黏着力，增强毛细血管的弹性，减低毛细血管的脆性及渗透性，防止微血管破裂出血，使心血管保持正常的功能。此外，茄子还有防治坏血病及促进伤口愈合的功效。

（三）茄子含有胆碱、葫芦巴碱、水苏碱、龙葵碱等多种生物碱

茄子能抑制消化系统肿瘤的增殖，对于防治胃癌有一定效果。此外，茄子还具有清热止血，消肿止痛的功效。

（四）茄子含有维生素 E

茄子有防止出血和抗衰老功能，常吃茄子，可使血液中胆固醇水平不致增高，对延缓人体衰老具有积极的意义。

（五）茄子含有维生素 C 和皂草苷

茄子可促进蛋白质、脂质、核酸的合成，提高供氧能力，改善血液流动，防止血栓，提高免疫力。此外，还具有降低胆固醇的功效。

第二节　茄子分类及优良品种

茄子在我国栽培历史悠久，经过广大劳动人民的长期栽培和选育，培育出许多适应我国各地的自然条件和消费习惯、产量高而品质优良的地方品种。由于茄子种内变异丰富，不同品种间差异显著，形态变化多种多样，茄子的品种可根据果实形态、植株形态或成熟期早晚来分类。

一、茄子分类

根据成熟期，可分为早熟、中熟和晚熟 3 类。根据果皮的颜色，大致可分为紫茄、红茄、绿茄、白茄等类型。紫茄又有深紫色、浅紫色、黑紫色、紫红色，也有紫绿相间条纹色；绿茄有深绿色、浅绿色、青绿色，也有白绿相间条纹色；白茄有纯白色、黄白色等。目前生产上习惯按果实的形态把茄子分为圆茄、长茄、卵（矮）茄 3 个种，也就是植物学上的 3 个变种。

（一）圆茄

圆茄植株高大，生长势强，茎直立粗壮，叶片宽而厚，叶色浓绿或暗紫色。果实呈圆球形、扁圆球形或椭圆球形，商品果色有黑紫色、紫红色、绿色、白色等，老熟果黄色或红色，果肉紧密，硬度大，品质好，单果重大，籽粒多，产量高，多为中、晚熟品种，适宜温暖干旱、光照充足的气候条件，属于北方生态型品种，主要分布在河南、河北、山东、北京、陕西等地。

（二）长茄

长茄植株高度及生长势中等，分枝较多，叶片小而狭长，果实细长棒状，果柄比圆茄长，单株结果数多，单果重小，果皮薄、果质松软，种子少，果实颜色有紫色、青绿色、白色等，多为中、早熟品种，耐湿热，主要分布在长江流域各省及东北地区。

（三）卵（矮）茄

卵（矮）茄植株低矮，生长势中等或较弱，分枝较多，茎叶细小，坐果节位较低，单株结果数多，单果重小，果皮厚，种子多，果形多为卵形、卵圆形、卵球形、灯泡形等，果实颜色有紫色、绿色、白色等，多为早熟品种，产量较低，但抗性强，耐热性好。

二、茄子优良品种

选择适宜的茄子品种是取得丰厚经济效益的重要环节。茄子在我国的每个地方都有种植，因各地的气候条件、环境条件、消费习惯不同。因此，在选择茄子品种时，必须了解其品种的适应性和当地消费者的消费习惯。一些优良的地方品种经不断提纯复壮，生产上仍被广泛应用，如新乡糙青茄、安阳紫圆茄、洛阳大青茄、南京紫长茄、杭州红茄、辽宁盖县长茄、北京六叶茄、北京九叶茄等。针对我国茄子生产方式变化趋势和不同的生态类型及市场消费需求，“十三五”期间，我国已培育出一批满足茄子生产和多样化消费需求的优良茄子新品种。目前国内育成的茄子品种在生产中占主导地位，占市场份额的90%以上。但在北方保护地茄子生产中，国外品种占主导地位。

（一）圆茄优良品种

1. 二苠茄

天津市农科院蔬菜研究所用天津农家品种经提纯复壮培育而成的品种。中熟，门茄着生在第 7～8 节。果实圆球形或略扁，表皮紫色，果顶部略浅，有光泽。果肉白色致密而细嫩，籽少。单果重 750 克以上，最大果实可达 1 500 克，一般亩产 5 000 千克左右。较耐盐碱低温和高湿。适合春露地、秋延后和越冬茬日光温室栽培。

2. 短把黑

河北省农林科学院经济作物研究所培育。中、早熟，果实扁圆形，皮黑紫色，有光泽；果柄短，果肉细嫩，品质好，抗病耐旱。门茄着生 7～8 叶间，单果重 1 000～1 500 克。每亩定植约 1 800 株，每亩产量 5 000 千克左右。1—2 月份育苗，3 月份分苗。4 月下旬至 5 月初定植露地。行距 80 厘米，株距 45 厘米。定值后蹲苗 1 周．然后浇水追肥，并进行培土。防倒防涝。生长期内追肥 2～3 次。6 月底开始收获。适于春夏露地栽培。

3. 茄杂 2 号

河北省农业科学院蔬菜花卉研究所培育。株高 80～90 厘米，植株生长势强。首花节位在第 8 节，果实圆形，果皮紫红色，果面光滑亮泽，果肉浅绿白色，肉质细腻，味甜，品质优，商品性好。单果重 800～1 000 克。中、早熟，定植到始收 47 天，果实膨大速度快，从开花到采收 15 天左右。每亩产量 5 000 千克以上。较耐寒，抗黄萎病，耐绵疫病，适宜露地或早春保护地栽培，全国各地均可种植。

4. 圆丰 1 号

天津市蔬菜研究所培育。株高 70 厘米，开展度 65 厘米，门茄着生在第 7 节。果实深紫色，有光泽，扁圆形，发育速度快，肉质洁白细嫩，品质极佳，单果重 550 克左右。耐黄萎病和根腐病。每亩产量 4 500～5 000 千克。适合华北、西北及中原地区早春保护地和春季大棚。

5. 博杂 1 号

河南省农业科学院园艺研究所培育。为中晚熟一代杂种，生长势强，株高 100～120 厘米，门茄着生在第 9 节，开花后 20～25 天采收。果实近圆形，果皮紫黑油亮，肉质洁白细腻，味甜，籽少，不易老，不褐变。果皮厚，耐贮运。单果质量 750 克左右，每亩产量 5 500 千克左右。高抗病毒病，抗褐纹病和绵疫病，适合我国北方露地及春提早、秋延后设施栽培。

6. 安研大红茄

河南省安阳市蔬菜科学研究所培育。植株生长势强，株高 95 厘米左右，开展度 85 厘米，叶较大，叶色深绿带紫晕。第 10 节上方着生门茄，果实近圆形，单果重 1～1.5 千克，果皮光滑，紫红发亮，果肉白而细嫩，商品性佳，可炒食也可蒸食。不早衰，单株同时坐果最多达 13 个，每亩产量 6 000 千克。耐老化，茄果长至 2～2.5 千克仍然不老，适合秋延后保护地栽培。

7. 黑美丽

日本引进品种。果皮黑紫色，着色好，有光泽；果实圆形略扁，平均单果重 700 克，商品性状极佳。门茄着生于第 6 节，株高 75 厘米，开展度 60 厘米，抗黄萎病、根腐病。每亩产量可达 10 000 千克左右，是目前较为理想的栽培品种。适宜秋延后、越冬及早春保护地栽培。

8. 黑又亮

日本岛根株式会社引进品种。早熟，第 6 叶显蕾，生长势强，产量极高。丰产潜力大，果实扁圆形，果脐部收口紧．果皮紫黑光亮；果肉白嫩细腻，口感极好，商品性极高，皮厚耐运输，平均单果重 800 克，延后采收大果可达 2 000 克左右。耐低温，耐弱光。亩产可达 12 000 千克以上。适合各个季节大棚和露地栽培。

9. 平茄一号

平顶山市农业科学院培育。植株生长势强，株型半直立，株高 80 厘米，开展度 75 厘米，叶片绿色，长椭圆形，叶缘波浪形。早熟，门茄着生节位为第 7～8 节，果实长卵圆形，果长 20 厘米，横径 10.5 厘米，平均单果质量 350～400 克，果皮绿色，果肉浅绿色，皮薄，有光泽，口感好，品质佳。每亩产量 4 500～5 000 千克，种子千粒重 6.0 克。低温弱光条件下生长势强，一般没有畸形果，商品性极佳，抗病力强，对低温高湿条件下发生的各种病害有较强的抗性。适宜大棚、拱棚、日光温室、露地早熟等多种形式栽培。

10. 天津快圆茄

天津市农科院蔬菜研究所用天津农家品种经提纯、系选而成的品种。早熟，株高近 60～70 厘米，展开度 60 厘米左右，植株直立，株型紧凑。第6～7 节着生门茄，果实近圆形，果皮深紫色，有光泽，果肉洁白致密，品质好，单果重 600 克以上，定植至始收期 35～45 天，果实膨大、生长迅速，前期产量高，亩产 5 000 千克左右。耐寒性及抗病性较强，抗褐纹病和绵疫病，适合春季早熟栽培。

11. 九叶茄

用北京地方品种经选纯复壮的优良品种。株高 100～120 厘米，开展度 85～100 厘米，株型较紧凑，生长势中等。第 9～10 节上方着生门茄，以后间隔 2 叶着生“对茄”，每间隔 2 叶着生“四面斗”。果实扁圆形，果皮深紫黑色，有光泽，果肉绿白色，致密，果柄短。单果重 200～1 000 克，适合露地和保护地栽培。

12. 驻茄 18 号

驻马店市农业科学院选育。该品种定植至始收 48 天，生长势中等，抗逆性强，耐低温和弱光，单性结实力强；植株平均高度 70.7 厘米，开展度 68.5 厘米，果高圆形，果皮紫色，果肉绿白色，肉质硬，果面有光泽，商品性状好；平均果实纵径 11.5 厘米，横径 10.5 厘米，平均单果重 0.50 千克，单株采果 6.3 个。在两年四点露地鉴定试验中平均前期亩产量 1 657.4 千克，比对照组（郑研早紫茄）增产 11.6%；亩总产量为 5 740.5 千克，比对照增产 16.3%，具有丰产、优质、抗青枯病和绵疫病的特点。适宜露地和保护地种植。

13. 驻茄 19 号

驻马店市农业科学院选育。该品种定植至始收 53 天；生长势中等，抗逆性强；平均株高 74.3 厘米，开展度 71.5 厘米，果实扁圆形，果皮紫色，果肉绿白色，肉质硬，果面有光泽，商品性状好；平均果实纵径 9.5 厘米，果实横径 11.6 厘米，平均单果重 0.55 千克，单株果数 5.8 个。在多点露地鉴定试验中平均前期亩产量 1 255.7 千克，比对照组（郑研早紫茄）增产 3.5%；亩总产量 5 636.5 千克，比对照增产 15.8%。具有丰产、优质、抗青枯病和绵疫病的特点。适宜露地和保护地种植。

（二）长茄优良品种

1. 万吨早茄

四川种都种业有限公司培育。早熟，茎秆黑紫色，生长势佳。定植后 50 天左右采收，连续结果势特强，坐果率高。果实上市集中，果实长圆柱形，果皮紫黑色，光泽度好，果肉疏松、细嫩，皮薄，单果重 400～500 克，每亩产量 8 000 千克左右。抗黄萎病、疫病。

2. 黑优少子茄二号

河南豫艺种业科技发展有限公司培育。早熟，植株长势旺盛，早熟，果实长棒状，果长 30～35 厘米、粗 8～10 厘米，果皮紫黑油亮，果肉白色，致密，品质好，膨果速度快，平均单果重 400 克左右，结果多，上部果不变短，产量高。耐低温能力强，抗性好。适宜保护地春早熟栽培和春露地地膜覆盖栽培。

3. 紫秋

浙江省农业科学院蔬菜所培育。秋茄子专用品种。果实粗纤维含量低，肉质洁白细嫩，皮薄，品质佳，口感好；果型长直整齐，不易打弯；果皮紫红色，光滑亮丽；畸形果少，商品果率达 88%左右，商品性好，市场价格高。中抗绵疫病、黄萎病和青枯病，产量高，比同类对照品种增产 15%以上。

4. 浙茄 3 号

浙江省农业科学院培育。杂交一代茄子新品种。早熟性好，生长势旺，坐果率高，丰产性好，每亩产量 3 800 千克左右。果型直，果皮紫红色，光泽好，光滑发亮，果长 28～32 厘米，横径 2.5 厘米左右，商品性好。抗黄萎病和中抗青枯病。

5. 墨秀长茄

上海普威农业科技有限公司培育。中早熟，植株直立，长势强，耐热、耐湿性强，果长约 40 厘米，连续结果能力强，产量高，果型顺直，外观紫黑色，鲜艳亮丽，商品性好，果肉柔润，果实内种子少，品质好。适宜保护地、露地栽培。

6. 早熟墨茄

四川省农业科学院园艺种苗研究中心培育。植株高度1～1.2米，开展度60～65厘米。茎秆色泽紫黑色，有灰色毛。叶绿色，卵圆形。第一个果着生在主茎8～10叶节上方。果实长圆柱形，一般长度35～40厘米，横径6～7厘米；外皮黑紫色；果肉细嫩，水分多，皮薄，籽少，品质好。一般单果重300～400克，属早中熟品种，种植到开始收获45～50天。早熟墨茄抗病性、抗逆性、抗寒性均强。适宜春季露地和春季大棚栽培，一般每亩产量3 000～4 000千克。

7. 全福

山东省寿光顺利种苗有限公司培育。一代杂交茄子种，极早熟，早期产量高。果实细长形，果肉柔嫩，果长20～40厘米，单果重120～180克。果实黑紫色，光泽好。株型半开张，叶片大小中等，茎稍细，分枝旺盛，丰产性强。具耐热性，石茄等畸形果发生率低，商品率高。高抗黄萎病。适于拱棚早春栽培和温室越冬栽培。

8. 紫龙九号

武汉市农业科学院蔬菜研究所培育。生长势强，植株半直立、开展度中等，耐高温能力强；商品茄长条形，果顶部钝尖，果长40厘米左右，果粗3.5～4.0厘米，单果质量220～240克；果柄、萼片均为紫色，果皮黑紫色，果面平滑光亮，转色快，高温不易褪色，果肉白绿色，肉质细腻，硬度适中；早熟，连续坐果性好，丰产性强，每亩产量4 600千克。适合长江流域早春大棚或露地栽培及夏秋露地栽培。

9. 晚茄1号

湖南省蔬菜研究所培育。生长势强，晚熟。株高103厘米，开展度100厘米，果实粗条形，果长20厘米，横径6.9厘米，单果重280～350克。果皮紫红色，有光泽，肉质细嫩，品质好。耐肥、耐热、抗病性强，为秋茄专用品种。每亩产量3 000～3 500千克，适宜长江中下游地区种植。

10. 东方长茄

荷兰瑞克斯旺有限公司培育。植株开展度大，花萼中等大小，叶片中等大小，无刺、早熟、丰产性好、生长速度快、采收期长。果实长形，果长25～35厘米，横径6～9厘米，平均单果重400～500克；果实紫黑色，质地光滑油亮，绿把、绿萼，密度大，味道鲜美。货架寿命长，商业价值高，周年栽培，每亩产量 10 000 千克以上。适于秋冬季温室和早春保护地种植。

11. 长丰红茄

华南农业大学园艺系培育。株高 140 厘米，生长势强，早中熟。首花节位在第 9 节。果实长棒形，果长 31 厘米，横径 4.7 厘米，单果重约 250 克。果色紫黑，有光泽，果肉白色，果形美观，坐果均匀。每亩产量 4 000 千克。适宜春、夏、秋种植，及冬春早熟栽培。

12. 阿波罗

山东省寿光市中植种业有限公司培育。无限生长型绿萼长茄，杂交一代种。果实长棒状，果长 25～35 厘米，横径 5～6 厘米；果面光滑，有光泽，果柄及萼片绿色，无刺。单果重 200～250 克，商品性优秀。连续坐果能力强，抗病能力强，抗茄子枯萎病、绵疫病等。适于保护地早春、秋延后及越冬栽培。

13. 青选长茄

山东省青岛市农业科学研究所培育。植株生长势强，中熟。株高 101 厘米，株幅 88 厘米。果实长棒状，长 30 厘米，横径 4 厘米，果皮鲜紫色，有光泽。果肉细致，籽少，品质较好。单果重约 200 克。抗绵疫病和褐纹病，耐热、耐涝，适于露地及保护地栽培。

14. 吉茄 1 号

吉林省蔬菜科学院培育。该杂交种生长势强，株型直立，株高 120 厘米左右，株幅约 75 厘米。其茎紫色，叶绿色，萼片紫色。果实为棒状，长 24 厘米左右。横径约 6 厘米，鲜紫色，有光亮，略带钝鹰嘴形。果肉淡绿白色，单果重 250 克左右。抗黄萎病，果实品质较好。

15. 济农长茄 1 号

济南市农业科学研究所培育。生长势强，第 8～9 片真叶现蕾。每隔 1～2 片叶着生一花序，每花序有 1～3 朵花，坐果力强。果实长棒状，果长 30 厘米，横径 6～7 厘米，平均单果重 400～500 克，果实黑紫油亮，无青光顶，果肉坚致细密，品质好。果实生长速度快，耐低温，抗病、高产。日光温室越冬栽培每亩产量可达 12 000 千克以上。

16. EP－962

荷兰引进品种。植株生长旺盛，花萼小，叶片中等大小，无刺，早熟，丰产性好，生长速度快，采收期长。适于冬季温室和早春保护地种植。果实长形，果长 25～35 厘米，横径 5～7 厘米，单果重 400～450 克；果实紫色，质地光滑黑亮，绿把、绿萼，比重大，味道鲜美，周年栽培每亩产量18 000千克以上。适于早春、秋延后和越冬栽培。

17. 牟尼卡

瑞士引进品种。无限生长型，早熟杂交一代种。植株生长旺盛，节间中短，平均单果重350克。果实光滑，长圆柱形，果皮颜色深紫近乎黑色，有光泽；果柄、萼片均为绿色；果肉奶白色，适合炒食。雌性坐果率高，抗病性和耐低温能力强，是丰产性极好的高产品种。适宜日光温室和塑料大棚越冬、早春和秋延后栽培。

18. 布利塔

荷兰引进品种。早熟，植株开展度大，花萼小，叶片中等大小，无刺，始花节位6～7节，果实长棒状，平均果长25～35厘米，直径6～8厘米，果实紫黑色，绿把绿萼，质地光滑油亮，相对密度大，味道鲜美，商业性好，单果重400～450克，丰产性好，生长速度快，采收期长，保护地栽培亩产可达18 000千克以上，抗病抗逆性强。适宜越冬和早春保护地种植。

19. 西方长茄

荷兰维特国际种业有限公司培育。植株生长旺盛，开展度大。花萼小，叶片中等大小，无刺，早熟，丰产性好，生长速度快，采收期长。果实长形，平均果长25厘米，横径5厘米左右，单果重350～450克；果实紫黑色，绿把、绿萼，质地光滑油亮，密度大，味道鲜美，商品性好。适宜冬季温室和早春保护地种植。

20. 驻茄16号

驻马店市农业科学院选育。定植至始收52天，全生育期169天，生长势强，抗逆性强，植株平均高度92.0厘米，开展度91.0厘米，果实长卵形，果皮紫色，果肉绿白色，肉质中等，果面有光泽，果实纵径22.0厘米，横径7.0厘米，平均单果重390克，单株采果9.11个；平均前期亩产量1 393.59千克，比对照组（郑研早紫茄）增产4.47%；亩总产量5 430.83千克，比对照增产17.56%；具有丰产、优质、抗青枯病、绵疫病等特点。适宜露地和保护地种植。

（三）卵（矮）茄优良品种

1. 西安绿茄

陕西省西安市的地方品种。中早熟，始花节位7～8节，植株生长势强，株高平均100厘米，开展度70厘米，果实卵圆形，皮色油绿，果皮较厚，光泽好，果肉白色，肉质紧密，耐运输，单果重300～500克，从播种到采收约103天，亩产5 000千克以上。产量高，抗病性一般，较耐低温，在保护地着色好。适宜露地和保护地栽培。

2. 新乡糙青茄

河南省新乡市的地方品种。早熟，生长势强，植株高大，株高80～90厘米，开展度60～70厘米，茎绿色，叶卵圆形，初花节位6～7节，果实卵圆形，果皮青绿白色，肉质细嫩，品味佳，单果重350克左右，大单果重500克以上，从开花到嫩果采收25天左右，亩产量3 500～4 000千克，喜高温，有较强的抗病性能。适宜露地越夏栽培。

3. 郑茄1号

郑州市蔬菜研究所培育。植株生长势较强。第一花序着生节位6～7叶节，果实卵圆形，果色绿，果皮光滑，商品性状好。单果重460～1 300克，每亩产量5 000千克以上。肉质细腻，硬度适中，味甘，适口性好，品质佳，抗青枯病、绵疫病和黄萎病。适合露地和春季大棚栽培。

4. 洛茄5号

洛阳农林科学院培育。植株平均高度84.7厘米，开展度82.7厘米，生长势好，抗逆性强。中熟，全生育期173天，定植至始收54天，第1花着生节位平均7.6节。果实长卵圆形，果皮绿色，果实纵径16.30厘米，横径11.92厘米，果面光滑，商品性状好。单株采果5.38个，平均单果质量530克，早春露地栽培每亩产量可达5 000千克，早春拱棚种植每亩产量可达7 500千克。高抗青枯病、绵疫病和病毒病等，适宜河南省早春拱棚和露地种植。

5. 青祺2号

河南省农业科学院培育。植株生长势强，平均高度为80.5厘米，平均开展度为84厘米。第1花平均着生节位为7.2节。果实卵圆形，纵径15.45厘米，横径1.48厘米。果皮绿色，果面光滑，果肉绿白，肉质致密，商品性状好；单株平均采果5.50个，平均单果质量490克。对青枯病、黄萎病、病毒病等病害具有较好的抗性。

6. 驻茄9号

驻马店市农业科学院培育。生育期171.5天。生长势强。平均株高86.6厘米，平均开展度79.2厘米，平均第一花序为9.05节，叶色绿。果实卵圆形，果皮紫红色，果肉白色，果实单果重540克。果面光滑，果肉纤维少，品质优。田间表现抗青枯病、绵疫病和黄萎病。每亩产量 5 000 千克以上。适宜河南省各地早春保护地和春露地栽培。

7. 驻茄 13 号

驻马店市农业科学院培育。生长势强，抗逆性强，植株平均高度 77.0 厘米，开展度 73.0 厘米；果实长卵形，果皮绿色，果肉绿白色，肉质中等，果面有光泽，商品性状好；平均果实纵径 19.0 厘米，横径 7.0 厘米，平均单果重 380 克，单株采果 8.33 个；平均前期亩产量 1 369.8 千克，比对照组（新乡糙青茄）增产 3.5%；亩总产量 5 568.3 千克，比对照增产 21.76%；具有丰产、优质、抗绵疫病等特点。适宜春、秋设施及露地栽培。

8. 驻茄 15 号

驻马店市农业科学院培育。植株生长势强，株高 82.2 厘米，开展度 77.5 厘米；果实卵圆形，果皮绿色、光亮，后期不易发白，果肉绿白色，肉质硬度中等，商品性状好；果实纵径 15.0 厘米左右，横径 10.6 厘米左右，平均单果重量 520 克，单株坐果 6.15 个，一般每亩前期产量 1 100 千克左右，总产量 5 300 千克左右，丰产稳产；田间对青枯病、绵疫病、黄萎病的抗性强。适宜春、秋设施及露地栽培。

9. 驻茄 17 号

驻马店市农业科学院培育。生长势强，抗逆性强；植株平均高度 83.2 厘米，开展度 65.0 厘米；果实卵圆形，果皮绿色，果肉绿白色，肉质中等，果面有光泽，商品性状好；平均果实纵径 17.0 厘米，横径 9.6 厘米，平均单果重 420 克，单株采果 8.2 个。在两年四点露地鉴定试验中平均前期亩产量 1 489.6 千克，比对照组（郑研早青茄）增产 5.9%；亩总产量 5 888.2 千克，比对照增产 19.36%。具有丰产、优质、抗青枯病的特点。适宜春、秋设施及露地栽培。

10. 金富早绿茄

河南豫艺种业科技发展有限公司培育。早熟，植株长势强，始花节位6～7节，果实长卵圆形，果皮绿色，油亮有光泽，果肉白色，致密，品质好，平均单果重 800～1 000 克，春早熟栽培亩产可达 5 000～8 000 千克；耐低温性能好，低温下膨果速度快；抗性好。适宜保护地春早熟栽培和春露地地膜覆盖栽培。

11. 绿罐 2303

西安桑农种业有限公司培育。极早熟，植株第 8～9 片真叶着生门茄。株型紧凑，高 85 厘米左右，株幅 70 厘米，叶片深绿平展，茎秆浅紫色。果实发育速度快，卵圆形，皮色亮绿，果面光滑无棱沟，果型端正。果肉浅绿色，不易褐变，口感甘甜。硬度适中，耐运输。果型硕大，单果重 700～1 500 克，坐果量大，产量高。抗逆性强，适合露地和保护地多种栽培形式。

12. 青茄 2 号

安阳市农业科学院培育。中晚熟，始花节位为第 7～8 节，生育期 171 天左右，果实卵圆形，纵径 17.6 厘米，横径 11.3 厘米，果皮绿色，果面光滑，单果质量为 490 克，平均每亩产量可达 5 000 千克。有较强的抗病性能。适宜河南省各地喜好绿茄地区春露地栽培。

13. 精品绿罐

西安市长丰蔬菜所培育。早熟，第 7 片真叶着生门茄。果实长卵圆形，果实膨大快，个大而皮色油绿，质地细嫩，大单果重 1 000 克左右。商品性佳，叶色深绿，长势强，不早衰，亩产可达 6 000 千克以上。适于日光温室越冬栽培和春露地栽培。

14. 洛阳早青茄

洛阳市诚研种业有限公司培育。早熟性好，6～8 节显蕾，门茄花蕾发育好，坐果率高，果实卵圆形，色油绿质细嫩，籽少，品质优，门茄果重 350～400 克，“对茄”大果可达 1 000 克，亩产 5 000～7 000 千克，保护地、露地栽培均可。

三、茄子栽培季节与茬口

选择茬口时，既要考虑种植因素和栽培技术因素，还要考虑市场因素。常见的茄子茬口在露地栽培条件下，一般分为春茬和夏秋茬两种，春茬一般4—5 月种植，夏秋茬 8—9 月种植。露地早春茬栽培是基本的栽培茬口，成本低、茬口灵活方便，面积大小及地形地块都不受限制，但露地早春茬的生育期长，容易受自然条件影响，产量不稳定，商品率和效益相对较低。露地夏秋茬栽培的茄子，作为晚夏、早秋淡季及秋季供应的蔬菜。茄子设施栽培主要有塑料大棚早春茬栽培、塑料大棚秋延后茬栽培、日光温室秋冬茬栽培、日光温室越冬茬栽培、日光温室冬春茬栽培 5 个茬口。

第三节　露地茄子优质高效栽培技术

茄子对光周期要求不严格，只要温度适宜一年四季均可栽培。茄子生长期和结果期长，全年露地栽培的茬次少，在露地栽培条件下，一般分为春茬和夏秋茬两种，其中春茬茄子栽培是我国栽培面积最大、产量最高的茬口。春茄子于冬季或早春育苗，晚春后定植，为我国北方地区的主要栽培茬次，成本低、茬口灵活方便，面积大小及地形地块都不受限制。夏秋茬栽培于春季速生蔬菜或小麦收获后定植，一般可生长至早霜到来，对解决秋淡季蔬菜供应有一定的作用。露地覆膜技术是促进茄子生长的简易覆盖栽培方式，即促根栽培，能使土壤增温、保水、保肥，促进茄子的生长发育和早熟、早产。

一、茬口安排

春茬：2 月上中旬日光温室播种育苗，4 月下旬定植（覆盖地膜），6 月上旬至 8 月中、下旬采收。

夏秋茬：4 月下旬露地播种育苗，6 月上、中旬定植，7 月下旬至 10 月上旬采收。

二、春茬露地茄子优质高效栽培技术

（一）品种选择

以早熟为主要栽培目的时，应选择早熟品种；以丰产为主要栽培目的时，应选择中晚熟品种。还要考虑市场对茄子色泽、形状的要求。具体品种可根据各地实际情况选择。

（二）育苗

育苗技术参照本书第一章第二节和第三节茄子育苗相关内容。

（三）定植

1. 整地作畦

整地作畦时要施足施好基肥。一般每亩施入完全腐熟的农家肥 2 000～

3 000 千克或商品有机肥 300～400 千克，同时配合施用过磷酸钙 50 千克、尿素 5～10 千克、草木灰 100～150 千克或钾肥 10～15 千克。整地前将所有肥料均匀撒施在土壤表面后深耕细耙。春季露地地膜覆盖栽培茄子，可采用高垄种植，按垄底宽 80 厘米、沟底宽 30 厘米，垄高 20 厘米，打好垄沟，畦面需要做成龟背形。做好的畦面要求表土细碎，平整无坑洼。

2. 幼苗消毒

定植前，用 50%多菌灵溶液 500 倍液喷施幼苗或穴盘苗蘸根，起到消毒灭菌的作用。

3. 定植

北方地区一般在当日平均最低气温稳定超过 15℃时，采用畦内双行定植，每穴单株，一般常规密度种植时，行距 60～70 厘米，株距 40 厘米，每亩幼苗 2 000～2 200 株。采用密植时，可以缩小株行距，每亩定植 3 500～4 000 株。定植前，先按膜上行距和穴距，打好定植穴，穴深 12 厘米，再将幼苗放入穴中，边放苗边浇水，待水自然渗下后，覆土封洞，对地膜破口要用土完全封严，以便提高地温，促进幼苗缓苗生长。

（四）田间管理

1. 肥水管理

首先要对死苗及时补栽，保证全苗。由于茄子是陆续采收的蔬菜，对肥水要求较高，因此，充足的肥水供应是保证茄子丰产的重要措施。重点有两个时期：门茄“瞪眼期”，结合中耕进行浇水追肥，每亩追施尿素 19～22 千克；“对茄”和“四面斗”相继膨大期，这个时期对肥水的要求达到高峰，如营养不足，将影响果实的品质及产量，每亩追尿素 11 千克。茄子的耐旱性差，需要充足的土壤水分，一般要求保持 80%的土壤湿度，前期除浇一次缓苗水外，要少浇水，多松土，根据降水情况，每隔 4～6 天浇 1 次水，进入雨季后要注意排水防涝。

2. 整枝打叶

露地春茬茄子栽培一般不进行整枝，但“门茄”以下侧枝应及时打去，“门茄”采收后要摘除部分基部老叶，以利通风透光。茄子生长前期要控制营养生长，促进其早开花早结果。幼苗生长到 50 厘米高后，要将底层叶子陆续剪除，以改善田间通风透光效果；在形成“门茄”后，将两个向外的侧枝剪掉，只留向上的两个主秆；待第 7 个果实形成后进行摘心，以促进果实早日成熟。密植早熟茄子和恋秋茄子进行整枝栽培，以促进早熟，提高产量，增加效益。整枝方法有多种：在“四面斗”以上留两片叶打顶，以集中养分结果；在“对茄”以上只留 2 个枝条结果，全株共留 5 个果；也可在“门茄”以上实行单秆整枝，加大栽植密度，提高早期产量。恋秋茄子采用的整枝法，即“四面斗”采收后，在茄子大量上市期，对“对茄”后的 4 个分枝留 2～3 片叶打顶，使其暂停结果，打顶后施肥浇水，促其萌发新枝，每株留 2～4 个健壮枝，8 月中下旬开始收二茬茄子，直到 9 月中下旬拉秧。

3. 病虫害防治

茄子常见的病虫害有猝倒病、立枯病、绵疫病、黄萎病、灰霉病、红蜘蛛等，定期喷药进行防治。防治方法参照本章第六节茄子常见病虫害诊断及防治技术。

（五）采收

茄子以嫩果为产品，具有分期采收、收获期长的特点，一般早熟品种在定植后 40～50 天采收，中熟品种定植后 50～60 天即可采收，晚熟品种定植后 60～70 天开始采收。

茄子采收后保鲜的关键是降低呼吸强度，影响茄子果实呼吸强度最主要的环境因素是温度，温度愈高呼吸愈旺盛，温度愈低呼吸作用也就愈弱。所以在茄子果实包装运输过程中，既要保持适宜的温度，又要采用适当的包装，避免果实呼吸时造成热量蓄积。茄子果实在采收时，果实越嫩，采收后水分的蒸发量就越大，因此要降低温度、适当提高环境湿度来减少果实水分蒸发。采收后果实的呼吸作用与温度有密切关系。温度高时呼吸作用旺盛，适当降低温度是控制呼吸作用的有效措施。为了降低茄子果实的呼吸强度，减少其水分的蒸发，最好在早晨或傍晚气温较低时采收。采收后每个果实都包一层纸或装入塑料袋里，然后把茄子层层摆放好。盛装茄子的筐不宜过大，茄子要装满、挤紧，既可防止运输途中蹿动挤压，又能避免因摩擦而使果皮受损伤。茄子保鲜的温度应在 10℃以下，适宜的空气相对湿度为 80%左右。贮藏保鲜期间用低氧（2%～5%）和高二氧化碳（2%～4%）气调贮藏技术，可大大延长贮藏期。用 50～100 毫克/升的 2,4 -二氯苯氧乙酸（2,4 - D）溶液浸渍果梗，有防止脱落的作用。

常用的保鲜方法有恒温库贮藏保鲜法和沟埋贮藏保鲜法。冬季、早春运输要用保温车，或用棉被包裹保温。夏季气温较高时进行远途运输，茄子最好用纸包装，因纸包装透气性能较好，茄子不易腐烂。夏季运输时还要进行预冷，将采收后的呼吸热排出去，再装车运输。另外，最好利用夜间气温较低时运输，或在筐之间加入冰块，以防止温度过高造成损害。

三、夏秋茬露地茄子优质高效栽培技术

（一）品种选择

一般应选择耐热、耐湿、抗病和高产的中晚熟品种。

（二）育苗

一般在 4 月中旬至 5 月下旬露地播种阳畦育苗，或搭设小拱棚育苗。苗龄 60 天左右。育苗床要选择排水方便、土地肥沃疏松地块。育苗前做好整地工作，施足基肥，亩用量 20～30 克，可搭阴棚或遮阳网防暴雨及曝晒。幼苗生长期间，气温逐渐升高，生长速度较快，耗水量较大，苗床土壤蒸发也较大，应注意苗床水分管理，一般应保持苗床土壤相对含水量 65%～70%为宜。待苗长到 15 厘米，即可定植。播种方法与育苗期管理参照本书第一章第二节和第三节茄子育苗相关内容。

（三）定植

种植地块。茄子定植后便高温多雨，可选土层深、地势平坦、排灌方便、土质肥沃的土壤，茄子忌重茬种植，不宜选前茬为辣椒、番茄、马铃薯等茄科作物的地块，最好是水旱轮作的田块。为排灌方便可采用深沟高畦栽培。定植前每亩施入充分腐熟的有机肥 4 000～5 000 千克，优质复合肥 50～75 千克，或尿素 3～50 千克、过磷酸钙 50～100 千克和硫酸钾 25～30 千克。深翻土壤，使肥土掺和均匀，耙平后作畦。为排灌方便，一般可采用深沟高垄或高畦栽培。高垄要求高 10～15 厘米，垄宽 50～60 厘米，垄距为 30～40 厘米；畦高 10～15 厘米，畦面宽 70～80 厘米，畦底宽 90～100 厘米，间距 30～40 厘米，每畦定植 2 行。选择阴天或者晴天的下午栽苗较好。定植结束后，浇透定植水。

（四）田间管理

1. 肥水管理

定植后正值高温季节，蒸发量大，浇定植水应浇透，2～3 天后再浇一次

小水，以提高定植成活率。缓苗后再浇一次缓苗水，之后保持土壤见干见湿，直到第一朵雌花开放。“门茄”开花后应控制浇水，进行蹲苗。“门茄”坐果之后加大肥水施用量，一般 3～4 天浇 1 次水，并随水追肥，通常隔一水追肥 1 次。追肥可随水冲施或沟施充分腐熟的鸡粪或人粪尿 1 000～1 500 千克/亩，也可以冲施速效肥，如尿素 30～40 千克/亩或碳铵 40～50 千克/亩，或优质复合肥 25～30 千克/亩。结果中后期也可使用 0.3%～0.4%尿素或 0.2%～0.3%磷酸二氢钾进行叶面喷肥。生长结果期间，遇雨应及时排涝，防止田间渍涝，引起沤根、死秧和烂果。

2. 整枝打叶

夏秋茄子整枝打杈方法同春茬露地茄子。靠近地面的老叶、黄叶、腐叶要及时摘除，加强通风透光。植株在夏季生长快，调整一定要及时、精细。夏秋茄子生长在高温多雨的季节，管理的重点是保果、保叶。

3. 病虫害防治

常见的虫害有红蜘蛛、蚜虫、白粉虱和螨虫等，病害主要有绵疫病、黄萎病和白粉病等，防治方法参照本章第六节茄子常见病虫害诊断及防治技术。

（五）采收

夏秋茬露地茄子采收标准同春茬露地茄子，采收应比春茬茄子及时，否则容易老化。采收最好在早晨，其次是傍晚，避免在中午温度高时采收。中午果实温度高，呼吸作用强，消耗营养多，采收后品质易变劣，不耐贮藏和运输。雨季也要及时采收，尤其大雨来临前要及时采收，减少雨后烂果。

第四节　塑料大棚茄子优质高效栽培技术

茄子生长发育的最适温度是20～30℃，温度低于20℃会造成茄子果实发育不良，温度低于13～17℃容易落花，影响后期茄子坐果率。若温度低于13℃则直接造成停止发育的现象，因此，我国在春季或秋冬季种植茄子都选择塑料大棚等设施栽培技术进行种植。下面主要以早春塑料大棚和秋延塑料大棚茄子栽培技术为例，详细介绍塑料大棚茄子优质高效栽培技术。

一、茬口安排

塑料大棚茄子栽培主要茬次安排有两种，一种是早春茬栽培，另一种是秋延茬栽培。

早春茬栽培：12月中旬温室播种育苗，2月下旬定植，4月下旬至8月中旬采收。

秋延茬栽培：5月下旬露地遮阴播种育苗，7月上旬定植，8月下旬至11月上旬采收。

二、早春茬塑料大棚茄子栽培技术

春季大棚茄子种植是一种高效益栽培模式，立春前后定植，4月下旬上市。早春塑料大棚茄子栽培最主要问题是前期保证茄子正常生长的温度，其次是合理调控植株的营养生长和生殖生长的关系，避免出现徒长或旺长现象。生长后期以预防高温天气和加强肥水管理及病虫害防治为重点。

（一）品种选择

大棚早春栽培的茄子宜选择早熟丰产、耐寒性强、耐弱光、品质优的茄子良种，具体品种选择应根据栽培地区的气候、土壤等条件进行综合考虑。

（二）种子处理

种子先用55℃温水浸泡10分钟捞出，放入25℃清水中浸泡8小时。浸泡完成后捞出种子，用清水反复冲洗，甩干水分，用湿毛巾包好，放入催芽箱中催芽，保持温度 26～28℃。每天把种子取出，用清水冲洗几遍，甩干水分，一般 3～5 天即可出芽。茄子发芽较慢，而且不整齐，一般采取变温处理，保持 25～30℃下 16 小时和 20℃下 8 小时交替，可使种子发芽整齐、粗壮。

（三）播种育苗

1. 播种期的确定

一般情况下，早春茬塑料大棚茄子在当地适宜的播种时间是 12 月中旬。2 月下旬至 3 月中上旬定植，4 月下旬至 5 月上旬开始采收，6 月底拉秧。在不同地区，不同年份或不同气候条件下应酌情考虑播种时间。

2. 育苗

参照本书第一章第二节和第三节茄子育苗技术有关内容。

（四）定植前的准备

茄子幼苗定植前应先整地施肥，准备好适宜茄子生长发育的棚内环境条件。

1. 整地施肥

前茬作物收获后，要及时清除前茬作物的残株及烂叶等，这些残留物是病虫害的传播媒介，必须进行严格清理与消毒。定植前 35 天左右，将粪肥均匀撒入棚室中，每亩施用纯鸡粪 6 000～8 000 千克或稻壳鸡粪 15～20 千克，深翻 2 遍，深度 30 厘米以上，然后用 30～40 千克的 50%甲基托布津原药稀释 200～300 倍液喷洒并搅拌均匀进行闷棚消毒。闷棚后一定要进行彻底通风，通过翻地、浇水等措施使闷棚所使用的药剂挥发干净，以防止对定植后的幼苗产生危害。

定植前需施基肥，生物有机肥 600 千克、豆饼 200 千克，外加 45%的硫酸钾型复合肥 30 千克。肥料充分与土壤搅拌均匀后铺在耕作层内作基肥，耕田整地，打 2.4 米宽畦，起小高垄，垄高 25～30 厘米。铺 100 厘米宽地膜两条，按宽行 70～80 厘米，窄行 50～55 厘米，株距 40～50 厘米定植，每畦 4 行，每亩栽 2 000～2 200 株。

2. 铺设灌溉系统

传统沟灌会造成土壤板结、通透性差，茄子根系处于缺氧状态，造成沤根，还会因空气湿度增大而导致病害严重。采用科学的灌溉方式，即水肥一体化技术，用滴灌替代传统沟灌，铺设膜下滴灌，覆盖地膜，可以根据茄子之间的间距选择一种合适的滴灌带（滴灌管）。

膜下滴灌是将覆膜的优点和滴灌的长处结合起来的一项先进的节水技术，滴灌是通过塑料管道将水从直径约为10毫米毛管上的滴头或孔口送到作物根部进行的局部灌溉，可以根据茄子需水需肥规律，随时供给，能控制浇水量，降低棚内湿度，提高地温，避免了因浇水过大而引起的茄子沤根、黄叶等问题，可以有效控制土传病害的发生。

3. 大棚塑料膜铺设

棚内的光照取决于棚外太阳辐射强度、覆盖材料的光学特点和污染程度。新塑料膜的透光率为80%～85%，被尘泥污染的旧膜透光率常低于40%。膜面凝聚水滴，由于水滴的漫射作用，可使棚内光照减少10%～20%。棚架和压膜线以及高秆蔬菜的架材都会遮光，在大棚管理上要尽可能避免和排除减弱棚内光照的因素。

塑料膜封闭性强，棚内空气与外界空气交换受到阻碍，土壤蒸发和叶面蒸腾的水气难以发散。因此，棚内湿度大。白天，大棚通风情况下，棚内空气相对湿度为70%～80%。阴雨天或灌水后可达90%以上。棚内空气相对湿度随着温度的升高而降低，夜间常为100%。棚内湿空气遇冷后凝结成水膜或水滴附着于薄膜内表面或植株上，因此要适当地进行开棚通风。

二氧化碳浓度与光合有效辐射呈负相关，一天当中，早、晚二氧化碳浓度较高，中午较低。下午关棚后棚内二氧化碳浓度逐渐增加，至日出前达到最高值。日出后1～1.5小时二氧化碳浓度迅速下降至上午9时跌至最低，通风后二氧化碳浓度有所回升。一般情况下由于棚内空气流动差、土壤有机质分解和微生物活动旺盛以及苗木夜间呼吸作用较强，所以棚内二氧化碳浓度有时会高于大气二氧化碳浓度。

（五）定植

当棚内日平均气温稳定在15℃以上，10厘米以下地温达到10℃左右时，即可定植。定植前7～10天需要揭开小拱棚棚膜进行低温炼苗，白天温度在20℃左右，晚间温度逐渐降至15℃左右，光照控制在15～16小时，从而为定植打下良好的基础。定植时选择4～5片真叶、大小一致的壮苗。进行特早熟栽培时，可采用4层覆膜，必要时以草帘或棉毡覆盖，提早到2月下旬定植。在定植时，可采用以下三种方法进行定植。

（1）定植前先将苗床浇足水。取苗时“先捏后提”，避免伤根，确保根不散坨。定植前用匹配大小的制钵器以株距 50 厘米开穴，随即放苗，覆土，每亩栽 2 000～2 200 株。

（2）带药、带土双行定植。定植前 2～3 天茄苗叶面喷施 77%可杀得可湿性粉剂 3 000 倍；定植时按株行距（70 厘米×50 厘米）挖定植穴，每亩栽 2 000～2 200 株。穴内浇足水，水渗后栽苗覆土并浇定根水。

（3）定植前 1 小时内，将穴盘苗在自然地亿利健等微生物菌剂中蘸根，蘸根有利于提高根系活性，促进生根，提高抗病性，抑制病原菌侵染，预防茄子茎基腐病和猝倒病的发生。使用生物菌剂蘸根后，不能再使用铜制剂等杀细菌的药剂，以防将生物菌杀死，失去蘸根的效果。定植时在垄上的两侧按 50 厘米株距栽苗，每亩栽 2 000～2 200 株。定植后及时浇水，采用膜下滴灌时，水量掌握在植株根部直径 30 厘米处土壤湿润为宜。

定植后浇小水，促缓苗，水量不可过大，以防地温降低，可创造高温高湿条件。春季常有倒春寒等强对流天气，茄子定植后要及时关注天气预报，低温来临前加盖棚膜保温。叶面喷洒磷酸二氢钾、甲壳素等功能性肥料，提高防寒能力。傍晚在行间燃烧秸秆、柴草等临时加温。

定植时要坚持“四不”，当 10 厘米地温稳定在 15℃以上时选择晴暖天气定植，即定植不过早；用营养钵育苗，定植不伤根；以早晚栽苗为好，中午烈日下不栽苗；栽苗以埋平土坨为宜，不可过深。定植时覆盖地膜，最好再加扣小拱棚，覆盖双膜。

（六）定植后管理

1. 温湿度控制

定植后缓苗前要保持较高的温度，缓苗期适合的温度为 25～30℃，夜间温度为 15～18℃，缓苗期为 10 天，暂时不放风。缓苗后，大棚内白天温度控制在 25～28℃，夜间温度控制在 13～15℃。茄子坐果期温度要控制在白天 20～30℃，夜晚 18～20℃，土壤湿度要控制在 80%左右，空气湿度在 70%～80%，有利于茄子高产。晴天温度过高，可通过打开棚膜进行通风降温。进入生长后期，可将棚膜全部打开。

2. 水肥管理

当多数植株的门茄“瞪眼”时及时浇催果肥，每亩施氨基酸水溶肥或黄腐酸盐复合肥 10 千克。门茄采收后，对茄旺盛生长，可结合浇水进行追肥，每次每亩追施三元复合肥（氮∶磷∶钾＝15∶15∶15）15～20 千克。结果期，

“四面斗”迅速膨大时对水肥的要求达到高峰，每采一次果追一次肥。4 月份后要加大浇水量，每周浇一次大水，每两周追一次肥，但要减少硝态氮肥的用量。在盛果中、后期还可叶面喷施 0.3%磷酸二氢钾加 0.2%尿素。

3. 植株调整

茄子应在门茄坐果后及时摘除下部侧芽，门茄采摘后还应及时进行整枝、摘除老叶、适时打顶。一般采用双秆整枝法，只留主枝和第一花序下第一叶腋的一个较强的侧枝，其余侧枝全部去掉，即留一个门茄、2 个对茄、2 个“四面斗”和 2 个“八面风”。整枝打顶的时间依栽培密度而定，栽培密度高时应早打顶，密度低时晚打顶。合理整枝是茄子获得高产的基础，因此整枝的方法必须正确，然后结合适宜的温湿度管理、肥水管理使茄子获得高产。在整枝的过程中尽量选择晴天进行并且伤口要小，以加快伤口愈合。整枝后由于大棚内湿度大，伤口愈合慢，为防止病菌从伤口侵入造成危害，应及时喷施 75%百菌清 800 倍、8%中生菌素 1 000 倍或 72%农用链霉素 1 500 倍防止病害的发生。

在茄子产量形成时期，叶片起着重要的供养作用，每个茄子所需养分的 70%是由其上部的叶片提供的。当茄子成熟后这些叶片也就失去了利用的价值，继续保留只会造成养分的不必要消耗。所以当主秆上的茄子摘掉后，要把茄柄周围主秆的叶子及时摘除。二杈以下的叶子，待叶片变色、发黄时也要摘除。摘除叶片要选在晴天的上午，伤口经过高温结痂，愈合效果好。打老叶能节省不必要的养分消耗，还能使植株下部通风透光，对病害的发生起到预防的效果。

4. 保花保果

春大棚茄子定植早，气温常低于 15℃，加之光照不足，易引起落花落蕾和形成畸形果。开花期白天温度控制在 30℃左右，夜晚 25℃左右，光照控制在 15～16 小时，湿度控制在 60%有利于提早促进花芽分化。

为了保花保果可用 5%的萘乙酸水剂，每 15 千克水兑萘乙酸 3 毫升，从植株上部喷洒即可，对于过于旺长的可以提高到每 15 千克水兑 5 毫升，切记不能随意增加水剂。每 15 天喷施一次，共喷 3～4 次，可显著减少落花落果，加速果实膨大，增产增收在 20%左右。

为提高茄子的坐果率，在茄子花期用浓度为 25～30 毫克/升的防落素（对氯苯氧乙酸）药液选晴天早晨或傍晚喷洒，连续 2 次，每次间隔 1 周。使用 30 毫克/千克的二氯苯氧乙酸，用毛笔蘸取药液，仅涂抹茄子花柄，即不能绕花柄抹一圈，避免出现落花落果现象，提高茄子的坐果率。蘸花时只涂抹完全开放的花，且不能重复涂抹，一般每隔 4～5 天蘸花 1 次，蘸花时要控制好温度，一般在 15～25℃，温度高于 25℃时容易形成畸形果，影响茄子质量。用激素处理茄子花朵时，可选择开花的当天和开放前两天，最好选择开花当天效果最佳。药剂浓度可根据当天气温调整，一般气温高时浓度稍小，温度低时稍大。

另外，也可使用熊蜂授粉，坐果率可以达到 95%以上，节省人工投入，提高产量和质量。熊蜂授粉前做好棚室密封工作，每亩可放 1 箱，当 5%的植株开花时，即可将熊蜂放入棚室内。开花前放入会造成蜂源浪费，过晚放入则达不到授粉效果。

5. 病虫害防治

早春大棚茄子的主要苗期病害有猝倒病、立枯病，开花坐果期病害有绵疫病、褐纹病、黄萎病等，虫害有蚜虫、白粉虱等。一般在播种之前就需要对茄子的种子进行处理，比如说用新高脂膜浸种 1 小时，或者用 55℃温水浸种 15 分钟。茄子病虫害防治方法参照本章第六节茄子常见病虫害诊断及防治技术。

（七）采收

茄子采收的一般原则是长势旺，适当晚收，长势弱要适当早收。茄子的早熟品种在开花后 25～35 天，中熟品种在开花后 35～45 天，晚熟品种在开花后 45～55 天，果实达到商品果大小时即可采收嫩果。成熟的果实应尽量早采收早上市，不但能增加收益，还能减轻植株负担。尤其是门茄，更应尽早采收。成熟的果实如果采收不及时，会导致茄子颜色失去光亮，种子变色，果肉品质变差。果实采收时建议使用果枝剪，不要用手上提下拽，否则会造成果枝劈裂。为了保持茄子果实新鲜和货架期长，茄子的采收时间应以早上 10 点之前为宜。需要长途运输时，建议采用速冷和在包装箱内放置冰瓶的方法，降低果实温度，延迟货架期。

三、秋延茬塑料大棚茄子优质高效栽培技术

大棚栽培秋延后茄子，果实在秋季开始成熟、收获上市，供应秋冬淡季蔬菜市场，可以获得较好的经济效益。但大棚秋延后栽培茄子，幼苗生长期间正值夏季高温多雨季节，菜农在管理中稍有不慎就会出现苗子徒长、死苗、成活率低等问题，严重影响后期果实的产量和品质。结果期温度又较低，不利于茄子生长，栽培难度大。

（一）品种选择

选择耐湿、耐热、耐寒、抗病、果大、着色好、品质优、产量高、抗病性强的中晚熟品种，具体品种选择应根据栽培地区的气候、土壤等条件进行综合考虑。

（二）播种育苗

1. 播种期的确定

大棚秋延后茄子栽培对播种时间的要求比较严格。播种早了，苗期遇到夏季高温天气，易受蚜虫和病毒病的危害。播种晚了，虽然病虫害危害较轻，但缩短了茄子的生育周期，果实容易受到寒流袭击，从而影响茄子的品质及产量。因此，应根据当地气候条件适时播种，豫中平原一带播种时间一般以每年的6月下旬至7月中旬为最好，这样既可以避免茄子在8月下旬至9月下旬进入开花期减少落花现象，又可以防止因为晚播造成的气温降低影响果实生长，从而保证茄子优质、高产，一般选择有遮阳网的小拱棚或纱棚育苗。

2. 育苗

参照本书第二章第二节和第三节茄子育苗技术有关内容。

（三）定植前的准备

茄子幼苗定植前应先整地施肥，准备好适宜茄子生长发育的棚内环境条件。秋茬大棚茄子定植前准备措施包括整地施肥、铺设灌溉系统和大棚塑料膜铺设。具体方法与春季大棚茄子栽培技术相似，可参考春季大棚茄子定植前的准备。

1. 整地施肥

秋茬大棚茄子种植时，在8月上旬整地施肥。具体方法参照春季大棚整地施肥方法。

2. 铺设灌溉系统

使用膜下滴灌系统进行灌溉。具体方法参照春季大棚铺设灌溉系统。

3. 大棚塑料膜铺设

具体方法参照春季大棚塑料膜铺设。一般在9月中下旬开始扣膜，根据当地早霜出现日期，要在早霜前7～10天扣好膜，或者日平均气温降至20℃时就要抓紧扣棚。扣膜初期不要全封严，要大通风，以后随天气转冷逐渐减少通风，直至封严。从寒露到霜降期间，若天气正常，白天气温较高，要揭膜通风，同时棚室草苫也要盖好，防止夜晚出现霜冻，如遇寒流天气则要记得封棚保暖。

（四）定植

秋茬茄子种植易受病虫害侵害，因此定植前使用阿米西达 1 500 倍液或百菌清 800 倍液外加阿维菌素 1 500 倍液叶面喷雾幼苗，预防病虫害；定植穴内可撒施生物菌肥，预防死苗。具体方法参照春季大棚定植方法。

（五）定植后管理

1. 水分管理

定植期一般温度较高，应注意及时浇灌定植水、缓苗水。一般在门茄“瞪眼”前不浇水，只有发现土壤水分不足时才浇小水。这期间应多次中耕畦沟，适当通风排湿，以促进根系生长。在门茄“瞪眼”时开始浇水。结果后期，因气温低茄子生长缓慢，耗水量小，且这期间温室通风相对较少，因此浇水量要小，一般以 15～20 天浇 1 次水为宜，浇水均采取膜下暗灌，以防降低地温和增加空气湿度。

2. 温度管理

定植期大棚温度较高，可适当加大通风量，以防止捂苗烤苗。定植后 7～10 天，温度一般控制在 30～32℃。缓苗后，白天温度 26～30℃，夜间 15～18℃，缓苗后至采收前应进行蹲苗，以避免水肥过量造成徒长，并及时进行中耕。开花结果前，外界自然温度适合茄子生长。坐果期外界温度会逐渐降低，要保证棚内白天温度在 25～28℃，夜晚温度在 15～18℃。结果期气温相对较低，在管理上要以保温、增光为主，白天气温保持在 25～28℃，当棚温超过 30℃时，可进行小通风换气，待棚温降至 25℃以下时，及时关闭风口，夜间加强保温，使棚内气温维持在 15～18℃，凌晨最低气温不低于 10℃，土温保持在 15℃以上，不能低于 13℃。阴雨天温度管理可比常规管理低 2～3℃。结果后期可能会遇到早雪或早霜，要注意增温、保温。常见的增温、保温措施主要有多层覆盖和点增温烟剂。

3. 合理施肥

在底肥施足的情况下，定植后到门茄“瞪眼”前一般不需要追肥。门茄“瞪眼”时进行追肥，首次追肥量不宜过大，以钾肥为主。追肥要做到 1 遍果

1次肥，以钾肥为主。茄子进入开花结果期后可进行叶面追肥，以促进植株生长和开花结果，每隔15天喷1次0.2%的尿素和0.3%的磷酸二氢钾混合液或叶面微肥。

4. 保花保果

保花保果及植株调整等其他管理方法参照春季大棚管理方法。

5. 病虫害防治

秋季是病虫害的高发期，栽培要注意防治各种病虫害。秋延后茄子种植病害主要有猝倒病、茎基腐病、立枯病、黄萎病和褐纹病等。参照本章第六节茄子常见病虫害诊断及防治技术。

（六）采收

采收时尽量在早晨采收，具体采收方法参照春季大棚的采收方法。

第五节　日光温室茄子优质高效栽培技术

茄子适宜高温条件，通常在温度高、日照强的环境中，茄子生长良好，果实品质好、产量高，因此，茄子是以夏秋季节生产为主的蔬菜品种。近年来，通过发展日光温室茄子栽培技术，不仅实现了周年供应，同时也取得了显著的经济效益和社会效益。日光温室茄子栽培技术包括早春日光温室栽培技术、冬春茬栽培日光温室栽培技术、秋冬茬日光温室栽培技术和越冬茬日光温室栽培技术。

一、茬口安排

日光温室大棚茄子栽培主要有秋冬茬、越冬茬、冬春茬。秋冬茬主要供应元旦市场。越冬茬茄子是温室栽培的主要茬口，栽培难度一般较大，但是效益较好。

越冬茬栽培：9 月上中旬温室播种育苗，11 月上旬定植，1 月上旬至 7 月份采收。

秋冬茬栽培：7 月上旬或中旬播种育苗，8 月上旬或中旬定植，10 月中旬至 1 月份采收。

冬春茬栽培：10 月上旬温室播种育苗，1 月上旬定植，3 月中下旬至 7 月份采收。

二、日光温室越冬茬茄子栽培

日光温室越冬茬茄子栽培，不仅实现了周年供应，同时满足了元旦、春节市场供应，提高了经济效益，一直被广大菜农所认可。越冬茬茄子栽培技术难度较大，需要保温性能好的温室和抗病耐低温弱光性好的品种，防止早衰以延长供应周期，达到高产高效的目的。

（一）品种选择

选择耐寒、耐弱光、适合密植、果实发育快，抗病能力强、连续结果能力强，果实品质好的品种，具体品种选择应根据栽培地区的气候、土壤等条件进行综合考虑。

（二）播种育苗

育苗参见本书第一章第二节和第三节茄子育苗技术有关内容。

（三）定植前准备

越冬茬日光温室茄子定植前准备措施包括整地施肥、铺设灌溉系统和大棚塑料膜铺设。具体方法与春季大棚茄子栽培技术相似，可参考春季大棚茄子定植前的准备。

1. 整地施肥

选择前茬为非茄科蔬菜日光温室。越冬茬茄子生长期长，为确保高产，需施入充足的有机肥作底肥，结合整地每亩施优质有机肥 6 000 千克，尿素 46 千克、磷酸二铵 35 千克、硫酸钾 30 千克。采用高垄双行定植，按大行距 80 厘米、小行距 40 厘米起垄，垄宽 1.2 米，垄高 15 厘米。闷棚消毒等其他操作方法具体参照春季大棚整地施肥方法。

2. 铺设灌溉系统

使用膜下滴灌系统进行灌溉。具体方法参照春季大棚铺设灌溉系统。

3. 大棚塑料膜铺设

具体方法参照春季大棚塑料膜铺设。日光温室越冬茬茄子栽培，要在秋季或定植前约 15 天扣膜。3 月份后，室外气温逐渐升高，要留意浇水后及时通风，排出温室内的湿气。

（四）定植

选择晴天进行定植，株距为 50 厘米，定植密度为每亩约 2 500 株，定植后土坨表面略低于垄顶。定植时要浇足定植水，7 天后再浇 1 次小水促进缓苗。棚内温度白天要保持 25～30℃，夜间 15～20℃。具体定植方法可参考春季大棚茄子栽培的定植方法。

（五）田间管理

1. 光温管理

日光温室越冬茬茄子定植后，正是光照最弱的季节，应采取各种措施增光、补光。可以通过在温室后墙张挂反光幕、清扫薄膜等增加光照、提高温度。棚内温度白天保持 22～25℃，夜间 12～16℃，有利于提高茄子坐果率，减少落花落果现象。若植株出现旺长就适当降低温度，尤其降低夜间温度。若植株长势较弱，适当提高温度。

浇过缓苗水后，在坐果前，土壤保持见干见湿。空气相对湿度要保持在75%以下。整个越冬期间要注意保持较高的棚温，温度白天保持在25～28℃，夜间14～18℃，夜间加强保温，严寒天气适当增加覆盖物。冬季光照弱，要尽可能延长光照时间，增加光合作用。在阴雪寒冷的天气也要坚持揭开草苫见光和短时间少量通风。在连阴乍晴后，不可立马增强棚内光照，否则会出现植株萎蔫缺水的情况。

2. 水肥管理

门茄膨大时开始追肥，每亩结合浇水施三元复合肥25千克，溶解后随水冲施。对茄采收后每亩再追施磷酸二铵15千克、硫酸钾10千克。盛果期还可用1%尿素加0.5%磷酸二氢钾加0.1%膨果素的混合液叶面追肥2～3次。越冬茬茄子生产中增加二氧化碳气肥的施用，适宜浓度为600～800毫升/立方米，一般在晴天的上午9：00—11：00施用，有明显的增产效果。日光温室越冬茬茄子要尽量少浇水，避免地温下降出现沤根。在晴天的上午进行浇水，浇水时不浇灌大水，选择滴灌或膜下浇暗水。具体应视实际生产情况和需肥量进行浇水和追肥。

3. 整枝打叶

日光温室越冬茬茄子由于密度大，枝叶繁茂，尤其需要注意整枝打叶，以改善株行间通光条件，减少养分消耗，加速结果，促进早熟。茄子一般采取双秆整枝，具体操作方法可参考春季大棚茄子定植后管理。但有时种植的行距较大时，为了保证早期产量，也会采用隔行双秆整枝，隔行三秆整枝，待植株长到一定大小时，再酌情将三秆整枝的改为双秆整枝。采用双秆整枝时，枝条过长，自身难以支撑，需要采用丝绳吊枝的方法加以扶持，使之保持挺直。按上述整枝方法，在缓苗后，随果实的生长发育，门茄以下失去功能的老叶要及时摘除，生出的侧芽也要及时抹掉。对茄开花时，对茄以下的侧芽也要全部抹掉，其上一直保持2个枝条，其余枝条及时摘除，对下部衰老的叶片也要适时摘除。

4. 保花保果

为了提高产量及果实品质，可用5%的萘乙酸水剂，或其他植物激素处理，具体操作方法可参考春季大棚茄子开花期保花保果的方法。

5. 病虫防治

日光温室越冬茬茄子栽培，常见病害有10余种，多数为真菌性和细菌性病害，少数为病毒性病害，例如软腐病、绵疫病和灰霉病等。其病菌往往都能在土壤中越冬，病害的初次侵染源几乎都来自土壤，因此必须注重土传病害的防控。具体防治方法详见本章第六节病虫害防治部分。

（六）采收

日光温室越冬茬茄子门茄要尽早收，对茄要及时收，之后根据市场需求灵活收。由于气候寒冷，为保证产品品质，包装和运输时注意保温。具体采收方法可参考春季大棚茄子栽培采收方法。

三、日光温室秋冬茬茄子栽培

日光温室秋冬茬茄子是在夏季育苗，秋季定植，深秋至冬季采收产品，供应期在露地茄子已经结束的深秋和冬季，与日光温室冬春茬茄子衔接。日光温室秋冬茬茄子主要供应冬季市场，经济效益较高，但秋冬茬茄子生长发育和结果期经历温度从高温到低温，光照由强变弱等不利气候条件，栽培难度较大，风险性也较大。因此，需要根据茄子的生长发育特点和外界环境因素，采取针对性的措施进行合理栽培。

（一）品种选择

宜选用抗寒性强、耐弱光、抗病性强、优质、丰产性好的品种。

（二）播种育苗

育苗参见本书第一章第二节和第三节茄子育苗技术有关内容。

（三）定植

日光温室秋冬茬茄子定植前准备措施、操作方法具体参照春季大棚整地施肥方法，定植采用高垄双行地膜覆盖栽培，即大垄宽 1.2 米，垄上定植双行，小行距约 50 厘米，具体操作参照日光温室越冬茬茄子栽培。定植后覆盖遮阴以利于缓苗，当室内气温超过 25℃时要进行通风降温。

（四）田间管理

1. 温度管理

定植后缓苗期，一般白天温度维持在 30～35℃，夜间保持在 20～15℃，如温度过高湿度过大，可在白天进行短时间通风换气。缓苗后，最适气温为20～30℃，避免出现35℃以上高温，上午气温25℃以上进行放风，中午过后及时关闭通风口进行蓄热。门茄生长期，白天温度维持在20～30℃，上半夜气温保持在16～17℃，下半夜保持在13～10℃，平均地温达20℃以上。

2. 水肥管理

定植初期气温较高，定植4～5天后浇一次缓苗水，然后进行2～3次中耕保墒。1/2门茄坐住果时，即可结束蹲苗，进行浇水追肥，每亩随水追三元复合肥20～25千克，到采收门茄之前根据墒情可浇水1～2次。门茄采收时每亩随水追尿素15～20千克。进入结果盛期，每层果坐住后，随水追三元复合肥15～20千克。

3. 植株调整

一般采用双秆整枝，将分枝以下的侧枝全部除去，还要及时打掉多余的侧芽，并用尼龙绳吊蔓。具体操作方法可参考春季大棚茄子定植后植株调整管理。

4. 保花保果

为防止落花落果，需要采用有效措施进行保花保果。具体操作方法可参考春季大棚茄子开花期保花保果的方法。

5. 病虫害防治

常见病害有灰霉病、绵疫病、褐纹病等；虫害主要有蚜虫、白粉虱等，要及时防治。具体防治方法详见本章第六节病虫害防治部分。

（五）采收

采收标准和方法参考日光温室越冬茬茄子栽培。要适时早收，采收时间最好选择下午、傍晚进行，采收后及时浇1遍水。

四、日光温室冬春茬茄子栽培

冬春茬茄子栽培是在秋末进行培育壮苗，初冬定植于日光温室中，整个冬季和春季都可以进行生产，直到翌年6—7月拉秧的一种栽培模式。冬春茬茄子采收期最长，产量高，产品季节差价较大，经济效益和社会效益明显，但对设施条件和栽培管理技术要求较高。

（一）品种选择

冬春茬茄子栽培的目的是尽量提早采收上市，因此宜选择耐低温、弱光、抗病性强、高产的早熟品种。

（二）播种育苗

日光温室冬春茬茄子生产，要求早熟兼顾丰产，所以要育大苗，不同地区的茄子适播期因各地所处的地理纬度、育苗设施性能的不同而异，华北地区为10—11月，偏南走下限，偏北走上限。育苗方式具体可参考日光温室越冬茬茄子栽培。育苗期间气温逐渐降低，且变化较大，苗龄80～90天，注意防止夜温过高。

育苗参见本书第一章第二节和第三节茄子育苗技术有关内容。

（三）定植

日光温室冬春茬茄子定植前准备措施操作方法具体参照春季大棚整地施肥方法，定植采用高垄双行地膜覆盖栽培，即大垄宽1.2米，垄上定植双行，小行距约50厘米，具体操作参照日光温室越冬茬茄子栽培。

（四）田间管理

1. 光温管理

定植后正值冬季低温天气，定植后要密闭保温，促进缓苗，有条件的要扣上小拱棚，创造高温高湿条件，室内温度不超过38℃不进行放风。缓苗后一般上午保持在25～30℃，下午保持在20～28℃，室温超过30℃时要适当放风，低于25℃时要及时关闭风口，夜间保持15～18℃，不能低于13℃。注意早揭晚盖不透明覆盖物，既要严密保温，又要充分采光。开花结果期，温度不可过低，在低温期间，要在中午天气晴好时及时放风，既可降低室内湿度，又可补充室内的二氧化碳，促进光合作用，还可以排出室内的有害气体。春节过后，外界温度逐渐升高，要加大温室放风量，以免温度过高影响植株正常生长。

2. 水肥管理

定植水一次浇足后，坐果前不浇水。门茄坐果后浇1次水，选择晴天的上午进行，一般以膜下暗灌浇小水为主，随水每亩追三元复合肥30千克。3月份以后植株进入旺盛生长期，对水肥的需求加大，要逐渐增加追肥浇水量，一般结合浇水，可亩施三元素复合肥50千克或尿素20千克+硫酸钾10千克。

3. 植株调整

采用双秆整枝，将分枝以下的侧枝全部除去，还要及时打掉多余的侧芽。

具体操作方法可参考春季大棚茄子定植后植株调整管理。

4. 保花保果

冬春茬茄子栽培期间，可能经历持续低温环境、光照较弱等不利气候条件，致使早期大量花果脱落，因此需要采用有效措施进行保花保果。具体操作方法可参考春季大棚茄子开花期保花保果的方法。

5. 病虫害防治

冬春茬茄子在生长的中后期，由于气温升高，棚内温度高，湿度大，因此病虫害时有发生。主要病害有绵疫病、褐纹病等；虫害主要有蚜虫、茶黄螨、白粉虱等，要及时防治。具体防治方法详见本章第六节病虫害防治部分。

（五）采收

采收标准和方法参考日光温室越冬茬茄子栽培。避免在中午气温高时采收，影响茄子品质。

第六节　茄子常见病虫害诊断及防治技术

茄子在栽培种植过程中病虫害越来越严重，如果不能正确识别病虫害而盲目施用农药，会导致“治病也致病”的恶性循环。下文从菌物病害、细菌病害、病毒病害、生理病害和虫害5个方面，介绍茄子在栽培种植过程中常见的病虫害及其防治方法，提高茄子种植的经济效益。茄子病虫害防治遵循“坚持以农业防治、物理防治为主，化学防治为辅”的绿色防控原则。

一、茄子病虫害种类

茄子常见的病虫害有菌物病害、细菌病害、病毒病害、由环境和生理条件异常引起的生理性病害（缺素病、日灼病、冷害、涝害、药害、裂果等）和虫害（螨虫、蚜虫、棉铃虫等）。由于连作及茄子设施栽培面积的增大，病虫害的危害越来越大，对茄子产量造成了严重影响，所以当前需要对主要病虫害进行有效的防控。

二、常见病害及防治方法

（一）菌物病害

真菌性病害是植物的侵染性病害，能相互传染，有侵染过程，病原物一般都是寄生性真菌。真菌性病害的种类很多，占全部植物病害的70%～80%，真菌性病害在我国广泛分布，在各种作物、蔬菜上均有发生，不仅在田间危害植株，还由于其潜伏侵染特性，会危害果实，使果实产量降低、失去商品价值，损失很大，严重影响生产安全。侵染茄子的真菌性病害主要有猝倒病、立枯病、早疫病、黄萎病等。

1. 猝倒病（彩图1）

（1）危害症状：常见的症状有烂种、死苗和猝倒三种。播种后，在其尚未萌发或刚发芽时就遭受病菌侵染，会出现烂种现象。种子萌发抽出胚茎或子叶的幼苗，在其尚未出土前就遭受病菌侵染则会出现死苗现象。幼苗期发病，茎基部呈水浸状，接着病部变黄褐色，不久缢缩成线状，病害自下而上发展迅速，在子叶尚未凋萎之前倒伏，出现猝倒现象，然后萎蔫失水。受害严重时引起成片死苗。

（2）发病规律：病菌随病残体在土壤中越冬，条件适宜时借雨水或灌溉水传播到幼苗上，从茎基部侵入，潜育期 1～2 天。病菌喜低温，10℃左右即可活动，15～16℃时繁殖较快，因此，当苗床温度低，幼苗生长缓慢，又遇高湿时，感病期拉长，很容易发生猝倒病，尤其苗期遇有连阴雨天气，光照不足，幼苗生长衰弱发病重。育苗期如遇寒流侵袭，不注意放风则会加剧猝倒病的发生。当幼苗皮层木栓化后，真叶长出，则逐步进入抗病阶段。

（3）防治方法：防治方法主要有农业防治和化学防治。

农业防治：选用抗病品种，加强苗床管理，底水浇足后，基本不灌水。根据苗情适时适量放风，避免低温高湿条件出现，不要在阴雨天浇水。

化学防治：种子消毒，可用 53%精甲霜·锰锌水分散粒剂 500 倍液浸泡 30 分钟，带药液催芽或直播。苗床土消毒，可用 50%多菌灵可湿性粉剂作药土，每平方米用药量 8～10 克，与 15 千克细土混合后下铺上盖进行播种。发病初期，可喷施 75%百菌清可湿性粉剂 600 倍液，或 64%杀毒矾可湿性粉剂 1 500 倍液，根据发病情况每隔 7～10 天喷 1 次，连续防治 2～3 次。

2. 早疫病（彩图 2）

（1）危害症状：早疫病又称轮纹病。叶部病斑初期呈水浸状褐色小斑点，扩展后呈圆形或椭圆形，病斑边缘深褐色、中央褐色，有同心轮纹，病斑外围黄晕明显或不明显，但病健交界清晰，后期病斑中间有时破裂，发病严重时病叶脱落；湿度大时，病部长出微细的灰黑色霉状物。茎部受害：多在分枝处发生病斑，灰褐色、椭圆形、稍凹陷，有轮纹或不明显，严重时可造成断枝。果实发病：多在肩部产生圆形或近圆形凹陷斑，初期果肉褐色、稍凹陷，具有同心轮纹，上面长满褐色霉状物。

（2）发病规律：病菌以菌丝体在病残体或种皮下越冬，病残体中的病菌可存活 1 年以上，种子上的病菌可存活 2 年。病残体上的菌丝体在条件适宜时产生分生孢子，通过雨水反溅或气流传播引起初侵染，病部产生的新分生孢子凭借雨水、气流传播引起再侵染。该病对温度适应范围广，湿度是发病的主要条件，一般温暖高湿条件下发病较重。地势低洼、排水不良、连作及棚内湿度过高、通风透光差、管理粗放的田块发病严重。

（3）防治方法：防治方法主要有农业防治和化学防治。

农业防治：实行轮作，与豆科、十字花科蔬菜实行 2～3 年轮作，同时避免与马铃薯、辣椒连作。深翻改土，结合深翻增施有机肥料、磷钾肥和微肥，适量施用氮肥，改善土壤结构，提高土壤保肥保水性能，促进根系发育，使植株生长健壮。选用抗病品种，种子严格消毒，培育无菌壮苗。田间发现少量病叶、病果时，及时摘除，并带出田外集中销毁。合理施肥，增施二氧化碳气肥，加强肥水管理，调控好植株营养生长与生殖生长的关系，促进植株生长健壮，提高营养水平，增强抗病能力。加强通风，大棚内注意保温和通风，调节好棚内的温度与空气相对湿度，每次浇水后一定要通风，以降低棚内空气湿度。

化学防治：田间发现病株时及时施药防治，发病初期可选用70%代森锰锌可湿性粉剂500倍液，或80%大生可湿性粉剂600倍液，或70%安泰生可湿性粉剂500倍液，或75%百菌清可湿性粉剂600倍液，或50%扑海因可湿性粉剂1 000倍液，或58%甲霜灵锰锌可湿性粉剂500倍液，或47%加瑞农可湿性粉剂800～1 000倍液防治，轮换交替用药，视病情7～10天喷1次，连续防治3～5次。

3. 黄萎病（彩图3）

（1）危害症状：黄萎病主要侵染根部，自下而上或从一边向全株发展，最终可导致全株枯萎死亡。苗期发病少，多在开花、门茄初期表现症状。发病初期只有部分组织出现萎蔫等症状，下部叶片的叶缘及叶脉间开始发黄，慢慢发展为半叶或整叶变黄，叶缘卷曲，有时仅限半边叶片发病，引起叶片歪曲，因此该病也被称为“半边疯”。病株在高温干旱时呈萎蔫状态，夜晚或阴雨天可恢复，后期随着病情发展，全叶变褐、叶片下垂或脱落，严重时萎蔫枯死。发病植株矮小、萎缩，果实较小，纵切根茎部，可见木质部维管束变褐，湿度大时感病茎秆表面有灰白色霉层。

（2）发病规律：病菌以菌丝体和分生孢子随病残体在土壤中或种子内越冬，由带菌种子远距离传播。病菌从根部伤口或根尖直接侵入，在田间生育期可以通过灌溉水、农具、农事操作进行传播扩散。茄子从定植到开花期间，日平均气温低于15℃的条件持续时间长，雨水多田间湿度大，或久旱后大量浇水使地温下降过急，都会造成发病早而重。施用未经腐熟的带菌肥料、植株偏施氮肥或土壤营养不足缺肥、重茬地块种植等情况发病严重。如低温定植，定植后不久即会发病。如果在茄子坐果以后产生黄萎病会造成病害面积迅速扩大，防治困难，病情严重直接影响经济效益。

（3）防治方法：防治方法主要有农业防治和化学防治。

农业防治：选用抗病品种。使用轮作倒茬、科学施肥、合理密植、合理管理水肥和提高定植质量等栽培措施综合防治。茄子生长前期地温偏低，尽量少浇水，需要浇水时选择晴暖天气，禁止阴冷天浇水，以免引起黄萎病暴发。7月中旬至9月中旬高温季节要小水勤浇，保持地面湿润，使土壤不干不裂，减小地裂伤根。

化学防治：可选用50%多菌灵可湿性粉剂500倍液、50%苯菌灵可湿性粉剂1 000倍液、70%代森锰锌800倍液，或70%甲基托布津可湿性粉剂800倍液灌根或喷施，每5～7天1次，连用2～3次，一般用药2～3天后即可控制病情，5～6天可使病株迅速康复。

4. 灰霉病（彩图4）

（1）危害症状：灰霉病在茄子苗期、成株期均可发病，可危害叶、茎和果实。苗期发病，子叶顶端枯死，然后茎秆缢缩变细，常自病部折断，或顶芽变色呈水浸状，常造成茎叶腐烂；真叶染病，出现“V”字形或半圆形淡褐色轮纹，湿度大时可见灰色霉层，并引起成片死苗。成株期发病，叶片从叶尖或叶缘开始向内扩展形成“V”字形浅褐色水浸状病斑，扩展后呈圆形、椭圆形浅褐色轮纹形病斑，湿度大时，病部密布灰色霉层，严重的大斑连接成片，整叶枯死。茎秆、叶柄发病，产生淡褐色不规则形病斑，病斑可绕茎秆一周，发病茎秆上部枝叶萎蔫，呈枯死状，湿度大时长出灰色霉层。花器染病，多在柱头或花瓣边缘产生黄色至褐色病斑，后期向花托扩展，严重时整个花朵萎蔫长出大量灰色霉层。果实发病时，幼果果蒂周围局部先产生水浸状褐色病斑，扩大后呈暗褐色，凹陷腐烂，形成幼果软腐，最后果实脱落或失水僵化，湿度大时，病部产生大量灰色霉层。

（2）发病规律：与发生灰霉病作物接茬、连作，地势低洼、排水不良的田块发病较重。栽培时种植过密、通风透光差、温室或棚内空气不流通、湿度过大，氮肥施用过多的田块发病较重。大棚、温室等保护地，在12月至翌年4—5月间，室内湿度大、温度适宜时茄子灰霉病易发，特别是春季阴雨连绵、光照不足、气温较低（16～20℃），通风换气不良，极易引发病害，若种植过密，植株长势弱，会加重灰霉病的发生和蔓延。

（3）防治方法：防治方法主要有农业防治和化学防治。

农业防治：精细整地，采用深沟高畦栽培，畦面呈“龟”背形，确保浇水畦面不积水。在雨季前，抓好保护地四周沟渠清理，防止雨后积水，降低地下水位和棚室内湿度。合理安排品种茬口，可与十字花科蔬菜或韭菜、葱、大蒜等百合科蔬菜进行轮作，避免与生菜、芹菜、草莓等容易发生灰霉病的作物接茬，诱发病害的流行。加强栽培管理，适时通风换气，晴天适当开棚通风，阴雨天也要坚持开棚通风换气，浇水施肥宜在晴天上午进行，并开棚降低棚内湿度，中午前后关棚升温控制在 30～38℃数小时，达到生态调节防治病害效果。增温降湿：通过清洁棚膜、覆盖地膜、适时通风等措施，提高温度，降低湿度，创造有利于茄子生长而不利于灰霉病发生的环境条件。清洁田园，整枝打杈，摘除病果，收获后及时清除病残体，带出田外深埋或烧毁，深翻土壤，加速病残体的分解。

化学防治：在发病初期可选用 50%速克灵可湿性粉剂 1 500 倍液，或 38%恶霜嘧酮菌酯 800 倍液，或 50%乙烯菌核利可湿性粉剂 1 000 倍液，或 41%聚砹嘧霉胺 600 倍液，或 50%扑海因可湿性粉剂 1 500 倍液，或 60%防霉宝超微粉剂 600 倍液，或 45%噻菌灵悬浮剂 4 000 倍液，或 2%阿司米星水剂 100 倍液，或 50%农利灵可湿性粉剂 500 倍液等，视情况 7～10 天交替喷施 3～4 次。使用烟熏剂熏蒸大棚，特别是阴雨天使用烟剂的效果好于药剂喷雾防治，每公顷用 45%百菌清或 15%速克灵烟剂 750 克，于傍晚进行熏蒸，连续 4～5 次，使用烟剂前先开棚通风排湿，防止产生药害。

5. 白粉病（彩图 5）

（1）危害症状：白粉病主要危害叶片，叶柄和果实也可受害。叶片正面症状明显，病原菌在叶面上形成白色或灰白色近圆形的粉状病斑，随着病情的发展病斑数量增多，病斑上白色粉状物逐渐明显而呈白粉斑，白粉状斑可相互连合成白粉状斑块，使叶片大部分或整片布满粉状霉层，严重时叶片正反面全部被白粉覆盖，导致叶片变黄干枯。叶柄初生圆形、白色霉斑，中、后期大部分叶柄覆盖霉层。果实上，首先受侵害的是果柄及果蒂，霉斑近圆形或不规则形，病斑较大，霉层更趋于绒絮状。果面上一般无霉斑产生，只有当果实发育不良或出现生理裂果的果面上才有白色霉斑，且病斑较大，霉层较厚。

（2）发病规律：在高温高湿或干旱环境条件下易发生。病原菌以分生孢子或菌丝体在温室的茄科蔬菜上越冬，或以闭囊壳随病残体在土壤越冬，成为下一年的初侵染源，病害的再侵染则依靠病部的分生孢子借助气流传播，从表皮直接侵入。茄子白粉菌分生孢子萌发适宜温度为 20～25℃，相对湿度 50%～80%有利于病害的发生和流行，长时间降雨会抑制病害蔓延。种植过密，通风不好，光照不足，排水不良，空气湿度大，植株长势弱，偏施氮肥及邻近温室、大棚的田块易发病，尤其高温时晴雨交替、天气闷热时易于流行。

（3）防治方法：防治方法主要有农业防治和化学防治。

农业防治：选择抗病品种。加强田间管理，合理进行整形、修枝、摘叶，有利于通风透光。及时摘除老叶、残叶和病虫叶，剪除纤细枝，并将枝叶及时清理，集中烧毁；雨后要彻底排除畦沟内的积水；加强肥水管理，适时喷施含磷和氨基酸的叶面肥，有利于增强植株长势，提高叶片光合效能，提高抗病能力。

化学防治：在发病前可选用50%硫黄悬浮剂500倍液，或75%百菌清可湿性粉剂500～600倍液，或70%代森锰锌可湿性粉剂500～600倍液喷雾预防；发病初期可选用15%三唑酮乳油800倍液，或25%腈菌唑乳油2 000倍液，或10%苯醚甲环唑水分散粒剂1 500～2 000倍液，或400克/升氟硅唑乳油5 000倍液，或2%阿司米星水剂200倍液，或20%抗霉菌素200倍液，或30%特富灵可湿性粉剂2 000倍液，或40%灰克可湿性粉剂1 500倍液，或75%百菌清可湿性粉剂600倍液，或12.5%速保利可湿性粉剂2 000倍液，或40%敌唑铜可湿性粉剂2 500倍液，或40%福星乳油4 000倍液，或30%氟菌唑可湿性粉剂1 500倍液，或40%多硫悬浮剂500倍液等药剂喷雾防治，视病情每5～7天喷1次，连喷2～3次。

6. 绵疫病（彩图6）

（1）危害症状：绵疫病主要危害果实，以近地面幼果发病居多，茎、叶也会染病。果实染病时，初为水浸状圆形斑点，稍凹陷，病部呈黑褐色，内部果肉变褐、腐烂，潮湿时病部产生白色棉絮状霉层，严重时病果易脱落，失水变干后形成僵果。叶片染病，出现水渍状不规则病斑，有时会有明显轮纹，潮湿时，边缘不明显，病部产生稀疏的白霉，干燥时，病斑边缘明显。茎秆发病后初呈褐绿色或紫绿色水浸状病斑，随病情发展出现缢缩软化，使病部以上枝叶死亡，湿度大时病害部位有稀疏白霉，病部易折断。苗期染病，茎基部呈水渍状，出现猝倒引起幼苗枯死。

（2）发病规律：病菌以卵孢子随病残体在土壤中越冬，通过土壤、风雨和农事活动等传播，形成再侵染，病菌生长温度为8～40℃，最适温度是24～28℃，田间相对湿度85%时有利于病菌孢子形成，菌丝在湿度达95%以上时生长旺盛。一般在4月左右病情发展慢，5月中下旬进入发病急增期，6月中下旬达到发病高峰，继而出现大量死株和烂果现象。高温高湿条件有利于病菌的生长繁殖及传播、蔓延，特别是设施栽培，昼夜温差大、结露多，容易形成高温高湿的发病条件。重茬连作、偏施重施氮肥、排水不良、栽培密度过大、通风透光不良、土壤黏重、地势低洼处都易发病。

（3）防治方法：防治方法主要有农业防治和化学防治。

农业防治：选用耐病或耐涝品种；棚栽茄子进行嫁接育苗；进行轮作倒茬，选择高低适中、排灌方便的地块进行栽培；选用无病种子、用温汤浸种消毒、培育适龄壮苗；规范种植管理，采用高垄和覆盖地膜栽培，施足优质腐熟的有机肥，增施磷钾肥，控制好温度和湿度；注意通风、降温、排湿；发现中心病株，摘除病果病叶，减少病菌来源。

化学防治：发病初期可用50%瑞毒铜可湿性粉剂500倍液，或68%磷毒铝铜可湿性粉剂400倍液，或58%甲霜灵·锰锌可湿性粉剂500倍液，或72.2%克霜氯可湿性粉剂600～800倍液，各种药剂交替使用。

7. 褐纹病（彩图7）

（1）危害症状：从苗期到果实成熟期均可受害。幼苗受害，茎基部出现凹陷褐色至黑褐色梭形或椭圆形病斑，稍凹陷收缩，当病斑绕茎一周时，病部缢缩，造成幼苗猝倒或立枯。成株期受害，先在下部叶片上出现白色圆形斑点，而后扩大为不规则病斑，边缘褐色，中间浅褐色或灰白色，有轮纹，后期病斑上轮生或散生许多小黑点。茎部产生水浸状梭形病斑，其上散生小黑点，后期表皮开裂，木质部外露，易折断。果实表面产生深褐色圆形或椭圆形凹陷斑，后扩大到全果，病斑上着生小黑点，呈同心轮纹状排列，天气潮湿时病果极易腐烂，最后病果软腐脱落或干腐为僵果。

（2）发病规律：以菌丝体和分生孢子器在土表病残体越冬，或以菌丝潜伏在种皮内，或以分生孢子附着在种子上越冬，一般存活2年，翌年越冬病菌产生分生孢子进行初侵染，种子带菌引起幼苗发病，土壤带菌则引起茎基部溃疡，然后病部又产生分生孢子在田间通过风雨、昆虫及农事活动等进行传播，条件合适可引起流行。病菌发育的最适温度为28～30℃，相对湿度为80%以上，连续阴雨和高温高湿条件下，有利于病害的发生和流行。多年连作、种植密度过大、通风不良、土壤黏重、地势低洼而排水不良、管理粗放、幼苗瘦弱、偏施氮肥，植株长势较弱，都可引起发病或加重危害。

（3）防治方法：防治方法主要有农业防治和化学防治。

农业防治：选用抗病品种。适时早播，早移栽，培育壮苗。多施腐熟优质有机肥，及时追肥，提高植株抗性。夏季高温干旱，适宜在傍晚浇水，以降低地温。采用高垄覆膜栽培，合理密植，及时整枝或去掉下部老叶，保持通风透光。雨季及时排水，防止地面积水，以保护根系。适时采收，发现病叶、病果及时摘除。

化学防治：苗期发病，可用65%代森锰锌可湿性粉剂500倍液喷雾，隔5～7天喷1次；定植后，在茎基部撒施草木灰或石灰粉，能防止茎基部溃疡；生长中后期，发病初期可选用75%百菌清可湿性粉剂600倍液、80%代森锰锌可湿性粉剂600倍液、50%甲霜铜可湿性粉剂500倍液、58%甲霜灵·锰锌可湿性粉剂400倍液、70%甲基硫菌灵可湿性粉剂800倍液喷雾。视天气和病情隔7～10天喷1次，连续防治3～4次。

8. 茎基腐病（彩图8）

（1）危害症状：茎基腐病主要危害茄子茎基部或地下主侧根。病部皮层初呈暗褐色，地上部枝叶萎蔫、变黄，然后病部凹陷或缢缩、腐烂，皮层腐烂易剥离露出暗色的木质部，导致病株枯萎而死。

（2）发病规律：由镰刀菌、丝核菌、腐霉菌、疫霉菌等引起。病菌能在土中存活2～3年。病菌以菌丝或卵孢子在土壤中越冬，孢子囊随气流传到植株上，由自然孔口或伤口进行侵染，引起植株发病。苗床地势低洼积水，浇水过多，致使植株根系透气不良，长期阴雨、光照不足、高温高湿环境、茎基部皮层受伤易引起发病。

（3）防治方法：防治方法主要有农业防治和化学防治。

农业防治：培育无病壮苗。高畦栽培，适时定植。施足充分腐熟的粪肥。用地膜覆盖栽培的，定植后用土压住薄膜孔，以免地膜植穴喷出热气灼伤茎基部。定植后适当控制灌水，灌水时要灌小水、浅水，切忌大水漫灌。重病地与非茄科、瓜类蔬菜进行3年轮作。

化学防治：发病初期及时进行药剂防治，可用70%甲基托布津800倍液，或50%多硫悬浮剂500倍液，或10%双效灵300倍液，或25%络氨铜400～500倍液，或50%乙膦锰锌可湿性粉剂500～600倍液，或5%菌毒清500倍液。

9. 褐斑病（彩图9）

（1）危害症状：褐斑病主要危害叶片。幼苗期和成株期均可发病。在发病初期，叶片的表面会出现褐色水浸状的小斑点，随着病情发展，逐渐扩大为深褐色近圆形或不规则形，病斑四周有很明显的黄色轮纹，边缘为褐色至深褐色，病斑中心为灰褐色至灰白色亮斑，散生着很多的小黑点，一般没有凹陷感，潮湿状态下病斑中央有黑色小点。在发病严重时，病斑会连合成片，并布满整张叶片，导致叶片干枯或者脱落。

（2）发病规律：以菌丝体或分生孢子器随病残体在土壤下越冬，翌春产生分生孢子，借助风雨、农事操作等进行传播，在高温高湿的环境，分生孢子萌发经伤口或气孔侵入，潜育期 7～8 天，进行多次再侵染。当温度 24～28℃，相对湿度 85%以上时极易发病。在春夏季温度偏高、多连阴雨的年份发病严重，地势低洼有积水、排水不良、田间湿度大、植株生长势弱容易发病。

（3）防治方法：防治方法主要有农业防治与化学防治。

农业防治：与非茄科作物实行 2～3 年轮作，最好与豆科以及禾本科作物进行轮作。及时清理排水沟，保证排灌畅通，避免田间有积水。收获后及时将病残体清除干净，并深翻土壤，加快病残体的分解。

化学防治：发病初期可用 30%苯醚甲环唑丙环唑乳油 2 000 倍液，或 20%苯醚甲环唑微乳剂 1 500～2 000 倍液，或 50%多菌灵可湿性粉剂 800～1 000倍液，或 50%苯菌灵可湿性粉剂 800～1 000 倍液，或 50%异菌脲可湿性粉剂 800～1 000 倍液进行喷雾防治。

10. 菌核病（彩图 10）

（1）危害症状：菌核病在整个生育期均可发生，主要危害茎和叶片。苗期发病从茎基部开始，初期呈浅褐色水渍状，湿度大时，长出白色棉絮状菌丝，呈软腐状，菌丝中覆有黑色小菌核，干燥时病部变为灰白色，茎部溢缩，幼苗枯死。成株期发病，先从主茎基部或侧枝处开始，初期产生淡褐色水渍状凹陷病斑，逐渐变灰白色，湿度大时长出白絮状菌丝，皮层霉烂，表皮及髓部形成黑色的菌核，干燥时髓部变空，表皮易破裂，维管束外露，植株枯死。叶片受害，初期呈水渍状，后变为褐色圆斑，有时具轮纹，病部有白色菌丝，干燥后斑面易破裂。果实染病时，初期端部有水渍状病斑，病部逐渐变为褐色，并凹陷腐烂，长出白色菌丝。

（2）发病规律：以菌核在土壤中及混杂在种子中越冬或越夏，环境条件适宜时，菌核萌发产生子囊盘，子囊盘释放出子囊孢子借气流传播蔓延，穿透寄主表皮角质层直接侵入，引起初侵染。病菌通过病健株间的接触进行多次再侵染，加重危害。子囊孢子萌发温度为 10～30℃，适宜湿度为 85%以上。棚内低温高湿时发病较重。

（3）防治方法：防治方法主要有农业防治和化学防治。

农业防治：与非茄科和芹菜等蔬菜实行 2～3 年轮作，前茬收获后深翻整地，覆盖地膜种植，注意通风、透光，避免夜间棚内湿度过大，注意加温防寒。发现病株及时拔除，及时带到棚外集中销毁或深埋处理。

化学防治：发病初期用 50%异菌脲可湿性粉剂 1 000 倍液，或 50%速克灵可湿性粉剂 1 500 倍液，或 70%甲基硫菌灵可湿性粉剂 800 倍液，或 50%乙烯菌核利可湿性粉剂 1 000 倍液，或 50%多菌灵可湿性粉剂 500 倍液进行喷雾，交替使用，每 5～7 天 1 次，连续防治 3～4 次。

（二）细菌病害

细菌病害是由细菌侵染植物引起的病害。近几年细菌病害发生非常普遍，茄子上常见的细菌病害主要有青枯病和软腐病等。

1. 青枯病（彩图 11）

（1）危害症状：青枯病主要危害叶片和茎秆。苗期不发生，开花结果期后开始出现症状。发病初期叶片出现萎垂，然后逐渐扩展到整株，后期病叶变褐枯焦，病叶脱落或残留在枝条上。茎秆病部皮层剥开后发现，木质部呈褐色，髓部腐烂、空心，用手挤压病茎的横切面，有乳白色的黏液渗出。

（2）发病规律：病菌在土壤中越冬，从根部或茎基部的伤口侵入，通过雨水、灌溉水、农具等传播。土温在 25℃以上，空气湿度在 80%以上时有利于病害的发生。雨后转晴，气温急剧上升时会造成病害的严重发生。连作、微酸性土壤发病更严重。

（3）防治方法：防治方法主要有农业防治和化学防治。

农业防治：合理轮作，与十字花科或禾本科作物轮作，最好进行水旱轮作。结合整地撒施适量的石灰，使土壤呈微碱性，以抑制病菌生长，减少发病，一般每亩施消石灰粉 100～150 千克。

化学防治：发病初期用药液灌根，常用的药剂有 72%农用硫酸链霉素 4 000 倍液，或 77%可杀得可湿性微粒粉剂 500 倍液，或 50%琥胶肥酸铜可湿性粉剂 500 倍液，或 14%络氨铜水剂 350 倍液，每隔 10 天灌 1 次，连续防治 3～4 次。

2. 软腐病（彩图 12）

（1）危害症状：软腐病主要危害果实，茎部也会受害，主要发生在茄子生长的中后期。果实感病初期，表面出现水浸状圆形或不规则形的病斑，然后病斑逐渐扩大，出现褐色凹陷病斑，后期果肉腐烂并伴有恶臭，外果皮变褐，失水后干缩，挂在枝杈或茎上。茎部感病后，病部呈褐色湿润半透明状，然后逐渐变软腐，随着病情的加重，病斑扩大，变为灰褐色，病部腐烂并造成汁液外流，伴有臭味。发病后期，干缩坏死的组织会感染黑霉病等腐生菌。

（2）发病规律：病原菌随病残体在土壤中越冬，随着雨水、灌溉水及气流在田间传播，成为第 2 年田间发病的初侵染源。此后病菌通过蛀果害虫继续传播，由果实伤口侵入，导致病害流行。病菌能够生长的温度范围较大，20～40℃均能活动和危害，最适温度25～30℃，发病需95%以上相对湿度。管理粗放、蛀果害虫猖獗的地块发病重。低洼潮湿的地块、阴雨连绵的天气，都能加重病害。

（3）防治方法：防治方法主要有农业防治和化学防治。

农业防治：与非寄主蔬菜实行2年以上轮作。培育壮苗，适时定植，采用垄作或高畦栽培，合理密植，及时修整枝叶，改善通风透光条件条件。雨季及时排水，避免田间积水。保护地栽培时要加强放风，防止棚内湿度过高。及时摘除病果，带出田外烧毁或深埋。

化学防治：发病初期可用72%农用链霉素可溶性粉剂4 000倍液，或新植霉素4 000～5 000倍液，或50%琥胶肥酸铜可湿性粉剂500倍液，或77%可杀得可湿性微粒粉剂500倍液，或30%碱式硫酸铜悬乳剂400倍液，或20%噻菌酮500倍液，每7天喷药1次，连续防治2～3次。

3. 细菌性叶斑病（彩图13）

（1）危害症状：细菌性叶斑病主要侵染叶片，整个生长时期均可受害。叶片感病多从叶尖或叶缘开始，向内沿叶脉扩展，初生2～5毫米淡褐色或褐色水渍状凹陷小斑点，然后变成浅褐色坏死病斑，病斑形状不规则，湿度大时，叶背会有白色菌脓溢出，干燥后病斑部位脆裂、穿孔。

（2）发病规律：病菌在土壤中越冬，或在设施大棚寄主植物上存活，主要通过水、伤口或农事活动等进行传播。发病适温为17～23℃，空气相对湿度达85%以上。早春或秋冬季节保护地栽培，温度低发病较重。

（3）防治方法：防治方法主要有农业防治和化学防治。

农业防治：与非茄科作物实行3年以上轮作。棚室栽培时要注意提高棚温和地温，避免低温、高湿条件出现。浇水时要防止水滴溅射，以减少传播。

化学防治：发病初期用72%农用硫酸链霉素可溶性粉剂4 000倍液，或新植霉素4 000～5 000倍液，或30%碱式硫酸铜悬浮剂400倍液，或50%琥胶肥酸铜可湿性粉剂500倍液，或77%可杀得可湿性微粒粉剂500倍液进行防治，视病情每7～10天喷施1次，连续用药2～3次。

（三）病毒病害

茄子病毒病的病原主要包括：烟草花叶病毒（TMV）、黄瓜花叶病毒（CMV）、蚕豆萎蔫病毒（BBWV）、马铃薯X病毒（PVX）。

（1）危害症状：烟草花叶病毒：整株发病，叶片绿黄相间，形成斑纹花叶，老叶出现圆形暗色斑纹，新叶稍显黄色；黄瓜花叶病毒：同烟草花叶病毒的症状相同，也是整株发病，叶片绿黄相间，形成斑纹花叶，老叶出现圆形暗色斑纹，新叶稍显黄色（彩图14）；蚕豆萎蔫病毒：病株上位叶片出现局部侵染性紫褐色坏死斑，0.5～1毫米大小，有时呈点状坏死，叶片皱缩，呈高低不平萎缩状；马铃薯X病毒：叶片产生由黄色小点组成的轮状斑点，有时轮状斑点也坏死，有时一株上出现一种类型的症状，有时几种症状同在一株上出现，引起落叶、落花、落果，严重影响茄子的产量与质量。

（2）发病规律：主要依靠桃蚜、豆蚜等传毒，汁液摩擦也能传毒。高温干旱的天气和蚜虫发生量大，管理粗放，田间杂草丛生时，病毒病发病比较多。烟草花叶病毒、黄瓜花叶病毒、马铃薯X病毒在多种植物上越冬，种子也带毒，成为初侵染源，主要通过汁液接触传染，只要寄主有伤口，即可侵入，附着在茄子种子上后即可带毒。此外，土壤中的病残体、田间越冬寄主残体、烤晒后的烟叶、烟丝均可成为此病的初侵染源。

（3）防治方法：防治方法主要有农业防治和化学防治。

农业防治：根据栽培茬次，选用抗病耐病品种，并进行种子消毒；加强苗期管理，强光、高温季节，要盖棚膜避雨，覆盖遮阳网防日灼，培育壮苗；定植时避免伤根，减少伤口；在大棚通风窗口设置尼龙防虫网（60～80目），避免有翅蚜、白粉虱等害虫迁入棚内，减少传毒媒介；棚室内悬挂银灰膜条，或畦面铺盖灰色尼龙纱避蚜；增强植株长势，提高抗病能力；及时浇水，适时通风降温，避免田间出现高温干旱的气候条件。

化学防治：发病初期用20%病毒A可湿性粉剂500倍液，或1.5%植病灵乳剂800倍，或病毒速克灵乳剂500倍液，或10%病毒必克可湿性粉剂1 000倍液，或0.1%高锰酸钾溶液进行喷雾。以上药剂可交替使用，5～6天喷洒1次，连续喷洒4～5次，喷洒治病毒药剂的同时可加入叶面肥。定植前10天，定植缓苗后及盛果期各喷1次0.1%硫酸锌预防病毒病。

（四）生理性病害

茄子种植多以大棚种植为主，容易出现寒害、肥害等生理性病害，下面以茄子寒害、肥害、裂果、缺素和药害五种常见的生理病害为例，详细介绍生理病害的防治方法。

1. 冷害

（1）危害症状：叶片大小正常但叶色深绿，叶缘微向外皱卷，叶缘稍有褪色，生长点呈簇状，叶片从叶缘开始变成浅黄色，叶肉逐渐退绿，呈黄化叶片。

（2）发病原因：棚室温度低，茄子对寒冷的耐受力是有限的，温度低于15℃时茄株停止生长，在遭遇寒冷、长时间低温或霜冻时植株本身会产生叶片外翻的典型症状。生存在寒冷的环境里叶肉细胞会因冷害结冰受冻死亡，突然遭受零度以下会迅速冻死。

（3）防治方法：选用耐弱光、抗寒冷的早熟品种。

加强植株抗逆性的培育。在植株定植前要适当低温炼苗，以提高幼苗抗逆性。在寒流来前要重视营养液的施用，以提高植株抗寒防冻能力。

提高设施保温作用。及时观看天气预报，增加棚膜和草苫。保持棚膜清洁，增加透光度，在冬季寒冷季节适当加温，如锅炉加温，遇连续阴雨寡照天要补光源，如利用日光灯、白炽灯等人工补光增温的方式促进植物生长。

2. 肥害

（1）危害症状：种子出芽晚，胚根发黄、萎缩，生长缓慢或根本不生长，叶片僵化、变脆、扭曲畸形，茎秆变粗。

（2）发病原因：施用未腐熟的有机肥料，将未腐熟的有机肥（如干鸡粪）掺入营养土中或施在土表，对幼苗会造成烧灼危害，导致幼苗根系呈褐色，不长新根，使根吸肥受阻，影响局部叶片或整个植株生长发育。叶面肥喷施过量，导致叶片产生肥害。追加化肥时气温过高，当茄子盛果期处于气温较高的季节，追加化肥（碳酸氢铵肥料）如果不注意棚室温度，就会造成氨气中毒，叶脉间或叶缘出现水浸状斑纹，随后斑纹变褐色，干边呈烧叶症状，如果一次性施肥过量会造成大面积疑似炭疽病症的叶片干枯现象。

（3）防治方法：合理配制、均匀混拌营养土，严格掌握肥料用量；发现肥害及时浇水，缓解危害程度，促进恢复生长。夏季或高温季节追施化肥时应尽量沟施、覆土，避开中午时间施肥，傍晚施肥及时浇水通风。有条件的棚室提倡实施滴灌施肥浇水技术，可有效避免高温烧叶、肥水不均状况，从而减少肥害的发生。

3. 裂果

（1）危害症状：茄子果实形状不正，产生双子果或开裂。裂果在保护地发生比较多，在露地条件下主要发生在门茄坐果期。开裂部位一般开始于花萼下端，危害较大。

（2）发病原因：茄子裂果主要是温度低或氮肥施用过量，浇水过多，生长点营养过剩，导致花芽分化或发育不充分，形成多心皮的果实或雄蕊基部开裂而发育成裂果。此外，在露地栽培条件下，白天高温、干旱，晚上浇水时容易发病，有时果实与枝叶摩擦，果面产生伤疤，浇水后果肉膨大速度快，容易引起开裂。在棚室保护地条件下，棚室中加热炉燃料燃烧不充分，产生一氧化碳，致使果实膨大受抑制，这时浇水过量就会产生裂茄。

（3）防治方法：适时播种，做好苗床温度管理，促进花芽正常分化。适时、精细定植。加强田间肥水管理，特别注意提高土温和土壤通透性，促进根系发育，提高吸水能力。均匀灌水，为防病不能过度控水，切忌土壤过干后灌大水。使用激素处理果实时，注意浓度不能过高，不能反复使用，也不要在中午高温时使用。

4. 药害

茄子药害主要以除草剂药害为主，还有因其他农药药剂结构不合理等原因造成的危害。

（1）除草剂：

危害症状：植株矮化，生长缓慢；花蕾脱落，也有干枯在茄子植株上的。顶部叶片发黄变薄，中上部叶片向内或向外卷曲。劈开上部茎秆，可看到内部颜色变褐发黑。结果后，“瞪眼”期裂果多，呈眼睛状；“瞪眼”期后的幼果脱落较多，基本成熟的茄子多为畸形，长果茄子呈“U”形，卵圆的茄子呈不规则形的卵圆，出现药害的茄子发硬，食用时口感差。

发病原因：大棚内温度高、浇水条件好、湿度大，有利于药效的充分发挥，除草剂药害发生严重。磺酰脲类除草剂主要用于防除阔叶杂草，但阔叶蔬菜对它也很敏感，药害发生重。喷药时药液喷洒到幼嫩部位，出现药害。

防治方法：药害严重的田块，一般不能恢复，可立即拔除重新种植，可种植黄豆等豆科蔬菜。药害轻的地块立即喷解毒药和植物生理调节剂，例如生长素、赤霉素、细胞分裂素，以防止器官脱落，可促进细胞分裂，抑制衰老。加强水肥管理，肥料应多用叶面肥及含锌、铁的微肥。

（2）其他农药：

危害症状：茄子叶片出现分布较均匀白色和褐色的斑点。

发病原因：由于药剂结构不同造成的药害：一般水溶性强的、无机的、分子量小的、含重金属的药剂易造成药害。如大部分砷制剂、波尔多液、石硫合剂及其他无机铜、无机硫制剂等易产生如叶斑、枯叶、灼伤、穿孔、厚叶、枯萎、落叶、黄化、畸形花、畸形果等药害。

由于农药的不合理使用造成药害：如错用农药，农药混用不当，剂量过大，施用不均匀，间隔时间短，以及在植物敏感期使用等均易造成药害。

由于农药质量方面的问题而造成药害：如药剂变质，杂质过多，添加剂、助剂的用量不准，影响了乳化性能或喷雾质量，甚至理化性状改变，也是造成药害的原因。

植物方面的因素：不同的植物对药剂的反应不同。除了内在因素外，其表皮性能、蜡质层、角质层、茸毛、气孔、种子含水量等方面的差异也是造成药害的重要原因。

环境方面的因素：高温下作物代谢旺盛，药物的活性也强，易侵入植物组织而引起药害。另外，土壤理化性质，砂土地、贫瘠地、有机质含量少的地块由于作物长势弱、抗逆性差而导致药害，特别是这类田块的土壤对药剂的吸附性差，施用除草剂或用杀虫、杀菌剂处理土壤时更易出现药害。

防治方法：喷施中和剂。针对导致药害的药物性质，喷施与其性质相反的药物进行中和缓解。如发生有机磷类农药药害时，可喷施200倍液的硼砂1～2次。

使用解毒剂：发生药害后可用某些特定的解毒剂进行补救。若是多效唑等抑制剂或延缓剂造成的药害，可喷施赤霉酸溶液缓解。

喷施植物生长调节剂：选用含氨基酸水溶肥料、微量元素和细胞分裂素等叶面营养剂和植物激素进行叶面喷施，能促进作物恢复生长。

喷施强氧化剂：高锰酸钾是一种强氧化剂，对多种化学农药都具有氧化、分解作用，可用3 000倍液的高锰酸钾溶液进行叶面喷施。

及时增施肥料：作物发生药害后生长受阻，长势减弱。可及时补施氮、磷、钾肥或腐熟有机肥，促使受害植株恢复生长。注意使用与造成药害的农药性质相反的肥料，如碱性农药引起的药害，可用硫酸铵、过磷酸钙等酸性肥料。此外，叶面喷施0.1%～0.3%的磷酸二氢钾溶液，或用0.3%的尿素加0.2%的磷酸二氢钾溶液混合喷施，每隔5～7天喷施1次，连续喷施2～3次，均可显著缓解。

5. 缺素

茄子在栽培种植过程中容易发生各种缺素障碍的生理性现象。因缺素障碍的种类较多，有时易于混淆而导致防治措施针对性较差。下面具体介绍茄子缺氮、缺钾和缺钙等几种常见的缺素症状的特点、病因及防治方法。

（1）缺氮：

危害症状：叶色变淡，从下部叶片开始，老叶逐渐黄化，重时干枯脱落，花蕾停止发育并变黄，心叶变小。

发病原因：土壤中氮素含量较少容易导致茄子缺氮；作物秸秆或未腐熟的有机肥施用过多容易引起植株缺氮；土壤含水量大，影响了有效氮的转化；氮肥施用不均等。

防治方法：整地时，施足基肥，尤其要多施优质农家肥；茄子生长期避免田间积水；发现缺氮，及时追施尿素、碳铵等速效氮肥或人粪尿液，或者用0.3％～0.5％尿素溶液叶面喷施。

（2）缺钙：

危害症状：植株生长缓慢，生长点畸形，幼叶失绿，叶片的网状叶脉变褐，呈铁锈状叶，功能叶卷曲，严重时生长点坏死，老叶仍保持绿色，缺钙植株的果实常出现脐腐病。

发病原因：氮肥、钾肥过量、土壤干燥都会阻碍对钙的吸收和利用，空气湿度小、蒸发快，补水不及时，导致植株缺钙。

防治方法：按时浇水施肥，及时补施钙肥，或用0.3％～0.5％氯化钙溶液叶面喷施，5天喷1次，连喷2～3次。

（3）缺钾：

危害症状：初期心叶变小，生长慢，叶色变淡；后期叶脉间失绿，出现黄白色斑块，叶尖叶缘渐干枯。

发病原因：土壤中有效钾不足或为砂性土；有机肥投入减少；偏施氮肥，使得氮钾比例失调；土壤过湿，透气性比较差，导致根系活力下降，钾的吸收能力降低；土壤过干也会抑制根系发育，影响根系对钾的吸收；施用石灰肥料多，影响茄子对钾的吸收，常会发生缺钾。

防治方法：增施钾肥和有机肥，一般每亩可用硫酸钾或氯化钾10～15千克，在植株两侧开沟追施；防土壤积水，及时中耕提高地温，及时揭盖草苫；或用0.2％～0.3％磷酸二氢钾溶液或10％草木灰浸出液进行叶面喷施。

（4）缺镁：

危害症状：叶脉附近叶肉失绿，果实变小，发育不良。

发病原因：土壤中含镁量低，有时土壤中不缺镁，只是土壤中钾、钙含量高，影响了镁的吸收。

防治方法：每亩施用硫酸镁等镁肥约10～20千克；及时灌溉，保持土壤湿润，防止土壤盐分浓度过高，造成对镁吸收的抑制；出现缺镁症状时，可叶面喷施1%～2%硫酸镁溶液进行防治。

（5）缺锰：

危害症状：茄子新叶叶脉间呈黄绿色，逐渐变成褐色，但叶脉仍为绿色。

发病原因：砂壤土中的锰容易淋失，土壤中过多地施用石灰、草木灰或碱性肥料时，或在有机质低的土壤上过量施用过磷酸钙，都可能发生缺锰。

防治方法：及时灌溉，保持土壤湿润，防止土壤盐分浓度过高，抑制植株对镁的吸收。在缺锰的土壤上施用硫酸镁等镁肥，每亩用量约10～20千克。对一些酸性土壤最好用镁石灰，每亩用量约50～100千克，也可以喷施0.2%硫酸锰水溶液。

（6）缺硼：

危害症状：顶叶黄化、凋萎，顶端茎及叶柄折断，内部变黑，茎上有木栓状龟裂。果实发育不全，生长不均匀。生长后期缺硼，造成茄果生长缓慢，发育受到抑制形成畸形果实。

发病原因：土壤酸化，石灰施用过量均易引起缺硼。土壤中有机肥施用量少，土壤碱性高易发生缺硼。施用过多的钾肥，影响了茄子对硼的吸收。土壤缺水干燥影响茄子对硼的吸收，易发生缺硼。

防治方法：增施硼肥，定植前每亩施用硼砂0.5～1千克；多施腐熟的有机肥，提高土壤肥力；增施磷肥，可促进对硼的吸收；适时浇水，防止土壤干燥；严重缺硼时，叶片喷施0.2%～1.0%硼砂或硼酸水溶液。

（7）缺铁：

危害症状：幼叶和新叶失绿黄化叶脉残留绿色，严重时整个新叶呈黄白色。

发病原因：土壤偏碱或土壤含磷量高都会影响铁的吸收利用，使新叶显症。当土壤中锰元素过剩，铁的吸收常受到抑制，也会引起缺铁。

防治方法：改良土壤为中性；土壤过湿时减少浇水，雨后及时排水；出现缺铁症状时，用0.2%～0.5%硫酸亚铁溶液进行叶面喷施。

三、常见虫害及防治方法

茄子虫害不仅会危害茄子生长，还会蛀食果实叶片，对茄子生产造成极大的破坏，降低茄子品质和经济效益。下面以茄子种植期间常见的茶黄螨、西花蓟马和烟粉虱等虫害为例，对每种虫的为害特点、形态特征、生活习性及防治方法进行详细介绍。

（一）茶黄螨

茶黄螨又名侧多食跗线螨、黄茶螨、茶半跗线螨、茶嫩叶螨，属蛛形纲、蜱螨目、跗线螨科，在全国各地均有发生，其中以华北、长江以南地区受害较重。

1. 形态特征（彩图 15）

成螨：雌成螨椭圆形，体长约 0.2 毫米，腹部末端平截，乳白色至黄绿色、半透明。体后部背面中央有一乳白色纵条斑，由前向后逐渐增宽，足较短，第四对足纤细，其跗节末端有端毛及亚端毛。雄成螨近菱形或略呈六角形，扁平，腹部末端圆锥形，上翘，体长 0.12～0.2 毫米，乳白色至淡黄色，半透明。第四对足胫跗节细长，爪退化或纽扣状，其上有一与足等长的毛。

卵：卵为椭圆形，底部扁平，无色透明，卵壳表面有 6～8 列排列整齐的乳白色突起约 38 个。

幼螨和若螨：幼螨近圆形或菱形，足 3 对，乳白色至淡绿色；若螨纺锤形，足 4 对，淡绿色。

2. 生活习性

茶黄螨主要是成螨在温室植株上或土壤中越冬，少数雌成螨也可在冬作物和杂草根部露地越冬，靠爬行、风力、农具、菜苗等传播蔓延。虫体很小，肉眼看不见，卵散产于嫩叶背面、幼果凹处或幼嫩蔬菜上。生长发育的最适温度为 16～23℃，相对湿度为 80%～90%，卵期 2～3 天，幼螨期 2～3 天，若螨期 2～3 天。

茶黄螨可孤雌繁殖，温暖、高湿的环境条件下有利于其发生。成螨活跃，当取食部分变老时，成螨会立即向新的幼嫩部位转移。在大棚温室内繁殖为害，成螨和幼螨开始多栖息在嫩叶背面吸食汁液，严重时，转向嫩果为害。茶黄螨有明显的趋嫩性，雄成螨具有携带雌若螨向植株上部幼嫩处迁移的能力和习性。雌若螨蜕皮变为成螨后，雄成螨即与其交配产卵，卵多散产在嫩叶背面和嫩果凹洼处。初孵幼螨就近取食危害，很快又停止取食，进入若螨期，其危害部位为植株顶部嫩叶，当嫩叶变老时，即由老叶转向新的嫩叶。茶黄螨依靠虫体爬行和风力扩大蔓延或通过田间农事工具接触传播，然后由点片发生到暴发成灾。

3. 危害特点

茶黄螨具刺吸式口器，成螨和若螨集中在茄子幼嫩部分，多在新梢叶背、嫩茎、花蕾、幼果等处刺吸汁液危害。叶片受害后，叶片变小、变厚，并变僵硬，叶背面呈灰褐色或黄褐色，并有油浸状光泽或油浸状，同时叶缘向背面卷曲，嫩茎、枝受害后，扭曲畸形，表皮木质化，严重者植株顶部干枯。花蕾和幼果受害后则不开花或开畸形花；果柄及萼片被害后表面呈灰白色至灰褐色；果实受害部位在雌花脱落前后的幼果顶部，被害后果面变为黄褐色，质地粗糙，表皮木栓化，生长受到抑制，丧失光泽成锈果，严重时果实从受害顶部裂开，种子外露，形成开花馒头状。

4. 防治方法

农业防治：选择抗性品种。与白菜等叶菜类进行轮作倒茬，最好间隔 2～3 年，实行水旱轮作。严防虫源，未发生茶黄螨危害的地区，尽量避免从发生区引进茄苗、辣椒苗或其他寄主幼苗，以防茶黄螨随幼苗进入新区。消灭越冬虫源，铲除、消灭田间、地边杂草，收获蔬菜后及时清除残枝、落叶消灭越冬虫卵，严防翌年虫害发生。

药剂防治：发病初期可采用 1.8%阿维菌素乳油 2 500～3 000 倍液，或 73%克螨特乳油 2 000 倍液，或 15%速螨酮乳油 3 000 倍液，或 5%尼索朗乳油或可湿性粉剂 1 500 倍液，或 25%灭螨猛可湿性粉剂 1 000～1 500 倍液，或 20%三唑锡可湿性粉剂 1 500 倍液，或 2.5%联苯菊酯乳油 3 000 倍液，或 20%三氯杀螨醇乳油 1 000 倍液，或 50%苯丁锡可湿性粉剂 1 000～2 000 倍液进行防治。药剂必须喷到植株中、上部叶片背面，要求重点喷嫩叶、叶背和嫩茎及花蕾、幼果，对于田间发病中心要适当加大喷药量，增加喷药次数。

（二）棉铃虫

棉铃虫属鳞翅目、夜蛾科、铃夜蛾属昆虫，俗名钻心虫，是一种多食性害虫，寄主植物达 30 多科 200 余种，是世界性危害棉花及多种作物的害虫。

1. 形态特征（彩图 16）

卵：直径约 0.5 毫米，半球形，乳白色，具纵横网络。老熟幼虫：体长 30～42 毫米，体色变化很大，由淡绿至淡红至红褐乃至黑紫色。头部黄褐色，背线、亚背线和气门上线呈深色纵线，气门白色。两根前胸侧毛连线与前胸气门下端相切或相交。体表布满小刺，其底座较大。蛹：长 17～21 毫米，黄褐色，腹部第 5～7 节的背面和腹面有 7～8 排半圆形刻点，臀棘 2 根。成虫：体长 14～18 毫米，翅展 30～38 毫米，灰褐色。前翅中有一环纹褐边，中央一褐点，其外侧有一肾纹褐边，中央一深褐色肾形斑；肾纹外侧为褐色宽横带，端区各脉间有黑点。后翅黄白色或淡褐色，端区褐色或黑色。

2. 生活习性

棉铃虫以蛹在土壤中越冬，5 月中旬开始羽化，5 月下旬为羽化盛期。卵早在 5 月中旬出现，多产于茄科蔬菜、豌豆等作物上，5 月下旬为产卵盛期。棉铃虫属喜温喜湿性害虫。初夏气温稳定在 20℃和 5 厘米地温稳定在 23℃以上时，越冬蛹开始羽化。成虫产卵适温 23℃以上，20℃以下很少产卵。幼虫发育以 25～28℃和相对湿度 75%～90%为适宜。在北方湿度对幼虫发育的影响更显著，当月雨量在 100 毫米以上，相对湿度 60%以上时，危害较重；当月降雨量在 200 毫米、相对湿度 70%以上，则危害严重。但雨水过多，土壤板结，不利于幼虫入土化蛹并会提高蛹的死亡率。此外，暴雨可冲刷棉铃虫卵，亦有抑制作用。

3. 危害特点

以幼虫蛀食蕾、花、果为主，也危害嫩茎、叶和芽。花蕾受害时，苞叶张开，变成黄绿色，2～3 天后脱落。幼果常被吃空或引起腐烂而脱落，成果被蛀食部分果肉，因蛀孔在蒂部，便于雨水、病菌流入导致腐烂，导致果实腐烂脱落，造成减产。

4. 防治方法

农业防治：入冬前深翻土壤，消灭越冬蛹。定植后，结合田间管理进行锄地灭蛹或培土闷蛹，降低虫口密度。结合打杈和打顶，进行人工捏杀，科学灭卵，减少棉铃虫虫卵的数量。发现幼虫要及时消灭，摘除虫果并集中深埋或烧毁。

物理防治：在棉铃虫发蛾高峰期，放置杨柳树枝 225 把/公顷，每把 5～7 枝。每天早上在露水未干透之前，将成虫集中杀灭。在棉铃虫成虫期间，摆放棉铃虫性诱盆，每亩投放 1 盆。诱芯与诱盆内水面的距离应保持在 2 厘米左右，视水量定期加水，同时要在水里加入适量洗衣粉。在有条件的情况下，悬挂频振式诱虫灯，每盏灯可控制空旷地 2 公顷，架设防虫网防虫。

生物防治：使用 Bt 乳剂、苏云金杆菌或棉铃虫核型多角体病毒在幼虫期进行防治。

化学防治：可交替使用以下药剂进行防治，4.5%高效氯氰菊酯乳油 3 000～3 500 倍液，或 5%氟虫脲乳油 2 000 倍液，或 5%氟虫腈悬乳剂 2 000 倍液，或20%甲氰菊酯乳油2 000倍液，或30%杀虫威乳油1 000倍液，或10%醚菊酯悬乳剂700倍液，或20%溴灭菊酯乳油3 000倍液，或2.5%溴氰菊酯乳油2 000倍液，或5%氟铃脲乳油2 000倍液。

（三）蓟马

蓟马，又叫瓜亮蓟马、黄蓟马等，属缨翅目、蓟马科，是世界危险性害虫，其寄主植物达60多科200余种。

1. 形态特征（彩图17）

西花蓟马属渐变态昆虫，整个发育过程经卵、若虫、蛹和成虫4个虫态阶段。卵：肾形，白色；1龄若虫个体微小，活动缓慢，体色白色；2龄若虫活动敏捷，体色浅黄色；成虫颜色变化较多，由浅黄色至深褐色，体长1.4～1.8毫米，活动敏捷，善于跳跃，雌虫较雄虫个体大、颜色深，触角8节。各虫态发育期受温度影响较大，通常雌成虫寿命长于雄成虫。该虫可进行有性生殖，也可孤雌生殖，雌虫可用产卵器刺破植物叶片并将卵产在叶肉组织中。

2. 生活习性

西花蓟马的卵产在叶、花和果实等器官的薄壁组织细胞内，引起失水，死亡率在此阶段常很高。1、2龄若虫异常活跃，1龄若虫从植物组织内孵化后马上开始取食。西花蓟马通常在土壤里化蛹，有时也在花里化蛹。刚羽化的雌成虫在24小时内相对静止，但成熟后很活跃。雌成虫在实验室条件下，其寿命一般为40天左右，最长可达90天。雄成虫寿命仅为雌成虫的一半。雌虫羽化后72小时开始产卵，在整个生命周期内都可以继续产卵，产卵期18～30天。在27℃的条件下，雌虫平均每天产卵0.7～1.6粒。成虫可行孤雌生殖，未受精卵发育成雄虫。在种群中，一般雌虫数为雄虫的4倍

3. 危害特点

成虫和若虫以锉吸式口器吸取嫩梢、嫩叶、花和幼果的汁液造成危害，导致嫩芽、叶卷缩，心叶不能展开，出现丛生现象。叶片出现白色褪绿斑点、皱缩，花瓣褪色，幼果畸形，严重时造成花器早落，叶片干枯，新梢无顶芽。被害茎和果皮粗糙有斑痕，极少茸毛，或带有褐色波纹，或瓜皮布满“锈皮”，呈畸形。另外，蓟马可作为媒介传播病毒病。

4. 防治方法

农业防治：早春清除田间杂草和枯枝残叶，集中烧毁或深埋，消灭越冬成虫和若虫。加强肥水管理，促使植株生长健壮，减轻危害。

物理防治：在棚室通风口和出入口设置 60～80 目防虫网，并按照每亩悬挂（25 厘米×30 厘米）蓝色诱虫板 20～25 张，高于植株 10～15 厘米悬挂，同时每隔 7～10 天要清除一次粘虫板上的蓟马并补刷机油。

生物防治：采取人工释放天敌，在温室中每 7 天释放钝绥螨 200～350 头/平方米，可有效控制蓟马，释放小花蝽也有良好的效果。

化学防治：发生初期，于早晨叶片露水干后或下午 3 点后轮换使用药剂防治蓟马。药剂可用 10%虫螨腈乳油 2 000 倍液，或 5%氟虫腈悬浮剂 1 500 倍液，或 10%吡虫啉可湿性粉剂 2 000 倍液，或 1.8%阿维菌素 4 000～5 000 倍液，或 45%马拉硫磷乳油 1 000 倍液喷雾防治。

（四）蚜虫

又名腻虫、蜜虫，是危害茄子生长的主要虫害之一，蚜虫繁殖能力很强，一年能繁殖十几代，虫害发生后，严重影响开花结实，导致茄子减产。

1. 形态特征（彩图 18）

无翅孤雌成蚜体长卵形，长约 2.8 毫米，宽约 1 毫米。头部及前胸红橙色，腹部绿色；触角第 1、2 节及第 6 节黑色，第 3～5 节端部黑色。中额瘤不显，额瘤外倾，与中额成直角，额槽深“U”形；胸及腹部第 1～6 节有微网纹，第 7、8 节有明显瓦纹，体缘网纹明显；气门三角形关闭，气门片黑色；缘部有淡褐色节间纹；腹管 0.65 毫米，为体长的 0.23 倍，为尾片的 1.6 倍，端部及基部收缩，端部有明显缘突如切迹；尾片长圆锥形，中部收缩，有小刺突构成瓦纹及长毛 5～6 根。有翅蚜触角通常 6 节，第 3 或 3～4 或 3～5 节有次生感觉圈。前翅中脉通常分为 3 支，少数分为 2 支。后翅通常有肘脉 2 支，罕见后翅变小，翅脉退化。翅脉有时镶黑边。

2. 生活习性

以卵在越冬寄主上或以成蚜、若蚜在温室越冬和繁殖。温度和湿度较低的环境有利于繁殖，繁殖的合适温度为 16～22℃。在北方温度高于 25℃，南方高于 27℃，相对湿度达 75%以上的环境不利于蚜虫的繁殖。

3. 危害特点

蚜虫喜欢群居叶背、花梗或嫩茎上，吸食植物汁液，分泌蜜露。被害叶部变黄，叶面皱缩卷曲。嫩茎、花梗被害后弯曲畸形，影响开花结实，植株生长受到抑制，甚至枯萎死亡。另外，蚜虫通过刺吸式口器传播多种病毒，造成病害的扩展蔓延。

4. 防治方法

农业防治：实行轮作间作。播种前彻底整地翻耕，清除田间植株残体及杂草，减少虫源。

物理防治：悬挂银灰色薄膜条或覆盖银灰色膜，可避蚜或减少有翅蚜迁入传毒。在田间设置黄色诱虫板，诱杀有翅蚜，黄色板大小（1米×0.2米），黄色部分涂上机油，高出植株60厘米，每亩放30块。在棚室通风口和出入口设置30～40目的防虫网防止蚜虫侵入。

生物防治：利用害虫天敌，如瓢虫、草蛉、食蚜蝇、蜘蛛、黑食蚜盲蝽等进行防治。

化学防治：可用烟剂熏蒸，每亩用10%氰戊菊酯烟剂500克，把烟剂均分成4～5堆，于傍晚闭棚前点燃，熏蒸1昼夜；也可用10%抗蚜威可湿性粉剂2 000倍液，或用10%吡虫啉可湿性粉剂1 500倍液，或1.8%藜芦碱水剂800倍液，或2.5%联苯菊酯乳油3 000倍液，或50%灭蚜松乳油2 500倍液，或2.5%功夫乳油3 000～4 000倍液，或20%杀灭菊酯乳油2 000倍液，或10%蚜虱净可湿性粉剂4 000～5 000倍液，或15%哒螨灵乳油2 500～3 000倍液等药剂喷雾，每隔5～7天喷施一次，连续防治2～3次。为避免蚜虫产生抗药性，各种农药要交替使用。

（五）白粉虱

白粉虱又叫小白蛾子。白粉虱一生经历卵、幼虫、蛹（假蛹）、成虫4个时期，主要以幼虫、成虫危害作物。近几年，随着蔬菜面积不断扩大，病虫害种类也随之增多，在虫害中白粉虱最常见，危害越来越严重，防治也比较困难，尤其温室大棚危害比较严重，一旦发生就难以控制，是一种危害较重的虫害。

1. 形态特征（彩图19）

属同翅目粉虱科，成虫体长约1～1.5毫米，体色淡黄，停息时双翅合拢成屋脊状，翅面覆有白色蜡粉。卵呈长椭圆形，初产时呈淡黄色，以后逐渐转变为黑褐色，通常产于叶背面。若虫共4龄，长椭圆形，扁平，虫体淡黄色或黄绿色，半透明。

2. 生活习性

温室内一年可发生10余代，以各虫态在温室越冬并继续危害，冬季在室外以卵越冬。成虫羽化后1～3天可交配产卵，平均每次产卵142.5粒。也可进行孤雌生殖，其后代为雄性。成虫有趋嫩性，在寄主植物打顶以前，随着植株的生长不断在顶部嫩叶产卵，白粉虱在植株上自上而下的分布一般为：新产的绿卵、变黑的卵、初龄若虫、老龄若虫、伪蛹、新羽化成虫。卵以卵柄从气孔插入叶片组织中，与寄主植物保持水分平衡，极不易脱落。若虫孵化后 3 天内在叶背可做短距离游走，当口器插入叶组织后就失去了爬行的机能，开始营固着生活，刺吸式口器，吸食叶片汁液，2 天后触角和足退化，体色由淡黄逐渐变深，10 天左右体色变黑，形成蛹（伪蛹），蛹期约 8 天，羽化成成虫，体长约 1～1.5 毫米，体表有一层白色的蜡质层，有趋光性，能飞善跳，一天内白天活动比较活跃，飞行路程很短，速度很快，一般活动在 1 米之内，飞出去又很快停在植株嫩叶的背面，不易被发现，羽化的成虫 1～3 天就可产卵，成虫生活的适宜温度 18～21℃，最高温度为 25～30℃。

3. 危害特点

以成虫和若虫危害茄子叶片。成虫具有趋嫩性，喜欢群聚在茄子叶片的背面，刺吸叶片内的汁液，并随着植株的生长而不断向上转移，危害顶部嫩叶并在上面产卵。造成被害植株叶片褪绿变黄，萎蔫甚至枯死，成虫和若虫的排泄物堆积在叶面和果实上，引发煤污病，降低茄子的商品价值；成虫在刺吸叶片汁液时，还可传播多种病毒，引起茄子发生病毒病。

4. 防治方法

农业防治：清除虫源，移栽之前清理温室内外的杂草、残枝败叶集中烧毁。生长过程中及时摘除病虫枝叶，并及时带出温室销毁，消灭虫源。在通风口及门口使用防虫网，杜绝外来虫源入侵。轮作倒茬，与十字花科蔬菜轮作。培育无虫苗，育苗前彻底熏杀棚内残余虫口。

物理防治：根据白粉虱成虫有强烈的趋黄习性进行诱杀。可制作（1×0.2）米黄板，黄板上涂上机油，挂在棚内，高出植株顶部，一般 20 平方米悬挂一块。也可选用市售的粘虫板进行诱杀。白粉虱对银灰色有负趋性，可以田间覆盖银灰色地膜。

生物防治：释放丽蚜小蜂防治，在温室白粉虱发生初期，将丽蚜小蜂蛹卡均匀地挂在室内，挂的位置在植株中上部的叶子下面，成虫密度为 0.5 头/株以下时，释放丽蚜小蜂 15 头/株，每隔 14 天放 1 次，连续 3～4 次。也可在发病初期人工释放草蛉，每平方米大约释放 10 头。

化学防治：发病初期可使用 10％噻嗪酮乳油 1 000 倍液，或 25％甲基克杀螨 1 000 倍液，或 2.5％联苯菊酯乳油 3 000 倍液，或 2.5％氯氟氰菊酯乳油

3 000～5 000 倍液进行防治。设施栽培最好用烟雾剂熏蒸防治。间隔 5～7 天 1 次，连续 2 次，熏蒸时间应在下午 2—3 时开始点燃，后封闭设施，一直到第 2 天上午 9 时左右通风放气。

（六）茄二十八星瓢虫

又称酸浆瓢虫，俗称花大姐。高温高湿的天气是二十八星瓢虫的高发期，对茄子生长、品质和后期上市都有影响。

1. 形态特征（彩图 20）

茄二十八星瓢虫属鞘翅目瓢虫科，成虫体长 6 毫米，半球形，黄褐色，体表密生黄色细毛。前胸背板上有 6 个黑点，中间的 2 个常连成 1 个横斑，每个鞘翅上有 14 个黑斑，其中第二列 4 个黑斑呈一直线是与马铃薯瓢虫的显著区别。卵长约 1.2 毫米，弹头形，淡黄至褐色，卵粒排列较紧密。幼虫共 4 龄，末龄幼虫体长约 7 毫米，初龄淡黄色，后变白色，体表多枝刺，其基部有黑褐色环纹。蛹长 5.5 毫米，椭圆形，背面有黑色斑纹，尾端包着末龄幼虫的蜕皮。

2. 生活习性

茄二十八星瓢虫在南方发生较多。成虫白天活动，有假死性和自残性，在高温、强光时常潜伏于叶背，成虫和幼虫都具有畏光和假死习性，稍有振动，即坠落装死。雌成虫将卵块产于叶背。初孵幼虫群集叶背危害，啃食叶肉，仅留表皮，形成许多半透明网状纹，稍大后分散危害。老熟幼虫在原处或枯叶中化蛹。卵期 5～6 天，幼虫期 15～25 天，蛹期 4～15 天，成虫寿命 25～60 天。

3. 危害特点

主要危害叶片和果实。若虫和成虫取食叶片后，留下表皮呈网纹状，被食叶片逐渐变为褐色，卷缩而枯萎，严重时可将叶肉吃光，只剩叶脉。果实被害，被害处果肉变硬，有苦味，品质下降。

4. 防治方法

农业防治：清理植株残枝，冬前进行深翻土壤。利用成虫的假死性，拍打植株，收集成虫后杀灭或进行人工摘除卵块。

化学防治：在幼虫分散前，可选用 2.5%高效氯氟氰菊酯乳油 4 000 倍液，或 50%辛硫磷乳油 1 000 倍液，或 20%氰戊菊酯 3 000 倍液，或 2.5%溴氰菊酯 3 000 倍液进行喷雾，注意重点喷叶片背面。

（七）茄黄斑螟

又名茄螟、茄白翅野螟、茄子钻心虫。以幼虫危害茄子，夏季主要危害花蕾，造成茄子减产，秋季果实受害重，失去食用价值，为我国南方地区茄子的重要害虫。

1. 形态特征

属鳞翅目螟蛾科，成虫体长 6.5～10 毫米，雌蛾体型稍大，体、翅均白色，前翅有 4 个明显的大黄斑，卵外形似僧帽或水饺状，光滑无纹，卵粒分散。老熟幼虫体长 16～18 毫米，蛹长 8～9 毫米，茧壳十分坚韧，茧形多为扁长椭圆形，有丝棱数条，外露部分平滑。

2. 生活习性

以幼虫越冬，5 月份开始危害，7～9 月份是危害盛期。成虫白天隐蔽，夜间活跃，趋光性弱，发育适温为 20～28℃，产卵适温 25℃，卵孵化适温为 25～30℃，幼虫孵化时，将卵壳侧面咬一孔洞爬出留下卵壳，蛀入花蕾、子房或心叶、嫩梢及叶柄，以后又多次转移蛀入新梢，蛀果幼虫往往不转移，在蛀孔外堆积大量的虫粪。夏季老熟幼虫在茄子植株的中部缀合叶片中化蛹；秋季在枯枝落叶、杂草和土缝里化蛹。

3. 危害特点

以幼虫危害茄子的花蕾、花蕊、子房，蛀食嫩茎、嫩梢及果实，使植株顶部枯萎，落花、落果，并引起烂果，夏季花蕾、嫩梢受害重，秋季主要蛀食果实。

4. 防治方法

清除虫源：摘除带卵的叶片、钻蛀幼虫的嫩茎和果实，集中烧毁。拉秧后清洁田园，将残枝落叶深埋或销毁。

采用性诱剂诱杀：在 2 平方厘米滤纸片载体上点 100 毫克的性诱剂后装进塑料袋内封好，用曲别针固定在铁丝上，再把铁丝悬挂在盛有水的容器上方，即成诱捕器，将此诱捕器架在三角形支架上，高出植株 30～50 厘米，诱杀雄蛾效果很好。

化学防治：3 龄以下幼虫采取喷药防治，可喷 2.5%氯氟氰菊酯乳油 2 000～3 000 倍液，或 50%辛硫磷乳油 1 000 倍液，或 20%杀灭菊酯乳油 2 000 倍液，或 80%敌百虫可溶性粉剂 1 000 倍液，或 2.5%溴氰菊酯乳油 2 000～3 000 倍液，或 2.5%联苯菊酯乳油 2 000～3 000 倍液，几种药剂交替使用。

第三章
辣椒优质高效栽培技术

辣椒，为木兰纲、茄科、辣椒属一年或有限多年生草本植物，风味多样，营养丰富，含有多种维生素，深受消费者喜欢，可以鲜食也可以加工，具有重要的产业价值，原产于中南美洲热带、亚热带地区。据考古学家估计，早在公元前7000年辣椒就在南美洲生长，公元前5000年玛雅人就已经开始吃辣椒，辣椒是人类种植的最古老的农作物之一（邹学校，2002）。国际植物遗传资源委员会（IBPGR，1983）将辣椒属分为栽培种、未被利用的野生种和已被人们利用的其他辣椒种，共32个，其中人类栽培的辣椒有5个种，分别是：1年生辣椒、下垂辣椒、灌木辣椒、中国辣椒、绒毛辣椒（邹学校，2009）。中国长期种植的辣椒地方品种绝大多数是1年生辣椒，灌木辣椒和中国辣椒在海南和云南的西双版纳等南部地区有少量种植，下垂辣椒和绒毛辣椒基本没有。

辣椒是喜温性蔬菜。在中国，西起西藏，东至上海，南起海南岛，北至黑龙江，均能种植，是种植范围最广的蔬菜之一。“十三五”以来，中国辣椒年播种面积稳中有升，据国家大宗蔬菜产业技术体系统计，近年来辣椒面积稳定在210万公顷以上，成为中国种植面积最大的蔬菜，总产量达6 400多万吨，平均产量接近30 000千克/公顷，农业产值2 500亿元。辣椒占全国蔬菜总面积的9.28%，总产量的7.76%；占全国蔬菜总产值的11.36%；对农民收入贡献率达1.14%。贵州、河南、云南、江苏、湖南、山东、广东、四川、辽宁、广西、河北等11省份的辣椒种植面积超过7万公顷，贵州、河南、云南、江苏等4省份的辣椒种植面积超过13万公顷，河南的辣椒种植面积超过24万公顷，贵州的辣椒种植面积超过30万公顷（邹学校等，2020）。

21世纪中国设施栽培辣椒大发展，大中棚栽培面积达34万多公顷，小拱棚栽培面积达8万多公顷，温室栽培面积达8万多公顷，设施栽培面积占辣椒栽培面积的26.0%，春提早、秋延后等辣椒栽培技术的发展实现了鲜辣椒周年均衡供应。辣椒加工方式多样，产品种类繁多，21世纪也迎来了加工辣椒大发展，涌现了一批以“老干妈”“湖南军杰”“坛坛乡”为代表的辣椒粗加工企业，以河北晨光为代表的精深加工企业，辣椒素、辣椒红素等精加工产品占全球市场份额的80%以上。

由于辣椒的加工方式多，加工量大，上市消费时间长，没有集中上市的消费压力，上市价格相对稳定。辣椒的外果皮较厚，农药的内吸性差，农残含量较其他蔬菜低，基本上没见到媒体上有辣椒农残中毒的报道。辣椒属于产业风险较低的蔬菜作物，具有广阔的发展前景。

第一节　辣椒的生物学特征

一、辣椒植物学特征

（一）根

辣椒属浅根性植物，根系发育较弱，不如番茄、茄子等发达，根较细，木栓化程度较高，再生能力差，根量少，茎基部不易发生不定根。辣椒根系主要分布在5～20厘米土层内，主要根群分布在10～15厘米土层中；主根长出后，不断分杈，形成一级侧根、二级侧根、三级侧根等。辣椒根系吸收肥水的能力较弱，对氧气要求严格，不耐干旱、水涝和高盐碱；主要由幼稚的新根和根毛进行吸收作用，木栓化根只能通过皮孔吸少量的水（图3-1）。

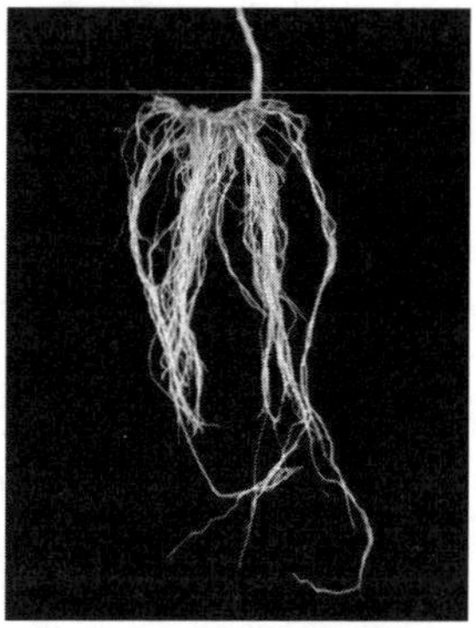

图3-1　辣椒根系

（二）茎

辣椒茎直立，茎基部木质化，较坚韧，高度因品种和栽培环境条件不同而不同，一般为30～150厘米。根据辣椒茎的分枝习性，可分为无限分枝型和有限分枝型，多数品种属于无限分枝型。无限分枝型品种的辣椒主茎长到9～16片真叶时，顶芽分化成花芽，形成第1朵花，在花蕾下2～3节形成2～3个侧枝，以后每个侧枝顶芽又分化为花芽，形成第2层花，花蕾下又可形成2～3个侧枝；在生长条件良好时，可不断分化花芽和形成分枝。多数品种在主茎或分枝顶端形成花芽后，形成两个分枝，称二杈分枝，但当温差较大、营养条件好时，可形成三杈分枝。有限分枝型品种的植株生长矮小，主茎长到一定叶数后，顶部出现花簇封顶，下部的叶腋处还可产生一级侧枝，在生长条件良好时一级侧枝上还可产生二级侧枝，侧枝顶端也以花簇封顶（图3-2）。

图3-2　辣椒茎

（三）叶

图 3-3　辣椒叶

辣椒的叶分为子叶和真叶。子叶展开初期呈浅黄色，以后逐渐变为绿色；子叶的发育状况主要取决于种子本身的质量和栽培条件，种子发育不良会使子叶瘦弱、畸形。辣椒的真叶为单叶，互生，卵圆形、披针形或椭圆形，全缘，前端尖，叶面光滑，微具光泽，叶色因品种不同而有深浅之别。一般大果型品种，叶片较大、微圆、较短；小果型品种，叶片较细长；北方栽培的辣椒绿色较浅，南方栽培的较深（图 3-3）。

叶片的功能主要是进行光合作用和蒸腾水分，散发热量。植株全部干物质主要是依靠叶片进行光合作用所积累的，所以叶片是制造有机物的工厂，叶片生长状况反映了植株的健壮程度。健壮植株叶片舒展，有光泽，颜色较深，心叶颜色较浅；反之，叶片不舒展，叶色暗，无光泽或心叶变黄，皱缩。从子叶出现到真叶出现以前，植株主要依靠子叶制造营养。

（四）花

图 3-4　辣椒花

辣椒的花为完全花，雌雄同花，着生于分枝杈点上，每朵花由雄蕊、雌蕊、花瓣、花萼和花柄组成。雄蕊由 5～6 枚花药组成，基部联合，围在雌蕊的外面。雌蕊 1 枚，子房 2 室，少数为 3 或 4 室。花药长圆形，纵裂。根据花药与雌蕊柱头的相对位置可分为短柱花、中柱花和长柱花；雌蕊的柱头低于花药的为短柱花，高于花药的为长柱花，柱头与花药等高时为中柱花。花萼基部连成钟形萼筒，先端 5 齿，宿存。花瓣 6 片，花冠白色、绿白花或略带紫色，基部合生，先端 5 裂，基部有蜜腺（图 3-4）。

辣椒的花属于虫媒花，花朵较小，自然杂交率 15%左右，异花杂交率 5%～30%，不同品种间差异较大，开花期要求 65%左右的空气相对湿度。辣椒花朝下开，花药成熟后开裂，花粉散开后落在靠得很近的柱头上授粉。中柱花和长柱花为正常花，可正常授粉结果。短柱花花粉不易落到柱头上，一般坐不住果。植株营养状况好时，花冠大，长柱花多；营养不良，短柱花增多，落花率高。依据辣椒的分枝习性，无限分枝型品种花单生，有限分枝型品种花簇生。

辣椒幼苗生长正常时，在植株有3～4片真叶时就开始花芽分化，育苗前期的营养条件对花芽的分化及前期坐果具有重要的影响。辣椒从花芽分化到开花需30天左右，开花后4～5天花便萎蔫脱落。

（五）果实

辣椒的果实为浆果，由子房发育而成，多为2室，圆形或灯笼形果多为3～4室。果皮与胎座组织分离，形成较大的空腔，果皮发达，肉质约占整个果实重量的80%～85%，是食用的主要部分。果实着生多下垂，少数品种如朝天椒则向上直立。果身直、弯曲或螺旋状，表面光滑，通常具腹沟、凹陷或横向皱褶（图3-5）。

图3-5 辣椒果实

辣椒果实的形状、大小因品种类型不同而差异显著。果形取决于心皮数，一般为两心皮，形状有长指形、樱桃形、灯笼形、圆锥形、棱柱形等；有纵径30厘米的线椒、牛角椒；有横径15厘米以上的大甜椒，也有小如稻谷的细米椒。辣椒果肩有凹陷、宽肩、圆肩之分，着生状态也分别为凹陷、平肩、抱肩；甜椒品种多凹陷，鲜椒品种多平肩，干椒品种多抱肩。果色有黄、红、橙、紫、白、绿等颜色，而且随果实成熟度而变化；多数品种成熟果色为红色。果肉的厚薄因品种而异，一般为0.1～0.8厘米，甜椒较厚，辣椒较薄；单果重一般从几克到500克。

辣椒的辣味有辛辣、微辣和不辣3种类型，取决于果实内辣椒素的含量。不同类型品种及栽培条件之间辣椒素的含量差异很大，一般大果型品种的辣味淡，并具甜味；中果型品种的辣味较浓；小果型品种的辛辣味、香味极浓，主供干制。

（六）种子

辣椒种子着生在胎座上，种子肾形，扁平微皱，略具光泽，淡黄色，采种或保存不当时为黄褐色。辣椒种子成熟较慢，开花到种子成熟需 60 天左右。种子大小因品种而异，一般甜椒种子大，朝天椒种子小（图 3－6）。千粒重 4.5～7.5 克。种子寿命 3～7 年，以当年新种子发芽率最高，发芽势也最强，随后逐年减弱，使用适期为 2～3 年。为了提高种子抗逆性、抗病性，加快发芽，促进成苗，增加产量，提高质量，播种时常采用种子包衣技术，主要是利用黏着剂或成膜剂，用特定的种子包衣机，将杀菌剂、杀虫剂、微肥、植物生长调节剂、着色剂或填充剂等非种子材料，包裹在种子外面，使种子成球形或者基本保持原有形状（图 3－7）。

图 3－6　辣椒种子

图 3－7　辣椒种子丸粒化

二、辣椒生物学特征与栽培

（一）熟性

辣椒品种的熟性可分为极晚熟、晚熟、中熟、早熟、极早熟等类型，按照始花节位或定植到采收红熟椒的时间长短划分，一般主要以始花节位为认定标准。

根据始花节位划分，极早熟品种始花节位在 8 节以下；早熟品种始花节位在 8～12 节；中熟品种始花节位在 12～16 节；晚熟品种始花节位在 16～20

节；极晚熟品种始花节位在 20 节以上。

根据定植到采收红熟椒的时间长短划分，极早熟品种从定植到采收 65 天以下；早熟品种从定植到采收 65～80 天；中熟品种从定植到采收 80～100 天；晚熟品种从定植到采收 100～120 天；极晚熟品种从定植到采收 120 天以上。

（二）辣椒生育期

辣椒从播种到收获结束称为全生育期。因品种、气候及栽培方式差异，辣椒生育期相差很大。一般把辣椒的生长发育周期分为发芽期、幼苗期、开花坐果期、结果期 4 个时期，各时期生长发育特点不同。辣椒的生长发育规律是在长期自然条件和人工选择下形成的，要优质高产，就必须掌握辣椒生长发育周期不同时期的要求。

1. 发芽期

从辣椒种子播种萌动到子叶出现展平、真叶显露为发芽期。在温湿度适宜，通气良好的条件下，从播种到出芽需 7～10 天，经催芽的种子一般 5～8 天子叶出土。发芽期的养分主要靠种子供给，幼根吸收能力很弱。

2. 幼苗期

从第一片真叶出现到第一个花蕾出现为幼苗期。幼苗期是植株营养生长的关键时期，幼苗期的长短因苗期的温度和品种熟性的不同而有很大差别。一般阳畦育苗方式下需 80～100 天，温床或温室育苗只需 70～90 天。幼苗期分为两个阶段，2～3 片真叶以前为基本营养生长阶段，4 片真叶以后营养生长与生殖生长同时进行。

在幼苗期，除了根、茎、叶等继续营养生长之外，辣椒已经开始进行花芽分化。花芽分化的始期一般是在播种后 35～45 天，此时苗高约 3～4 厘米，2 片真叶展开，苗端分化有 8～11 片叶时，生长点突起呈圆锥体。早熟品种花芽分化较早，晚熟品种花芽分化较晚；较短的日照和较低的夜温能促进辣椒花芽分化。幼苗达到定植标准一般为具有 11～13 片真叶的秧苗，植株上已分化的花芽少则 24～28 朵，多则 29～32 朵。

一般将茎的粗细作为判断幼苗期幼苗是否健壮的主要指标。茎粗，标志着植株营养物质合成与干物质积累状况良好，输导组织发达，水分、养分及同化产物转运速率高，有利于花芽分化。将茎粗与茎高结合起来，利用粗高比（D/H）判断幼苗是否健壮。粗高比值较大，表明幼苗粗壮；粗高比值过小，表明幼苗细弱；粗高比值过大，则表明幼苗老化。不同辣椒品种以及不同生长阶段幼苗粗高比值的差异很大，应分品种制定不同生长阶段的正常粗高比值标准。

3. 开花坐果期

自第一朵花蕾显露到第一个果实坐果为始花期，此段时间较短，约需 15～20 天，是辣椒营养生长与生殖生长同时进行时期。一方面植株正处于定植缓苗后期的发秧阶段，是辣椒营养体建成的关键时期；另一方面又是植株早期花蕾开花坐果，前期产量形成的重要时期；主要通过控制水分、划锄等措施调节生长与发育、营养生长与生殖生长、地上部与地下部生长的关系，达到生长与发育均衡。

4. 结果期

从第一朵花坐果到收获结束为结果期，此段经历时间较长，因品种和栽培方式不同而有差异，一般 50～120 天。随着各层次分枝不断产生，植株不断地连续开花结果，其间门椒、对椒、四面斗椒、八面风椒、满天星椒陆续收获，直至拉秧。结果期以生殖生长为主，并继续进行营养生长，需水需肥量很大。因此，其间要加强水肥管理，创造良好的栽培条件，促进秧果并旺，连续结果，以达到丰收的目的。

随着辣椒加工产业的兴起，越来越多的农户、种植大户以及合作社开始种植加工辣椒。结果期是加工辣椒产量形成的关键时期，也是营养生长与生殖生长矛盾最突出的时期。植株连续开花结果，枝叶同时生长，需水需肥量很大。其间自然灾害较多，又容易发生病虫害，田间管理的任务繁重，需通过水肥管理等农艺措施，改善田间生态环境，调整植株生长状态，协调营养生长和生殖生长的关系，保证植株壮而不旺、不早衰。针对加工辣椒的结果期，一般又可分为膨大、转红和成熟 3 个阶段：

膨大阶段：从坐果到椒果长成（达到绿熟）为椒果膨大阶段。此阶段果实重量和体积迅速增加，到这一阶段末，果实和种子完成形态发育，椒果体积停止膨大，果实变硬，呈现深绿色，达到绿熟。绿熟期为青椒的商品成熟期。

转红阶段：从椒果绿熟到红熟为转红阶段。这一阶段果皮中叶绿素含量逐渐减少，辣椒红色素含量逐渐增加，果实由青转紫，由紫转红，呈现鲜红色，体积不再增加，果实内含物仍在充实，直到果皮中叶绿素、花青素全部消失，整个椒果全部变红。

成熟阶段：从红熟到完熟为生理成熟阶段。果实全红之后，再生长数天，进一步增加干物质积累，才能达到完全成熟。完熟的主要特征是种子充分发育，种胚具有繁衍后代的能力。因此，完熟又称为生理成熟，也称为生物学成熟。完熟阶段果实含水量逐渐下降，颜色逐渐加深。完熟时椒果发软，变成深红色，干物质积累达到最大值。达到完熟，干椒品种才可以收获。繁育种子的椒果，需在完熟后收获。

（三）辣椒对环境的要求

1. 温度条件

辣椒属于喜温作物，不同品种对温度的要求有很大差异，一般大果型品种往往比小果型品种更不耐高温。种子发芽的适宜温度为25～30℃，温度超过35℃或低于10℃发芽不良或不能发芽；25℃时发芽需4～5天，15℃时需10～15天，12℃时需20天以上，10℃以下则难于发芽或停止发芽。辣椒生长发育的适宜温度为20～30℃；温度低于15℃时，生长发育受阻，持续低于12℃时可能受害，低于5℃则植株易遭寒害而死亡；辣椒生长发育期适宜的昼夜温差为6～10℃，以白天26～27℃，夜间16～20℃比较合适。

生长发育阶段不同，对温度的要求不同。出芽后需稍降温以防幼苗徒长，白天20～22℃，不能超过25℃，夜温15～18℃为宜，这样可使幼苗缓慢健壮生长，培育壮苗；值得注意的是，出芽后具3片真叶时辣椒抵抗低温的能力增强，较短时间在0℃时不受冷害，这就是冷床育苗小苗能过冬的原因。苗期白天温度30℃，可加速出苗和幼苗生长；夜间保持较低的温度15～20℃，以防秧苗徒长。15℃以下的温度，花芽分化受到抑制；20℃时开始花芽分化，约需要10～15天。随着植株的生长，对温度的适应能力增强。开花结果初期，白天适温为20～27℃，夜间适温为15～20℃；低于15℃，植株生长缓慢，难以授粉，易引起落花落果；高于35℃，花器发育不良或柱头干枯不能受精而落花，即使受精，果实也不能正常发育而枯萎；因此，当高温天气温度超过35℃，辣椒往往坐不住果；所以，当温度低于12℃就要盖膜保温，超过35℃就要浇水降温。盛果期，适当降低夜温有利于结果，夜间以18～23℃最好。果实发育和转色期要求温度25～30℃。

2. 光照条件

辣椒是喜光作物，中等光照强度要求，光补偿点为1 500勒克斯，光饱和点为30 000勒克斯。光照时间的长短对辣椒花芽分化和开花无显著影响，10～12小时短日照和适度的光强能促进花芽分化和发育。不同的生育阶段对光照要求不同，除了种子发芽阶段不需阳光外，其他生育阶段都要求充足的光照。

种子在黑暗条件下容易发芽，在有光的条件下往往发芽不良。辣椒幼苗期和成株期需要良好的光照来培育壮苗；光照充足下幼苗节间短，茎粗壮，叶片肥厚、颜色浓绿，根系发达，抗逆性强，不易感病；光照不足往往造成植株徒长，茎秆瘦长、叶片薄、花蕾、果实发育不良，容易出现落花、落果、落叶现象，因此在冬春辣椒育苗寡照季节要经常通风见光，增加光照。但在夏日炎炎的强光下，当光照强度超过辣椒光饱和点（30 000 勒克斯）时，易引起叶片干旱，生长发育受阻，气孔关闭，光合作用反而下降，甚至造成叶片灼伤，影响辣椒生长发育；在此期间稍降低日照强度反而会促进茎叶的生长和果实发育，增加结果数，常用辣椒和玉米间作的方式来对辣椒适当遮阳。

3. 水分条件

辣椒对水分的要求较严格，不耐涝，比较耐旱，其单株需水量并不太多，但因根系不发达，需经常保持适当的水分才能生长良好，并保持土壤较好的通透性。辣椒各生长发育阶段的需水量也不相同，一般小果型品种较大果型品种耐旱。

辣椒种子种皮较厚、吸水较慢，栽培中通常需要浸种 6～8 个小时催芽，充分吸水后可促进发芽，浸种时间过长或过短都不利于发芽。辣椒幼苗期需水少，保持土壤湿润即可；如果土壤过湿，通气性差，则易导致根系发育不良，植株生长纤弱，抗逆性差，易感病，造成死苗。移栽后，植株生长量大，需水量随之增加，要适当浇水以满足植株生长发育的需要，但仍要控制水分，以防止地上部枝叶的徒长，促进地下部根系的生长发育。初花期，需水量增加，要增大供水量，满足开花、分枝的需要，如果供水不足则影响果实膨大和植株生长发育，导致畸形果增多；反之，如果水分太多，则易导致落花落果，烂果死苗。果实膨大期，更需要充足的水分，若供水不足，果实膨大速度缓慢，果表皱缩、弯曲，色泽暗淡，形成畸形果，降低种子的千粒重而影响产量和种子质量；但是灌水量也不宜过大，应保持地面见干见湿，土壤水分多，空气湿度高，易发生沤根，叶片、花蕾、果实黄化脱落；若遭水淹没数小时，将导致成片死亡。

4. 湿度条件

空气湿度对辣椒生长发育亦有影响，一般空气湿度在 60％～80％时生长良好，坐果率高，湿度过高有碍授粉。辣椒幼苗时空气湿度过大，容易引发病害；初花期湿度过大会造成落花；盛花期空气过于干燥，也会造成落花落果。湿度大发病，湿度小影响花器官发育。在气温和地温适宜的条件下，辣椒花芽分化和坐果时土壤湿度以土壤含水量相当于田间持水量的55%最好；干旱易诱发病毒病，土壤水分多，空气湿度高，易发生沤根，叶片、花蕾、果实黄化脱落；若遭水淹没超过24小时，植株就会萎蔫死亡。

5. 土壤和矿物质营养条件

辣椒比较耐瘠薄，对土壤的要求并不严格，适应性广，砂土、黏土、壤土地均可种植。辣椒对肥沃的砂质壤土更为适宜，能早熟，味佳；用黏壤土能延长结果期，果大、肉厚、产量高。辣椒在盐碱地生长不良，土壤的适宜酸碱度（pH）为6.5～7.5，最适土壤pH为6.8。一般小果型品种对土壤的适应性较强，大果型品种则要求较高。辣椒根系对氧的要求严格，因此要求土质疏松、通透性好的土壤，切忌在低洼地栽培。

辣椒在生长发育过程中，需要从土壤、有机肥、化肥等中吸收大量的矿物质营养，如氮、磷、钾等大量元素，以及一些微量元素。辣椒对氮、磷、钾肥料均有较高的要求，此外还需要吸收钙、镁、铁、硼、钼、锰等多种微量元素。在整个生长发育阶段，辣椒对氮的需求最多，占60%；钾次之，占25%；磷占15%。足够的氮肥是辣椒生长结果所必需的，氮肥不足则植株矮、叶片小、分枝少、果实小。但偏施氮肥，缺乏磷肥和钾肥则植株易徒长，并易感染病害。施用磷肥能促进辣椒根系发育，钾肥能促进辣椒茎秆健壮和果实膨大。大果型品种如甜椒类型需氮肥较多，小果型品种如簇生椒类型需氮肥较少。在不同的生长时期辣椒对各种营养物质的需求量不同。幼苗期植株细小，需肥量较少，但养分要全面，需适当的磷、钾肥，以满足根系生长的需要，否则会妨碍花芽分化，推迟开花和减少花数。初花期多施氮素肥料，会引起徒长而导致落花落果，枝叶嫩弱，诱发病害；结果期需要充足的氮、磷、钾养分，增加种子的千粒重。盛花坐果时期需大量的三要素肥料。

辣椒的辛辣味受氮肥影响明显，多施氮肥辛辣味减低。越夏恋秋的植株，多施氮肥促进新生枝叶的抽生。磷、钾肥使茎秆粗健，增强植株抗病力，促进果实膨大和增进果实色泽、品质。供干制用的辣椒，应适当控制氮肥，增加磷、钾肥的比例。所以，生产上应根据辣椒不同的生长发育期，合理地配比供应氮、磷、钾三元复合肥和补充各微量元素，辣椒才能根深叶茂，果大丰产，品质优良。

三、辣椒的功能

辣椒既可鲜食改善食欲，又能抑制肠内异常发酵；同时，也是一种重要的调味作物。辣椒中含有多种有效成分，如富含辣椒素、辣椒红色素、可溶性多糖及维生素C等营养物质，广泛应用于医药、食品、保健和军事等领域，在国际市场上享有盛誉。

（一）辣椒素

辣椒素是辣椒的活性成分，是一种香草酰胺衍生物，约占辣椒素类物质的70%，是辣味的主要决定因素。辣椒素对消化系统、心血管系统、呼吸系统和神经系统具有抗病菌、抗肿瘤和镇痛消炎作用，还可作为健胃剂，有促进食欲、改善消化等生物学功能，能促进胃液分泌、增强食欲，促进血液循环，提高机体的抗病能力，缓解胃肠胀气和胃寒、腹泻及酒精引起的消化不良等消化道疾患，还有驱虫、发汗等功效。应用辣椒素可局部治疗、抑制或延缓鼻息肉术后复发。辣椒素还具有扩张血管、促进血液循环，降低血脂，降低血栓栓塞危险性的作用，并可用于治疗风寒、鼻塞、虚寒水肿等症。此外，辣椒素还有抑菌、减肥、治疗冻疮、抗癌、防辐射等作用（萨仁高娃，2012）。

（二）辣椒红色素

辣椒红色素，又名椒红素、辣椒红，是一种具有辣椒香气味的深红色黏性油状液体，纯的辣椒红色素为深胭脂红色针状晶体，易溶于极性大的有机溶剂。辣椒红色素主要成分为辣椒红素和辣椒玉红素，主要分布于辣椒果实的果肉部位，其他部位发现较少。

从辣椒中提取的天然色素，其安全性已得到世界公认。联合国粮食及农业组织（FAO）和世界卫生组织（WHO）将辣椒红色素列为A类色素，在使用中不加以限量。根据我国食品卫生法，辣椒红色素可用于油性食品、调味汁、水产品加工、蔬菜制品、果冻、冰激凌、烘烤食品等食品中，还可广泛应用于饲料、仿真食品、预防辐射、化妆品和制药业中。美国、英国、加拿大、日本、墨西哥以及东南亚国家的农业部门也广泛采用辣椒红色素作为天然食品添加剂。我国既是辣椒红色素的原料生产大国，又是红色素的需求大国（张嘉园等，2019）。

第二节　辣椒的分类及优良品种

自 20 世纪 70 年代以来，育种专家们分别利用系统选育、杂种优势选育、雄性不育系选育、花药离体培养技术、航天育种、分子标记辅助育种、基因工程育种等技术，先后开展高产、早熟和晚熟、抗病、耐贮运等 4 个阶段育种，育成了满足不同时期市场需求的辣椒新品种 1 000 多个，促进了我国辣椒产业的发展。

一、辣椒分类

（一）果实特征分类

根据辣椒的果实特征，可以分为 5 个变种。

长角椒类：株型矮小或高大，分枝性强，叶片较小或中等。果实一般下垂，为长角形，先端尖，微弯曲，似牛角、羊角、线形；果长为 7～30 厘米，辛辣味浓，可供鲜食、干制、盐渍和制酱，如中椒 709、湘研 55、金富 175、豫椒 101 等。

簇生椒类：植株中等或高大，分枝性不强，叶狭长。果实簇生，向上生长，果色深红，果肉薄，辣味浓，油分高。晚熟、耐热、抗病毒力强，产量较低，主供调味用，如锦霞红艳艳、天宇三号等。

灯笼椒类：植株中等或矮小，分枝性弱，叶片较大，长卵圆形或椭圆形。果形较大，蓬松，圆球形、扁圆形、短圆锥形，一般呈钟状。单株坐果少，果表具纵沟，果肉极厚，含水分多，单果重可达 200 克以上；颜色各异，老熟果实多数呈红色，少数黄色。一般耐热和抗病力较差，辣味淡或无，吃起来清甜爽口，故又名甜椒，如中椒 194 号、红太极、豫甜大甜椒等。

樱桃椒类：植株中等或矮小，分枝性强，叶中等或较小，圆形、卵圆形或椭圆形。果实向上或斜生，小如樱桃，圆形或扁圆形，果色有黄、红、紫等色，果肉薄、种子多、辣味浓，适宜制干辣椒或供观赏，如珍珠椒、日本五彩樱桃椒等。

圆锥椒类：植株中等或矮小，叶中等大小，卵圆形。果实为圆锥形或圆筒形，多向上生长，果肉较薄，辣味中等，主供鲜食青果，如川椒圆锥椒、云南鸡心辣等。

（二）功能用途分类

根据辣椒功能用途分类，可以分为4类。

一类鲜食辣椒，适合生食或炒制食用的辣椒，包括羊角椒、牛角椒、甜椒、螺丝椒、朝天椒等。

二类干用辣椒，可自然晾干或适合烘干的辣椒类型，主要用于干椒贸易，包括朝天椒、线椒、金塔、铁皮椒等多种类型，直接加工成辣椒干、辣椒粉、辣椒段、辣椒丝等，销售给餐饮业、加工业、消费者；制作成辣椒酱、油辣椒、豆瓣酱等辣椒调味品；用于食品加工，例如作为榨菜等产品加工的辅料。

三类加工用辣椒，适合进行精深加工使用的辣椒，可用于提取辣椒素、辣红素、辣椒精或脱水蔬菜等专用品种，广泛用于医药、军事、航海等领域。

四类功能性辣椒，降糖辣椒、超辣辣椒等，具有特殊使用功能的专用辣椒。

二、长角椒类优良品种

1. 亮剑（37－79）

引自荷兰瑞克斯旺种子公司。植株开展度中等，生长旺盛，连续坐果性强；果实牛角形、浅绿色，在正常栽培条件下，长度23～28厘米，直径4厘米左右，单果重80～120克；外表光亮，商品性好，辣味浓；耐寒性好，抗烟草花叶病毒病（Tm：0－2）。适合秋冬、早春和早秋保护地种植。

2. 雄霸天下

引自韩国。早熟，超大果型尖椒，植株生长旺盛且稳健，连续坐果能力强；果实黄绿皮，上下果型差异小，果长可达40厘米左右，横径5厘米左右，单果重130～200克；椒型顺直且光亮，商品性好，辣味适中，膨果速度快，产量高，易栽培；耐寒、耐热、耐湿涝性强，抗病性强。特别适宜秋延迟和早春保护地栽培，亦可适宜露地种植。

3. 日本长剑

引自日本。早熟，叶片小，粗长大羊角形辣椒；果实浅黄色，果长28～35厘米，单果重150～180克；商品性好，辣味适中，产量高，抗逆性强，高抗病毒病、炭疽病、疫病。适合春秋拱棚和越冬大棚种植。

4. 中椒709

该品种由中国农业科学院蔬菜花卉研究所选育。早熟，螺丝椒类型，植株生长势强，连续坐果性强，坐果多；果面有坑凹、螺旋，果皮薄，果色由绿变红，纵径25～28厘米，横径3～4厘米，单果重100克左右；品质优良，味辣，耐病毒病、耐疫病。适宜南北辣椒产区露地和保护地栽培。

5. 中椒美味港

该品种由中国农业科学院蔬菜花卉研究所选育。中早熟，口感型辣椒；果实小羊角形，未成熟果绿色，成熟果红色，2～3心室，纵径7～12厘米，横径约3厘米，平均单果重15～20克。辣味浓，口感好，适合烹饪，耐病毒病、耐疫病。适宜南北辣椒产区露地和保护地栽培。

6. 湘研55

该品种由湖南湘研种业有限公司培育。中熟，长牛角椒；株型方正，生长势强，分枝多，叶色浓绿；果实长牛角形，青果绿色，成熟果红色，果表微皱，顺直，果长21厘米，果宽3.2厘米，肉厚0.2厘米，单果重40克左右；高品质，味微辣，皮薄，肉质细腻，口感好，耐湿热，综合抗性好。适宜春夏季覆地膜越夏栽培或者秋延后栽培；长江流域及黄河流域均能种植，两广及海南地区8月底至9月初播种，在长江流域能越夏栽培，产量高，采收期长，适合青红鲜椒上市。

7. 湘研翡翠

该品种由湖南湘研种业有限公司培育。极早熟，粗牛角椒；植株长势较强，坐果集中，果实生长速度快，果实整齐一致；果实粗牛角形，青果浅绿色，成熟果鲜红色，光泽度好，果长15～18厘米，果宽5.5厘米左右，单果重75克左右；果皮薄，肉质脆，果实粗大，果表有较多纵棱及大牛角斑，味辣，丰产性好，适应性广。适合早春大棚或小拱棚早熟栽培，也适合做露地丰产栽培或秋延后栽培；黄河流域及长江流域均能种植，两广及海南7—9月播种，其他地区春节前后播种。

8. 辣旋

该品种由湖南湘研种业有限公司培育。早熟，细长螺丝线椒；植株生长势较强，株型紧凑，分枝多，叶片小，叶色深绿；果实细长，果肩皱，螺旋，果长28～31厘米，果宽约2.0厘米；青果深绿色，老熟果红色，光亮，前后期果实一致性好，单果重25克左右，皮薄，味辣，品质好；耐低温寡日照能力强，坐果性好，连续挂果能力强，综合抗性好。适宜早春大棚栽培或者秋延后栽培。

9. 豫艺 818

该品种由河南豫艺种业科技发展有限公司培育。中早熟，牛角椒；植株生长势中强，生长稳健，膨果速度快；果实牛角型，绿色，果实纵径 25～31 厘米，果肩横径 5.5～6 厘米，单果质量 150 克，味微辣；中抗病毒病 CMV、病毒病 TMV、疫病、炭疽病，较耐低温弱光，较耐热抗病。适宜在河南、河北、安徽、江苏、湖北、甘肃、山西早春或秋延后保护地种植。

10. 美辣华之秀一号

该品种由河南豫艺种业科技发展有限公司培育。早熟，羊角椒；植株生长势中等，果实羊角形，绿皮，果实纵径 23～28 厘米，果肩横径 2.5～3 厘米，单果质量 55 克，味微辣；中抗病毒病 CMV，中抗病毒病 TMV，中抗疫病，中抗炭疽病，耐寒、耐弱光，低温下易坐果，膨果快。适宜在河南、山东早春及秋延后大棚种植。

11. 金富 175

该品种由河南豫艺种业科技发展有限公司培育。中早熟，尖椒；植株长势中等，株型半开张，适合吊蔓种植；果实牛角形，青熟期黄绿色；果面光滑，果实纵径 33 厘米、横径 4.4 厘米，果肉厚度 0.34 厘米，果实心室数 3 个，平均单果质量 124.8 克；较抗病毒病、疫病和炭疽病等病害。适宜河南、山东等北方、东北早春和秋延后保护地种植。

12. 豫椒 101

该品种由河南省农业科学院园艺研究所培育。早熟，羊角椒；果面光滑，果实羊角形，青熟果黄色，老熟果红色，果实纵径 20.4 厘米，果肩横径 3.4 厘米，果肉厚度 0.31 厘米，果实心室数 2.7 个，平均单果质量 62.1 克；味微辣，风味好，商品性好，产量高，高抗病毒病、疫病和炭疽病。适宜河南地区早春塑料大棚种植。

13. 豫椒 18 号

该品种由河南省农业科学院园艺研究所培育。早熟，牛角椒；株高约 76.5 厘米，株幅约 61.3 厘米，前期坐果集中，中后期连续结果能力强，上下层果实均匀一致；果实粗牛角形，果色黄绿，果表光滑，果实纵径约 20.3 厘米，横径约 4.1 厘米，果肉厚约 0.39 厘米，单果质量 80 克左右；质地脆嫩，口感好。适宜河南省早春保护地栽培。

14. 陇椒 10 号

该品种由甘肃省农业科学院蔬菜研究所选育。早熟，植株长势较强，果实羊角形，果色绿，果面皱，果长 28 厘米，果肩宽 3.1 厘米，肉厚 0.25 厘米，平均单果质量 62 克；味辣，果实商品性状好，口感品质好，风味品质佳；耐低温弱光，耐疫病，抗病毒病。适宜西北地区保护地和露地种植。

15. 渝椒 15 号

该品种由重庆科光种苗有限公司选育。早中熟，果实长牛角形，坐果率高，连续挂果能力强；果皮黄绿色，果面光滑，果长约 20 厘米，肉厚，果径约 2 厘米，单果重约 70 克；微辣带甜，脆嫩化渣，商品性状好，耐贮运；抗逆、抗病性强，特别耐热。适宜重庆及周边地区种植。

16. 早春辣椒

该品种由重庆科光种苗有限公司选育。极早熟，果实长灯笼形，早期结果多，连续坐果力强；果皮绿色，果面微皱，单果重约 50 克；微辣，商品性状好；抗逆抗病性强，适应性广；适宜长江流域、西南地区早春栽培，亦可作高山地区秋延后栽培。

17. 浙研青翠

该品种由杭州三江种业有限公司选育。中熟，青皮羊角椒，株型紧凑，连续坐果力强，不易落花落果；果色翠绿亮，果型须直，果柄部分微皱，果实长羊角形，果长 22～29 厘米，果粗 2.4～3.2 厘米；辣味适中有香味，皮薄口感好，抗病性好，抗逆性好。适宜浙江、湖南、湖北、江西、四川、广东等地做青皮尖椒栽培。

18. 三江青龙

该品种由杭州三江种业有限公司选育。中早熟，螺丝椒，株型紧凑，节间短，易坐果，且坐果集中，果型均匀一致差异小，商品性好；果色翠绿，果型旋美，果柄部褶皱均匀，果实长羊角形，果长 26～30 厘米，果粗 3.5～4 厘米；辣味适中，皮薄品质极佳。适宜浙江、湖南、湖北、江西、四川、广东等地做青皮尖椒栽培。

19. 苏椒 1614

该品种由江苏省农科院蔬菜研究所选育。极早熟，果实长灯笼形；早期产量高，果面稍有褶皱，淡绿色，纵径 16.5 厘米，大纵径 20.9 厘米，肉厚 0.3 厘米，单果重 82.4 克；微辣，口感好，品质优，抗病毒病和炭疽病，耐低温弱光性强。适宜江淮、黄淮地区冬春茬或春提早栽培。

20. 苏椒21号

该品种由江苏省农科院蔬菜研究所选育。早中熟，牛角椒，植株生长势较强，侧枝较少，叶片卵圆形，绿色；果实牛角形，果面光滑呈淡绿色，果实纵径15.4厘米，果肩横径4.7厘米，果肉厚0.33厘米，2～3心室，平均单果质量77.1克；味微辣，抗病毒病和炭疽病。适宜江苏省做春季保护地栽培。

三、簇生椒类（朝天椒）优良品种

1. 鸿云

该品种由湖南湘研种业有限公司培育。极早熟，簇生朝天椒；生长势中等，株高55～60厘米，9～11个分枝，较抗倒伏，果长6～7厘米，果粗0.9厘米，辣味浓，干椒颜色油亮，可以自然晾干，为了减少花皮，建议烘干为主，且干后颜色更亮。适合黄河流域以北地区种植，根据当地定植时间确定播种时间。

2. 红秀

该品种由湖南湘研种业有限公司培育。中早熟，簇生朝天椒；果实小羊角形，果长5.2厘米，果宽1.1厘米左右，单果重4.5克左右，辣味浓，有香味；青熟果绿色，红熟果鲜红，每簇结果6～7个，果尖钝圆，前后期果实一致性好，单株挂果多，丰产潜力大，耐湿热，抗性强。适合黄河流域种植，过年前后播种。

3. 豫樱2号

该品种由河南省农业科学院园艺研究所培育。中熟，簇生朝天椒；株高约115厘米，株幅约75厘米，果面光滑，红熟果红色，有光泽；果实纵径5.9厘米，肩横径1.0厘米，每簇8～12个果实，平均单株结果数131个；抗病毒病、疫病、炭疽病。适合河南区域露地栽培。

4. 锦霞红艳艳

该品种由河南豫艺种业科技发展有限公司培育。早熟，簇生朝天椒；植株长势中等偏上，叶色深绿，单株分枝10～13个，单簇结果10～12个，果实长6.5～7厘米，果径1.1厘米；青果绿色，红熟后深红油亮，椒型好，容易脱水干燥，易采摘、易脱帽；椒味浓辣，椒红素含量高。适应性好，播期较宽，河南地区春地膜和麦茬瓜茬或大蒜茬种植均可，也适于大棚西瓜套种。

5. 锦霞小辣王

该品种由河南豫艺种业科技发展有限公司培育。早熟，簇生朝天椒；株型紧凑，长势中等，分枝能力强，成熟期一致，采收集中；熟红果特别亮，辣味浓，干鲜两用；适应性好，播期较宽，河南地区春地膜和麦茬瓜茬或大蒜茬种植均可，也适宜大棚西瓜套种。

6. 北科三鹰八号

该品种由河南省北科种业有限公司培育。早熟，簇生朝天椒；株高58厘米左右，株幅65厘米左右，生长势强，分枝能力较强，易坐果，坐果多，单簇结椒10～15个；果实个大，椒果均匀，果实纵径5.7～6.0厘米，横径1.1～1.3厘米，单果重5～6克；味香辣，耐高温。适宜在河南省、山东省、安徽省、河北省、春夏季温床育苗移栽或春季大田直播。

7. 天红16

该品种由河南红绿辣椒种业有限公司培育。中早熟，三鹰椒类型；株高90～100厘米，果长6～7厘米，果粗1～1.2厘米，单果鲜重3克左右；果实脱水快，易自然晾干，抗日灼，花皮少，椒型饱满，果色亮丽，椒果商品性状好，辣度高，香味浓。适宜在河南、河北、山西、山东、安徽等地大田栽培。

8. 天问五号

该品种由寿光先正达种子有限公司培育。早熟，簇生朝天椒，三鹰椒类型；分枝能力强，每株分枝可达12～14个，坐果多，簇生性好；果长6厘米左右，果粗0.7厘米左右，果实整齐，成熟一致，利于一次采收；鲜椒亮丽，籽粒饱满，硬度好，椒果可晾干，干椒饱满亮丽，辣味浓。适合河南、山东、安徽、河北、辽宁等地栽培。

9. 新一代

该品种引自韩国。早熟，簇生朝天椒，属小果型干椒品种；株高70～75厘米，生长抗异能力强，坐果率高，椒形好，颜色亮，果长4厘米，果径（果肩横径）1厘米左右，单果干重0.4克左右；后期青果少，不易花皮；辣味浓，裂纹，商品性状好；特抗病、耐涝、高产。适宜全国大部分区域种植。

10. 天宇三号

该品种引自韩国。中晚熟型，簇生朝天椒；株高80～85厘米，开展度55～60厘米，分枝能力强，坐果率高，熟性较整齐，果实大小一致，椒长5～6厘米，椒径1.0厘米；肉厚，色泽均匀，易干制，不皱皮，椒型美观，味道辛辣鲜美，商品性状好；抗病毒病、枯萎病。适宜全国大部分区域种植。

四、单生朝天椒优良品种

1. 湘辣 708

该品种由湖南湘研种业有限公司培育。中熟，单生易干制大果朝天椒；植株方正，枝条较硬，叶片小，叶色浓绿；果实指型，单生，朝天，果长 10～12 厘米，果宽 1.2 厘米左右，成熟果先转紫色再转大红色，单果重 8.5 克左右，果实前后期一致性较好，易于采摘，辣味浓，易干，干后褶皱少，油分含量高，味辣，丰产潜力大，耐湿热，抗疫病及炭疽病能力强，适合青红鲜椒上市，或做干椒加工。长江流域及黄河流域均能种植，春夏季栽培春节前后播种。

2. 美艳 9 号

该品种由湖南湘研种业有限公司培育。中早熟，单生鲜食朝天椒；植株生长势较强，分枝多，叶色浓绿；果尖细长，青熟果绿色，转橘红，再转大红，果实硬度好，果长 9.8 厘米，果宽 1.1 厘米，单果重 5～7 克，果表光滑，前后期一致性好，易于采摘，辣味浓，单株挂果多，丰产潜力大；耐湿热，抗病毒病及疫病能力强，适合作青红鲜辣椒上市，或剁辣椒加工。黄河流域及长江流域均能种植，春夏季露地丰产栽培春节前后播种。

3. 艳椒 485

该品种由重庆科光种苗有限公司选育。中晚熟，单生鲜食朝天椒；生长势中上，果实朝天，果实光泽度好；果长约 9 厘米，横径约 1.4 厘米，单果重约 8.5 克；果面光滑、果实较硬，味极辣，适合泡制加工；抗逆性强，适应性广，抗病毒病。适宜重庆及周边地区种植，其他气候、生态条件相似的区域引种试验后方可种植。

4. 艳椒 518

该品种由重庆科光种苗有限公司选育。中熟，单生鲜食朝天椒；长势中等，果实小羊角形，果实朝天，幼果浅绿色，成熟果大红色，光泽度好；果长约 7.5 厘米，横径约 2.5 厘米，单果重约 12 克；果面光滑、果实较硬、果肉厚、味辛辣，适合泡制加工。适宜重庆及周边地区种植，其他气候、生态条件相似的区域引种试验后方可种植。

5. 泰国大艳红

该品种引自泰国。中熟，单生鲜食朝天椒；株高 80～110 厘米，生长强健，节简短，分枝性强，单株挂果达 600～1 000 个；果长 6～8 厘米，横径

0.8厘米，单果重3～4克；青椒深绿色，红椒鲜红色，皮薄，果面光滑，亮丽美观，辣味特浓，品质上佳；耐热耐湿，抗病性强。适合豫、鲁、苏、皖、晋、云、贵、川、陕、甘、宁等适宜艳红的地区种植。具体播种期请参考当地种植习惯。

6. 贵妃F1

该品种由杭州三江种业有限公司选育。中晚熟，单生鲜食朝天椒；生长势较强，株型较开展，侧枝抽生能力强；果实朝天，小尖椒，青椒绿色，红椒大红色，平均果长9厘米、果肩宽1厘米。抗性强，辣味浓，脱水快，适宜干制、泡制加工，亦可鲜食。适宜全国各地春季露地栽培。

五、灯笼椒类优良品种

1. 中椒黄钻3号

该品种由中国农业科学院蔬菜花卉研究所选育。中晚熟彩椒品种，果实方灯笼形；果肉厚约0.7厘米，果实横径约10厘米，纵径约10厘米，平均单果重约200克；果色由绿变黄，成熟果亮黄色，果实硬，货架期长；抗病毒病（TMV：0，1，2)；适合山东、河北等保护地栽培。

2. 中椒194号

该品种由中国农业科学院蔬菜花卉研究所选育。中晚熟彩椒品种，果实方灯笼形；果肉厚约0.7厘米，纵径约10厘米，横径约9厘米，平均单果重约200克；味甜，果色由绿变红，成熟果鲜红色，果实硬，货架期长；抗病毒病，耐疫病。适合山东、河北、内蒙古等保护地和露地栽培。

3. 红太极

该品种由荷兰瑞克斯旺种子有限公司选育。彩椒品种，果型方正；果肉厚，长9～10厘米，直径9～10厘米，平均单果重200～250克；果实外表亮度好，成熟后转红色，红绿果采收，商品性好。耐储运，货架期长；抗烟草花叶病毒病（Tm：0－2)、马铃薯Y病毒病（PVY：0，1，1.2)。适宜各地早春日光温室和春夏拱棚种植。

4. 黄太极

该品种由荷兰瑞克斯旺种子有限公司选育。彩椒品种，果型方正；植株生长势中等，节间短，坐果率高；果肉厚，果长8～10厘米，直径9～10厘米，单果重220～260克；成熟后转黄色，也可绿果采收，外表光亮，色泽鲜艳，商品性好，耐储运；抗烟草花叶病毒病（Tm：0－3)。适合日光温室早秋及秋冬季节种植。

5. 娜拉

该品种由海泽拉启明种业（北京）有限公司选育。极早熟彩椒品种，果实方型；植株紧凑，果皮厚，3～4 心室，果长 9 厘米，直径 10 厘米，单果重 180～210 克；果色由绿转亮黄，成熟后转黄色，硬度极高；抗番茄花叶病毒。适合温室或拱棚栽培。

6. 安迪

该品种由海泽拉启明种业（北京）有限公司选育。彩椒品种，果实方型；植株长势强，连续坐果能力强，果长 9 厘米，直径 8.5 厘米，单果重 200～240 克；果实中绿色，果型周正，果个均匀，硬度好，产量高；耐辣椒轻斑驳病毒，耐番茄斑萎病毒。建议早春、夏、秋保护地种植。

7. 豫甜大甜椒

该品种由河南豫艺种业科技发展有限公司培育。早熟甜椒品种，果实近方形；株型紧凑，叶色浓绿，叶量中等；果实膨大快，连续结果能力强，单果重可达 200 克以上；果色亮绿，果肉厚，耐运；耐低温弱光性好，抗病毒病、抗疫病能力较强。适合山东、河南、河北、山西等地保护地栽培。

8. 湘研黄帝椒

该品种由湖南湘研种业有限公司培育。中晚熟，小灯笼椒杂交品种；植株生长势强，株型高大，叶色浓绿，结果能力强，每节能坐 3～5 个果，每株坐果多达 400 个，挂果多且较集中，上下果实匀称；果长 4.7 厘米，果宽 3.3 厘米；单果重 10 克；成熟后果色由绿色转为亮黄色，光亮，味特辣，香味浓，果实光滑，果型整齐一致；硬度好，产量高，商品性好，耐贮运。适合在广东、广西、海南等喜爱黄色特辣型辣椒的地区种植，海南秋季露地栽培，其他地区大棚栽培。

六、樱桃椒类优良品种

1. 日本五彩樱桃椒

该品种由日本鹿儿岛园艺所培育。植株高 50～80 厘米，开展度 70 厘米；分枝性强，每株分枝 50～80 个侧枝，一般每株结果 150～350 个。果实圆球形，因其转色期不同，同一植株上的果实分绿、紫、黄、鲜红等颜色，并且花果同株，极为美观。果实基部宿存花萼平展。果顶平圆，果长 2.1～2.4 厘米，果径 2.4～2.7 厘米，单果重 7.5～10 克。老熟时鲜红似樱桃，果实无空腔，辣味强烈，香味浓郁。嫩果鲜绿，供菜用、味美；老果为加工辣椒干、辣粉、辣椒酱、辣椒油、腌辣椒等调味品的最佳原料，出口极受欢迎。再生力强，适应性广，耐热耐涝抗低温。适于种植区域广，在南方为多年生，在北方为一年生，温度在12℃左右也能生长开花结实。

2. 珍珠椒

该品种引自美洲热带。株高50～60厘米，生长势较强，分枝多，坐果率高，果朝天，结果较多，每株可结200多个，如满天繁星挂在树上。有连续开花结果的特性。果小，圆形，直径0.8～1.2厘米，果柄2厘米，大小如珍珠。结果初期，果实绿豆大小，奶白色，果实成熟后转为鲜红色，味极辣，入口即辣，稍后辣味渐减，辣味来得快，去得也快，属爆炸型辣味，风味独特，可鲜食及腌制。抗病性强，可在家庭阳台、温室大棚及露地生产栽培。适应性广，我国各地均有栽培，目前是永州江华名优特产。

七、圆锥椒类优良品种

1. 川椒圆锥椒

该品种由四川省川椒种业科技有限责任公司选育。早中熟，圆锥形小辣椒；株高65厘米，株幅60厘米，果长5.0厘米，果肩宽3.0厘米，平均单果重量15.0克，果肉厚0.3厘米，嫩果皮绿色，成熟果鲜红色，味辣，果实圆锥形，果面光亮。主要用于晾制干辣椒，可兼用鲜食，加工辣椒酱。综合抗病性强，耐寒、耐热、耐旱，较耐涝。适宜在四川、云南、河南春季露地或保护地种植。

2. 鸡心辣（遵椒二号）

该品种由遵义市农业科学研究所选育。椒果朝天散生，短宽圆锥形，属小型圆锥椒类；无限分枝类型，假二杈分枝，株高90厘米，开展度40厘米左右；果实深红色，果长2.7厘米左右，果粗（果肩横径）1.5厘米左右；辣味极强，俗称辣椒王。目前在遵义地区种植面积较大。

第三节　露地辣椒（朝天椒）优质高效栽培技术

露地辣椒主要以朝天椒栽培为主。朝天椒属于辣椒的变种，是对椒果朝天（朝上或斜朝上）生长的一类辣椒的统称，一般分为簇生朝天椒和单生朝天椒两种，常作一年生栽培。簇生朝天椒属于有限生长类型（自封顶类型），分枝多、茎直立、单叶互生，果实簇生于枝端。单生朝天椒属于无限分枝类型，果实单生于二分杈间，侧枝旺盛，采收时间长。

目前，朝天椒已成为我国许多地区的主要经济支柱作物；其中河南、河北栽培面积最大，山东、山西、江西、陕西、天津、安徽、山东、内蒙古、贵州、四川、湖南、新疆等省（自治区、直辖市）也有栽培。河北省主产区为衡水市冀州区、枣强县、故城县、景县，保定市望都县，邯郸市鸡泽县、永年区，邢台市平乡县等；天津市主产区为宝坻区、静海区等；安徽省主产区为亳州市、淮南市等；山西省主产区为运城市等；山东省主产区为曹县、鱼台县、金乡县、武城县、胶州市等。河南省主产区为漯河市临颍县，商丘市柘城县、永城市、民权县，安阳市内黄县，濮阳市清丰县，开封市杞县、尉氏县、通许县，周口市扶沟县、太康县，洛阳市新安县，南阳市邓州市、淅川县、方城县等；其中漯河临颍县、商丘柘城县、安阳内黄县、濮阳清丰县等为朝天椒主产县，种植面积均在40万亩以上，主要栽培模式有“小麦—朝天椒”间作套种、“朝天椒—玉米”间作套种、“朝天椒—大蒜”间作套种、“早春大棚朝天椒—西瓜”间作套种、“小麦—朝天椒—芝麻”间作套种等。其中“小麦—朝天椒”间作套种模式是露地朝天椒生产的一大特色，也是应用最早也较为普遍的一种栽培模式，解决了朝天椒生产与小麦争地的矛盾，同时达到了保障粮食安全，小麦产量不减，又使朝天椒增产的双赢目标。

一、朝天椒主要生产管理措施

（一）地块选择

朝天椒比较耐瘠薄，对地质要求不严格，适应性广，砂土、黏土、壤土地均可种植，但盐碱地上生长不良。朝天椒栽培土壤的适宜 pH 为 6.5～7.5，比较适合在中性与偏酸性的黏壤性土和壤土中生长，特别喜欢黄黏土地。朝天椒喜温好光，喜湿怕水，不要栽植在低洼容易积水的地块，应选择地势高燥、排灌条件较好，疏松透气的地块。朝天椒喜生茬地，忌重茬，重茬病害严重，尽量选择在上茬 3 年内未种植过茄子、西红柿等茄果类蔬菜以及马铃薯的壤土地种植；若土地调整不开，必须连作时，要注意合理施肥和病虫害防治工作。

（二）施肥标准

朝天椒是一种喜肥但不喜大肥的蔬菜，具有喜硫忌氯的特点，要实现优质高产必须保证充足的肥料供应，需要选择纯硫基全价营养的复合肥料作为朝天椒的底肥。底肥施用按照“有机肥和无机肥相结合，以多元复合肥为主，单元素肥料为辅，氮、磷、钾、微肥相补充”的施肥原则，进行优化配方施肥，允许使用化肥，但化肥必须与有机肥配合施用，无机氮施用量不宜超过有机氮用量。

1. 有机肥用量标准

每亩朝天椒可施入充分腐熟好的农家肥 3 000～5 000 千克，如猪粪、羊粪、牛粪等，由于鸡粪中可能会含有抗生素、重金属盐分等残留，因此建议谨慎施用鸡粪。肥力较好的上等地，亩施充分腐熟的优质农家肥 3 000 千克；中等肥力的土地亩施充分腐熟的优质农家肥 4 000 千克；肥力较差的瘠薄土地亩施充分腐熟的优质农家肥 5 000 千克。

2. 化学肥料用量标准

在施足有机肥的基础上，合理掌控氮、磷、钾三要素肥料施用的比例是朝天椒施肥的关键。朝天椒正常生长需要较多的是矿物质元素氮，如果氮肥不足，则叶片变小，叶色变浅，叶黄化枯焦，植株早衰，产量降低；适量的氮肥可以促进植株健壮生长，枝叶繁茂，产量提高；氮肥过多，不仅会使植株生长过旺，茎叶徒长、坐果率低，生育期延后，易感多种病害，还会影响辣椒素的含量和干椒质量，降低朝天椒的品质，尤其设施内栽培还要预防氨气中毒引起落叶。磷是核蛋白的重要组成部分，促进碳水化合物的运转，有利于幼苗根系的发育，并提高抗寒抗旱能力。缺磷时，根系发育不良，茎叶暗绿或者紫红色，可严重影响花芽分化，推迟开花期，容易落花落果，种子也不饱满。钾是植物体内多种酶的活化剂，能增进输导组织的机能，提高吸收水分、肥料的能力，促进植株健壮生长。钾对果实的膨大有重要的促进作用。缺钾时，根系变细，叶缘干枯，植株衰弱，抗病力差，容易落花落果。铁、铜、钼、硼、锌等微量元素对朝天椒的生长发育也有重要作用。

目前朝天椒的需肥尚没有文献记载，一般参照辣椒需肥特点。根据中国农业科学院测定，辣椒的需肥特点是氮：磷：钾＝1：0.29：1.59，也有学者提出每生产 1 000 千克鲜椒，需吸收氮 5.8 千克、五氧化二磷 1.1 千克、氧化钾 7.4 千克、钙 2.5 千克、镁 0.9 千克，其比例为 5.2：1：6.7：2.3：0.8（丁锐锋，2009）。因此，肥力较好的上等地，在施足有机肥的基础上，朝天椒栽培底肥每亩还需要撒施三元复合肥（氮：磷：钾＝15：15：15）50 千克或尿素 6 千克＋磷酸二铵 30 千克＋硫酸钾 25 千克，有条件的也可撒施含硫酸钾的朝天椒专用肥（氮：磷：钾＝18：12：15）50 千克，除此之外，还要撒施过磷酸钙 40 千克，锌肥、硼肥各 0.5 千克。中等肥力地和薄地可在上述施肥基础上适当增加 10％～30％的施肥量。如果选择控释型或缓释型复合肥，效果会更好一些。对于一些栽培茬口调不开，必须连作的地块，建议除以上肥料之外，还要施用生物菌肥，从根本上改善土壤环境，可有效预防辣椒死棵现象，如定植后施活粒 EM 菌、酵素菌肥等，坚持使用效果更好。

测土配方施肥技术以土壤测试和肥料田间试验为基础，根据作物需肥规律、土壤供肥性能和肥料效应，在合理施用有机肥料的基础上，提出氮、磷、钾及中、微量元素等肥料的施用数量、施肥时期和施用方法，实现各种养分平衡供应，满足作物的需要，达到提高肥料利用率和减少用量，提高作物产量，改善农产品品质，节省劳动力，节支增收的目的。测土配方施肥一直是农业农村部积极推广的技术，实践证明推广测土配方施肥技术可以提高化肥利用率 5％～10％，增产率一般为 10％～15％，高的可达 20％以上。因此，推广应用配方施肥技术是朝天椒生产中的一项重要技术措施，如商丘睢县中顺农业小辣椒基地对接中化集团河南分公司和中保绿农科技集团，针对当地土壤地块的肥力、酸碱性、微生物等情况进行分析，提出底肥亩施 40 千克有机无机复合肥，养分有机质含量≥15％，纯硫酸钾（氮肥＋磷肥＋钾肥）≥40％和 120 千克生物有机肥（养分：氮磷钾≥5％，有机质含量≥45％，菌含量≥1 亿个/克含抗重茬菌剂），其他地区可参照朝天椒配方施肥推荐表（表 3－1）做相应调整。

表 3-1　朝天椒配方施肥推荐表

地力基础产量（千克/公顷）	土壤养分含量（毫克/千克）			建议施肥量（千克/公顷）				目标产量（千克/公顷）
	速效氮	速效磷	速效钾	优质农家肥（立方米/公顷）	氮肥	磷肥	钾肥	
15 000	<50	5～10	50～80	45	20～10	8～6	10～7	30 000
22 500	50～60	7～13	60～90	52.5	18～9	7～5	9～6	37 500
30 000	55～65	9～15	70～100	60	18～8	6～4	8～5	45 000
37 500	60～70	12～17	80～110	67.5	14～8	5～3	7～4	52 500
45 000	80	15～20	100～130	75	13～8	5～3	6～3	60 000

注：引自“无公害朝天椒肥料施用原则”朝天椒配方施肥推荐表（史艳丽，2014）。

（三）育苗

辣椒育苗技术参加本书第一章第二节和第三节有关内容。

（四）定植

朝天椒定植土壤温度能达到 15℃以上（地表土壤 5 厘米以下），适时偏早，以利早开花、早结果，做到“苗到不等时，时到不等苗”；栽植深度一般以幼苗原深度为准，移栽时以埋土到子叶处，但又埋不住子叶为好。定植密度原则是小株型宜密，大株型宜稀；肥力高的田块宜稀，肥力差的薄地宜密；常规品种适当密一点，杂交品种稍稀一点；簇生朝天椒定植时要保持窄行距 40 厘米，宽行距 50 厘米，株距 18～20 厘米，每畦种 2 行，一般亩定植 7 400～8 200 株，也可依据不同朝天椒品种的生长特征确定定植密度。单生朝天椒长势旺，相对稀植，一般要求垄宽 1.5～1.7 米，株距 50～65 厘米，每亩种植苗数 1 200～1 800 株。

起苗前一天给苗床浇一次透水，施一次苗肥，喷 1 遍杀虫杀菌剂，保证辣椒种苗基质不散和幼苗不带病虫，根据品种特征还需要喷洒 500 倍的病毒 A 加锌肥或者阿泰灵、宁南霉素、噁霉灵、植物疫苗等药剂预防病毒病和增加苗子抗性。朝天椒幼苗定植起苗时尽量少伤根，应选择晴天无大风时，土壤墒情好，根据苗的高度分批移植，达到均衡生长。

（五）田间管理

1. 查缺补苗

定植中，由于栽的深浅不一致，或因浇水不匀，地下害虫的危害，容易造成缺苗。为保证全苗，定植后一周内，必须经常查看田间苗情，及时查漏补栽。补苗要逐块逐行检查，当发现缺苗时，随即栽苗，补栽的秧苗苗龄可稍大些，使全田生长基本整齐。栽后及时浇水。补苗的原则是“宁早勿晚”。当补栽的苗成活后，若补栽的苗小，要及时偏施肥水，使补栽苗尽快赶上正常定植苗，达到生长一致。

2. 打顶摘心

簇生朝天椒的产量主要集中在侧枝上，据测算，主茎上的产量约占 10%，而侧枝上的产量占 80%～90%。摘心迟，影响侧枝生长。所以，当植株顶部出现花蕾时及时摘心，可限制主茎生长，增加侧枝数，提高单株结果率，提高单株产量。操作时先打高的、壮的，后打矮的、弱的，使其整齐一致。摘心根据品种要求，如不需摘心，也可不摘。

通过连续多年试验和生产调查，一般簇生椒（三鹰椒）93%的产量都是来源分枝，来源主茎的产量仅占 7%，而且主茎形成的果实成熟早，如果采摘不及时会褪色，遇到夏季雨天还会变质。5 月下旬至 6 月上旬，椒苗 12～14 片叶时需及时打顶，只掐顶花，不伤叶，结合浇水，追施速效氮肥。如果移栽苗龄过大，打顶时间应相应提前，以主茎顶芽现蕾为标志，表明主茎不再生长，即可掐蕾打顶。

3. 浇水

及时浇好“三水”，即定植水、缓苗水、扎根水（间隔 5～7 天）。“三水”过后，进行一次浅中耕。朝天椒根系浅，封垄前浇水后，不宜深中耕，只宜浅锄保墒灭草，结合基部培土。其间防止徒长，不干旱不浇水。初花期、结果期各浇一水，忌大水漫灌。夏季及时排水，中耕散墒。果实成熟后期，控制浇水，减少或停止浇水，防止贪青，促进果实转红，减少烂果。

4. 追肥

定植后到结果初期，营养生长较快，应结合浇水进行第一次追肥，亩施尿素 10～15 千克，促进茎叶旺盛生长。摘心打顶后，进行第 2 次追肥，亩施尿素 15～20 千克或复合肥 20～25 千克，以促进侧枝生长，促使植株及早封垄。侧枝坐果后，进行第 3 次追肥，促进果实膨大，可亩沟施尿素 5 千克、磷酸二铵 10 千克、硫酸钾 10 千克。生长后期，根系活力下降，吸肥能力减弱，可进行根外追肥，可喷洒 0.4%磷酸二氢钾溶液，促进开花结果。若叶色发黄可喷 0.5%～1%的尿素水溶液。叶面施肥应选择阴天或傍晚喷施，以利植株吸收。喷洒锌、锰、硼、复合微肥也有一定的增产作用。

5. 中耕培土

缓苗水后，地皮发干时要及时中耕松土，促进根系发育。之后浇水和雨后要及时中耕，以防土壤板结。同时可结合中耕及早清除田间杂草。封垄以后不再进行中耕。结合中耕还要进行培土，以维护植株，防倒伏，促进不定根的发生。

6. 植株调整

露地 9 月中下旬长出的花蕾，应尽早摘除，使植株养分充分供给有效果实。喷施生长调节剂，防止落花落果。高温、多雨、干旱、积水、缺肥、徒长及病虫危害等都会造成簇生朝天椒落花落果。要防止这种现象的发生，必须加强田间管理，保护根系，防止干旱、积水，确保足够的营养供给开花、结果，合理地调控营养生长与生殖生长同时并进。可在初花期喷施磷酸二氢钾、硼肥和防落素等，4～5 天喷一次，一般喷施 3～5 次，可增产 10%以上。单生朝天椒或大棵型簇生朝天椒，进入挂果期后，应结合植株长势、结果情况及气象因素实施支桩搭架。避免植株挂果太多或受到风灾而倒伏。

（六）采收及采后处理技术

1. 采收

果实成熟的标准。色泽深红，手摸果实发软。一般开花到成熟 50～65 天，辣椒果实转红后，并未完全成熟，需再等 7 天左右。未成熟的果实硬度大，含水量高，晾晒时间长，而且晾晒时容易褪色，形成白色斑块，俗称“花壳”“花皮”，价格很低。未成熟果实在晾晒与搬动时容易掉籽，影响产量，并且晒干后辣椒素含量及红色素含量低，售价也低。若果实未全部红熟，为促进果实成熟，在采收前 7～10 天，用 1 000 倍乙烯利或者脱叶剂喷洒催红，或采收后挂秧晾晒、斜面码放或码垛晾晒等临时存放，并用 500 倍乙烯利喷洒催红。待叶子风干，抖净枯叶后，集中采摘。

朝天椒采收一般分为一次性整株采收和田间多次分批采收。为了提早上市赶好价钱的这一批朝天椒，如地膜覆盖春朝天椒，大蒜茬、油菜茬及麦套朝天椒，成熟较早，可以成熟一批，采收一批；麦茬朝天椒成熟比较晚，多采用整株一次性采收。无限生长类型的朝天椒品种，尤其是种植较早，多采用田间分批采收；有限生长类型的朝天椒品种，成熟期较为一致，多采用整株一次性采收。另外，也可根据当地市场行情选择采收方式，如果朝天椒价格较高，则采用田间分批采收；如果市场行情不好，则等到全部成熟时整株一次性采收。露地朝天椒在霜降之前必须收获完毕，否则受到霜冻后，朝天椒晾干后会出现着色不均现象，品质下降。为了促使朝天椒果实及时转红，最后一批也可在采收前 7～10 天喷施脱叶催红剂，具体用量和方法根据不同公司产品说明使用。一次性整株采收目前有人工收割和机械收割两种。人工收割是先把成熟的朝天椒椒棵拔秧或割秧后，把朝天椒秧子平放在田间晾晒 3～4 天（具体晾晒时间根据天气状况），使椒果含水量由收获时的 50%～70%降低到 18%～20%，在晾晒过程中要防止椒果发霉变质、褪色或破碎，如遇到降雨，要继续晾晒 1～2 天才能运输；在田间晾晒干后，再运到家里把椒果从朝天椒棵上摘下来，此种采收方法劳动强度大、生产效率低，适合当地有闲置劳动力的地方。机械收割由操作人员手推收割机到成熟的椒棵的一侧，启动收割机，收割机的动力轴带动切割片旋转，随着手推小辣椒收割机前进，旋转的切割片将椒棵的根部切断并倒向一侧，实现了对椒棵的快速收割。辣椒收割机结构简单，使用方便，劳动强度小，提高了生产效率；机械采摘朝天椒，每亩费用只需 400 元，如果采用人工采摘每亩则需投入人工费用 1 000 元左右，而且人工采摘每天最多只能采摘 0.2 亩左右，机采作业每天可采摘 120 亩左右，所以，机械采摘不仅可以每亩节约收获费用 600 元，而且还可以有效缓解劳动力紧张的局面，有效减轻农民的劳动强度。

2. 干制方法

为了便于朝天椒长距离运输和长期储存，通常利用自然条件或者人工措施将朝天椒干制，降低椒果的含水量。为了保证干制朝天椒的商品性和经济效益，减少花壳率、白壳率，因此要求朝天椒鲜果外观品质好，不能染霉菌腐烂、变色。

自然干制：自然干制分为整株晾晒和晾晒椒果两种。整株晾晒是指将朝天椒植株与果实一起晾晒，使果实含水量降低到 18%～20%；在晾晒过程中要防止果实发霉变质、褪色或破碎。具体的晾晒方法可采用挂秧晾晒法，即利用房屋和院墙，拴牢铁丝或绳子，也可在大树和木桩之间拉上铁丝或绳子，将朝天椒每 10 株左右在基部用绳捆扎好，搭在铁丝或绳子上晾晒；晾晒点要远离公路，一般晾晒15～25天，当手摇朝天椒秧子，能听到朝天椒籽撞击朝天椒壁的声音时，结束晾晒，按收购商的标准摘椒，进入椒果晾晒阶段。晾晒椒果是指将采摘下来的椒果及时放在苇席、苫布、无毒塑料薄膜上晾晒，摊放的厚度不宜超过10厘米，晾晒过程中每天要用木棒或竹棍搅动4～5次（每隔两个小时搅动一次），傍晚要堆成堆，盖上塑料布，防止着露水。晾晒5～7天，在干果含水量降到12%时，立即停止晾晒。

人工干制：如在收朝天椒时遇到阴雨天气，为了解决晾晒问题，可人工干制。人工干制是利用各种能源提供热能，在人工控制的条件下，形成气流流动环境，从而促进果实水分蒸发，实现干燥的目的。人工干制不受气候条件限制，能迅速减少物料中的水分，显著缩短干制时间，减少腐烂。干制品的品质好，色泽鲜艳，能提高产品的商品等级。人工干制所用干制设备有烘房和干制机，其成本比自然干制高。

3. 分级

在摘椒和椒果晾晒时，要根据产品的规格和质量分类摘椒和晾晒，在出售时还要进行最后的精选分级，实现优质优价，提高经济效益。依据辣椒干的国家标准（GB 10465—89），参考国外对朝天椒的等级规格要求，一般将无柄朝天椒分为红椒一级品、红椒二级品、二红椒、青椒一级品、等外品5个等级。

（1）红椒一级品：该等级的朝天椒数量最大，只要生长正常，加工方法正确，70%以上的朝天椒都能达到要求。精选分级先把带有色斑、霉变、破碎、不同品种或者自然变异产生的过大、过小、过粗、过细，比例不协调各个品种特征的椒果挑拣出来，放到等外品的容器中去。把颜色不够鲜红的朝天椒挑出来，放到二级品容器中去。把不符合一级品要求的椒果全部挑拣出去后，剩下的就是无柄红椒一级品。

（2）红椒二级品：该等级的朝天椒数量占总产量的5%～10%。二级品挑拣分级的方法与一级品基本相同。二级品与一级品朝天椒的差别主要表现为色泽上的差异，二级品颜色淡于一级品。

（3）二红椒：该等级的朝天椒数量小，占总产量的3%～5%，主要是指红色不够深的椒果，这类椒果成熟度低，价格差，挑拣时容易区分。

（4）青椒一级品：该等级的朝天椒数量很少，占总产量的1%～2%，主要是指没有成熟的青椒。一般长势良好的朝天椒没有青椒，多是种植较晚或者受灾导致椒果不能成熟时才会发生。无柄青椒一级品晾晒精选程序和方法与红椒一级品基本相同，不过要把红色、橘红、黄色等颜色椒果分拣出去，把带有色斑、霉变、破碎、不同品种的青椒都分拣出去。把不符合一级品要求的椒果全部挑拣出去后，剩下的就是无柄青椒一级品。

(5) 等外品：该等级的朝天椒数量占比不大，占总产量的8%～10%。等外品主要质量要求是控制水分含量，无柄朝天椒水分含量要求在14%以下。

（七）储存方法

朝天椒采摘、干制、分级工作完成后，有的立即卖掉了。在价格不理想的年份或种植比较分散的地区，就有可能需要进行短期的储存。椒果达到商品的干燥度要求（含水量14%以下）后，有利于抑制病原菌对果实的侵染，同时能够抑制椒果实体内酶的活性，达到长期保存、利用的目的，这是进行椒干储存的前提。暂不出售的朝天椒要装袋储存，储存环境应干燥、通风、透气性好，禁止露天存放，禁止与有毒、有污染和潮湿物品混储。储存期间要定期检查，及时翻晒，防止受潮、霉变和虫害。每7～10天定时通风，排除室内潮气，防止椒体霉烂变质。

因朝天椒散发强烈的辛辣味，对人、畜的呼吸道有强烈的刺激作用，故家庭的储存间应与人、畜居住的地方分开。朝天椒用透气性好的麻袋、塑料编织袋装好后，不要直接堆放在地上，而应在地上垫一层木头或石、砖等材料，与地面之间形成一个透气空间。储存房间应进行适当的避光处理，因为在强光的长期照射下，朝天椒红色素会逐渐分解，降低商品品质。储存间的环境温度最好在20～25℃。家庭不宜长年储存，随着存放期的延长，果实的重量减轻，色泽变浅，经过夏季高温季节后，一般会降低1～2个商品等级。长时间储存可放入冷库。分期晒干后的朝天椒也可放在稍厚一点的塑料袋或筒内密封储存，放到阴凉干燥处，这样存放的朝天椒保质保色好。

二、朝天椒主要栽培技术模式

（一）春茬朝天椒生产技术

1. 育苗

参见本书第三章第二节和第三节辣椒育苗技术相关内容。

2. 整地

朝天椒在瘠薄、干旱的山地均可种植，但是地势低洼的盐碱地和质地较黏重、板结严重的土壤不利于朝天椒的生长。就土壤的酸碱度而言，适宜朝天椒生长的土壤酸碱度为微酸性或中性。朝天椒种植底肥每亩需要施腐熟有机肥4 000～5 000千克、复合肥50千克（氮：磷：钾＝15：15：15）、硫酸钾25千克，化学肥料沟施于小垄中间。结合整地施肥每亩撒施3%辛硫磷颗粒剂2～3千克防治地下害虫。在施肥沟上做垄，垄宽30～40厘米，高约25厘米，垄间距50厘米左右，在垄上覆盖地膜。

3. 定植

参见本书第三章第三节朝天椒主要生产管理措施部分定植相关内容。

4. 田间管理

补栽：定植后一周内及时查漏补栽，要逐块逐行检查，当发现缺苗时，随即栽苗，补栽的秧苗苗龄可稍大些，使全田生长基本整齐。补栽后及时浇水。补苗的原则是“宁早勿晚”。当补栽的苗成活后，若补栽的苗小，要及时偏施肥水，使补栽苗尽快赶上正常定植苗，达到生长一致。

摘心：当植株顶部出现花蕾时及时摘心，可限制主茎生长，增加侧枝数，提高单株结果率，提高单株产量。摘心迟，影响侧枝生长。

浇水：定植缓苗后，一般每5～7天浇一次水，保持地皮有干有湿。植株封垄后，田间郁闭，蒸发量小，可7～10天浇一次水。有雨时不浇，保持地皮湿润即可，雨后要及时排水。进入果实转红期，要减少或停止浇水，防止贪青，促进果实转红，减少烂果。

追肥：定植后到结果初期，是朝天椒生长较快的一个时期，应结合浇水进行第一次追肥，每亩施入尿素10～15千克，促进茎叶旺盛生长。摘心打顶后，进行第二次追肥，亩施尿素15～20千克或复合肥20～25千克，以促进侧枝生长，促使植株及早封垄。侧枝坐果后，进行第三次追肥，促进果实膨大，每亩沟施尿素5千克、磷酸二铵10千克、硫酸钾10千克。生长后期，根系活力下降，吸肥能力减弱，可进行根外追肥，可喷洒0.4%磷酸二氢钾溶液，促进开花结果。若叶色发黄可喷0.5%～1%尿素水溶液。叶面施肥应选择阴天或傍晚喷施，以利植株吸收。

5. 采摘和晾晒

参见本书第三章第三节朝天椒主要生产管理措施部分采收及采后处理技术相关内容。

（二）麦茬朝天椒生产技术

1. 育苗

参见本书第三章第二节和第三节辣椒育苗技术相关内容。

2. 整地施肥

小麦收获后及时结合犁地抓紧灭茬、施足底肥。每亩可施用充分腐熟优质农家肥 5 000 千克，氮磷钾三元复合肥 35 千克，或磷酸二铵 100 千克。

3. 定植

麦套朝天椒苗龄 50～60 天，于 6 月 10 日前定植。起苗前浇透水，起苗时尽量多带土，少伤根，剔除弱苗。按行距 30 厘米，株距 18～20 厘米，每亩栽 11 000～12 000 株，两行错开定植，利于通风、透光。也可根据种植的朝天椒品种的生长特征选择适宜的定植密度。其他部分参见本书第三章第三节朝天椒主要生产管理措施部分定植相关内容。

4. 田间管理

定植后一周内进行查苗补栽。主茎现蕾后，及时摘心打顶，促进幼苗萌发侧枝。定植成活后浅锄一次，浇水、降水后及时中耕锄草，破除板结。定植后及时浇水，5～7 天后浇缓苗水。中后期干旱，应小水勤浇，高温干旱时禁止中午前后高温时段浇水，忌雨前浇水，久旱忌浇大水，雨后及时排除积水。缓苗后到结果期，每亩追施尿素 10～15 千克，坐果后每亩追尿素 10～20 千克，氮磷钾三元复合肥 20～25 千克。中后期进行根外追肥，喷施 0.5%磷酸二氢钾溶液、1%尿素溶液、0.2%硫酸锌溶液等。化学催红在降霜或腾茬前青果较多时进行，可在采收前 7～10 天用 40%乙烯利水剂 100 倍液喷洒催红。或将朝天椒拔棵后堆成小垛，用 40%乙烯利水剂 500 倍液喷洒催红。

5. 采摘和晾晒

参见本书第三章第三节采收及采后处理技术相关内容。

（三）小麦间作朝天椒套种生产技术

1. 育苗

参见本书第三章第二节和第三节辣椒育苗技术相关内容。

2. 定植

定植要掌握“小株型宜密，大株型宜稀”的原则，肥力高的田块宜密，肥力差的薄地宜稀。常规品种适当密一点，杂交品种稍稀一点。麦套朝天椒中等肥力的田块一般掌握在 6 500～7 000 穴为宜，也可根据种植的朝天椒品种的生长特征选择适宜的定植密度。其他部分参见本书第三部分定植相关内容。

定植：在幼苗定植前一天应在苗床上喷洒 500 倍液的病毒 A 加 1 000 倍液的锌肥预防病毒病。在移植时要“看天气、看地、看苗情”。看天气，应选择晴天无大风时进行移植；看地，即看土壤墒情整地质量，如果土壤干旱严重，应浇水后再进行移植；看苗情，去弱选壮，根据苗子的高度分批移植，达到均衡生长（图 3－8）。

图 3－8　麦椒套种模式

3. 田间管理

及时浇定植水、缓苗水、扎根水，浇扎根水的同时进行田间查苗补苗。“三水”过后，进行一次浅中耕。朝天椒需肥量大，因此要注意后期追肥，具体施肥技术参照春茬朝天椒的追肥要点。加强田间管理，保护根系，防止干旱、积水，确保足够的营养供给开花、结果，合理地调控营养生长与生殖生长。可喷施磷酸二氢钾、硼肥和 PBO 生长促控剂等，一般喷施 3～5 次，可增产 10％以上。河南农业职业学院和河南省粮源农业发展有限公司采用 75％肟菌·戊唑醇水分散粒剂 4 000 倍液喷雾防治疫病和炭疽病的试验表明，采取此项措施不仅防治疫病和炭疽病取得显著效果，同时对植株主茎生长有抑制作用，促使营养生长向生殖生长转化，减少二次生长；可以提高果实品质，簇生朝天椒生长表现簇生多而集中、色泽好、易采摘，能较好解决朝天椒二次生长影响品质和产量的技术难题，减少不必要的营养消耗，增加干物质积累，后期脱水快，成熟度提高 10.3％，干鲜比提高 5.0％。

4. 采摘和晾晒

参见本书第三章第三节朝天椒主要生产管理措施部分采收及采后处理技术相关内容。

（四）朝天椒—玉米间作套种生产技术

朝天椒与玉米间作前茬可选择大蒜茬、油菜茬和小麦茬。玉米选用大棒竖叶型品种，如豫单 9953、滑玉 12 等，朝天椒选用豫樱 2 号、三樱 8 号等，可以选用两种朝天椒—玉米间作套种模式（图3－9）。

模式一：选2.6米一个播带，7行朝天椒，1行玉米。朝天椒行距30厘米、株距20厘米，每亩8 979株；玉米株距20厘米，每亩1 282株。

模式二：选2.3米一个播带，6行朝天椒，1行玉米。朝天椒行距30厘米、株距20厘米，每亩8 696株；玉米株距20厘米，每亩1 450株。

图3－9　朝天椒玉米间作套种

1. 朝天椒栽培技术要点

（1）播种育苗：朝天椒春栽为2月下旬至3月上旬；油菜、大蒜茬为3月下旬；小麦茬为3月下旬至4月上旬。苗龄60～70天。育苗方式春栽采用温床或阳畦；油菜茬、小麦茬采用小拱棚。每栽一亩，需苗床25平方米，播种150～200克。如果出苗过密，3～4片叶时可分苗一次，一穴2株，穴距7～8厘米。朝天椒育苗参见本书第一章第二节和第三节辣椒育苗技术有关内容。

（2）施足底肥，精细整地：朝天椒根系不发达，适宜在地势高燥、排水性和保水性良好，有深厚土层的肥沃土壤或砂壤土中种植。土壤肥力应在中等以上。要早整地，力求整平疏松。做好排水系统，不能在低洼处种植。一般采用分畦种植，每畦宽约2米。整地时应施足底肥，以亩产250千克干椒为例，每亩施优质厩肥4.5立方米，碳铵60千克，过磷酸钙50千克，硫酸钾15～30千克，硫酸锌1.5千克，也可亩施三元复合肥（15∶15∶15）50千克代替氮磷钾化肥。

（3）定植：朝天椒幼苗长到7～10片叶，株高约14厘米时即可移植。春椒4月下旬移栽定植，油菜茬、大蒜茬、大麦茬，河南地区力争5月底之前定植结束；小麦茬栽植朝天椒，必须选早熟麦田，力争6月5日前定植结束。大蒜茬、油菜茬朝天椒行株距30厘米×(22～28)厘米，每亩8 000～10 000株；在玉米预留行及早播玉米，玉米株距20厘米，每亩1 450株；麦茬朝天椒行株距30厘米×(18～22)厘米，每亩10 000～12 000株。移栽深度5～10厘米，先浇水后移栽，如果随栽随浇水，水不要浇得过大，以免冲倒朝天椒幼苗。栽后要及时补苗。

（4）田间管理：田间管理主要有浇水、中耕培土、摘心、追肥。

浇水：朝天椒的需水量并不多，但由于根系不发达，主根群仅分布在表土10～15 厘米的土层内，若不经常保持土壤湿润难以获得高产，一定要注意水分的供应。朝天椒定植时需灌透水，缓苗后再浇水，确保成活；初花坐果时适当浇水，盛果期水分要充足，果实开始红熟时应控制浇水，避免植株贪青而降低红果率。土壤湿度过大会引发病害发生，甚至死苗，浇水要早晚进行，大雨过后要及时排水。

中耕培土：定植后要勤中耕除草，破除板结，提高土温，促进根系生长，免生杂草。在初果期可结合中耕进行培土，使行间成一条小沟，既可以防止倒伏、防旱，又便于灌水、排水。进入盛果期，田间已经封垄，应停止中耕。若有杂草，应及时拔除。

适时摘心：簇生朝天椒摘心可增加有效分枝数，同时增加叶片数，扩大叶片面积，提高单株的光合效率，也有利于提高产量。一般在顶端出现花蕾时应及时将顶部分枝和花蕾摘除，摘除时要尽量保留茎生叶，以增加有效侧枝数，夺得高产。

追肥：朝天椒整个生育期一般进行两次追肥。第一次在朝天椒定植后 15～20 天，亩施复合肥（高氮高钾型蔬菜专用复合肥）20～30 千克，促进朝天椒苗健壮生长，为早熟丰产打好基础；第二次在花果盛期，要重施壮果肥，促进朝天椒多开花多结果。另外，为防止温度过高或过低引起落花落果，还可采用300 毫克/千克保花保果防落素溶液，在初花期喷花。

（5）采收：由于朝天椒成熟时间不一致，建议田间分批采收，减少果实养分消耗，增加产量与增进品质。若不及时收摘，一是影响上层结果能力；二是老熟果长在植株上会使养分外流，据测定，若成熟后在植株上再长 10～15 天，果重可下降 5%～10%；三是成熟后遇到连阴雨天气，椒角可能纵向开裂，炸皮霉烂，失去商品价值。所以，朝天椒应分次收摘，成熟一批、收摘一批，春椒可分 3～4 次收摘，夏椒可分 2～3 次收摘。一般情况下，春椒若分 3～4 次收摘比一次收摘可增产 30%左右。最后一次采收时应整秧拔下，先放在田间晾晒 3～4 天，后进行整秧晾晒。一般晾晒 15～25 天，当用手摇晃朝天椒时，能听到朝天椒籽粒撞击种子壁的声音时即可。

2. 玉米栽培技术要点

（1）施肥：第一次施肥在玉米播种后 25 天，每亩追施三元复合肥（15∶15∶15）30～40 千克，施于玉米行边沿，深度 10～15 厘米；第二次在玉米播后 45 天追施尿素 25 千克，条施或穴施，深施覆土，以攻穗增粒。

（2）浇水：玉米抽雄前10天和抽雄后20天为玉米需水临界期，干旱时必须浇水，浇水可结合朝天椒浇水进行。发生涝灾时，及时排除田间积水。

（3）病虫害防治：苗期防治蓟马、灰飞虱、蚜虫等，可用5%吡虫啉乳油2 500倍液喷雾。玉米条斑病在发病初期，可喷洒50%多菌灵可湿性粉剂500倍液，或50%甲基硫菌灵可湿性粉剂600倍液，或75%百菌清可湿性粉剂800倍液，每隔7～10天喷洒1次，连续防治2～3次即可；玉米黑粉病一般可选用抗病品种，消灭侵染源，在病瘤成熟破裂前摘除并及时深埋，加强栽培管理，实行轮作来控制。

（4）收获：玉米籽粒乳线消失，基部出现黑色层，苞叶上口干枯松散，果穗苞叶变黄干枯时收获。收获后将穗位以下叶片摘除，为朝天椒后期生长创造良好的通风条件。

（五）早春大棚朝天椒—西瓜间作套种栽培技术

1. 茬口安排

春茬西瓜要赶早上市，采取“棚膜＋二膜＋双拱棚＋地膜覆盖”五膜覆盖栽培，朝天椒种植在2个拱棚之间。早春茬西瓜，2月上旬定植，五一前后收获拉秧；朝天椒2月底定植，6月上旬上市（红椒），可以一直采收到霜降前后（图3－10）。

图3－10　大棚西瓜套小辣椒模式

2. 大棚早春茬西瓜栽培技术要点

（1）品种选择：选择早熟、优质、抗病能力强的中果型西瓜品种，如欣研8号、8424、豫艺国豫2号等。

（2）培育壮苗：采用穴盘或者营养钵，12月中旬在日光温室内育苗。壮苗标准为：3～4片真叶，茎秆粗壮，叶片厚实。西瓜连作地块要采用嫁接苗。

（3）整地施肥：每亩施充分腐熟的有机肥3 000～4 000千克或者稻壳粪7 000～8 000千克、腐熟的饼肥100千克、过磷酸钙40～50千克、硫酸钾15～20千克，深翻耙平起垄。

（4）定植：定植前15～20天在栽培垄上铺设滴灌带，滴灌带宽度3～4厘米，每畦铺设1条或2条，滴灌带距定植行10～15厘米，然后用地膜进行垄面全覆盖，可提高地温和减少土壤水分蒸发。当西瓜幼苗3～4片真叶时，选择茎秆粗壮、叶片厚实的壮苗在晴天上午定植，以株距 30 厘米、行距 2.8～2.9 米为宜，每亩种植 800 株左右。定植时要保证大拱棚内 2 个拱棚间的温度连续 3 天日出前不低于−3℃，定植后小拱棚内温度保持在 30～35℃，以利缓苗。定植时用 70%噁霉灵可湿性粉剂 1 500 倍液＋甲壳素 1 000 倍液混配后放入容器中，把穴盘整个浸入药液中使根部蘸湿，然后取出幼苗放入定植穴、覆土，以育苗基质露出地表为准，封穴后单株浇水，防止地温降低。

（5）田间管理：田间管理主要有温度管理、整枝压蔓、人工授粉、选瓜、留瓜等。

温度管理：定植后 3～5 天内密闭保温，小拱棚内温度保持 30～35℃，高温高湿促进缓苗。生长前期白天小拱棚内温度保持在 28～32℃，夜间 14℃以上，地温 18℃以上。伸蔓期白天小拱棚内温度保持在 30～32℃，夜间不低于 15℃。坐果后保持 30℃左右，最高不超过 35℃。

整枝压蔓：中果型西瓜保留一条主蔓和一条侧蔓，去除多余侧蔓。及时备好土块，理蔓压蔓，将主蔓理向大棚中心方向，确保蔓叶均匀分布，藤蔓每生长 30～50 厘米需要压蔓一次，叶蔓徒长的要重压。坐果前及时摘掉其他侧枝促生长，坐果后一般不再整枝，主蔓 25～28 节可摘心。

人工授粉：选留主蔓第 2 或第 3 雌花授粉坐瓜（选择主蔓上第 12 片叶以上的雌花），确保一株一瓜。晴天在上午 10：00 前进行人工辅助授粉，阴天可适当延长。授粉时瓜蔓生长旺盛，可用手将旺盛的瓜蔓顶部捏一下。

选瓜、留瓜：一般中果型西瓜每株选留一个果型端正的瓜，要求坐瓜节位在 12～18 节内，并做到及时疏果，以促进果实膨大。坐瓜后 15～20 天，对西瓜果实进行一次翻身操作，使原先与地面接触的一面转向上面，同时用干燥稻草或果垫垫瓜，可使收获时的瓜皮颜色均匀漂亮。

肥水管理：由于大棚春茬西瓜定植较早，前期地温低，所以前期尽量少浇水；缓苗后伸蔓前，结合浇水冲施伸蔓肥促早发，每亩施硫酸钾型三元复合肥（15∶15∶15）20 千克，浇水应顺着小行间的灌水沟进行，以防棚内湿度过大；坐果前控制水肥。当 70%西瓜长到鸡蛋大小时及时浇膨瓜水，施膨瓜肥，注意少施氮肥，增施磷钾肥，每亩施硫酸钾型三元复合肥（15∶15∶15）25 千克，提倡施用平衡型全水溶性肥料和生物肥，每隔 7 天施肥 1 次，共施2～3 次。此外，还可每亩用硼砂 100 克＋水 50 千克配成溶液于西瓜开花前后各喷洒叶面一次，两次间隔 7～10 天，或每株灌浇硼砂溶液 0.5～1.0 千克。

病虫害防治：大棚早春茬西瓜主要病害有炭疽病、蔓枯病、疫病等。炭疽病发病初期，可用70%甲基硫菌灵（日曹）可湿性粉剂800倍液，或10%苯醚甲环唑（世高）水分散粒剂2 000倍液，或50%异菌脲（扑海因）悬浮剂1 200倍液喷雾，间隔5～7天再喷一次。蔓枯病发病初期，可用10%苯醚甲环唑（世高）水分散粒剂1 000倍液+75%百菌清（利民）可湿性粉剂500倍液，或用25%嘧菌酯（阿米西达）悬浮剂1 000倍液喷雾，若结合25%嘧菌酯（阿米西达）悬浮剂800倍液病部涂抹，防治效果更好。疫病发病初期，可用64%噁霜·锰锌（杀毒矾）可湿性粉剂500倍液，或72.2%霜霉威盐酸盐（普力克）水剂800倍液喷雾，间隔7～10天再喷一次，也可用68%精甲霜·锰锌（金雷）水分散粒剂600倍液灌根。虫害主要有蚜虫、白粉虱等，可用70%吡虫啉（艾美乐）水分散粒剂9 000～10 000倍液，或25%噻虫嗪（阿克泰）水分散粒剂6 000～8 000倍液，或5%啶虫脒乳油1 500～2 500倍液，或0.3%苦参碱水乳剂500倍液，或2.5%联苯菊酯水乳剂3 000倍液喷雾；遇连阴雨天时，也可用15%异丙威烟剂250克/亩熏蒸。

采收：中果型西瓜一般在授粉后28～32天成熟，就地销售的建议在九成熟以上采收，短途运输的在八九成熟时采收，长途运销的八成熟时采收为宜。采收前一个月禁止使用农药，采收前7天停止浇水。

3. 大棚早春朝天椒栽培技术要点

（1）品种选择：选择艳红系列早熟、分枝性好、红果时间适中的朝天椒品种。每亩用种量5克。

（2）培育壮苗：12月上旬在日光温室内育苗，采用72孔穴盘，苗龄70～80天，7～8片叶。朝天椒育苗参见本书第三章第二节和第三节辣椒育苗技术有关内容。也可直接购买育苗厂家的成品苗，每亩成本约300元。

（3）定植：2月底定植在2个拱棚之间，株距50厘米，每亩套种900株左右。

（4）田间管理：田间管理包括摘心、浇水和追肥。

摘心：西瓜拉秧后朝天椒及时吊蔓，只吊住主蔓即可，并在每行植株两侧栽桩子纵向拉绳帮扶。当植株顶部出现花蕾时及时摘心，可抑制主茎生长，增加侧枝数，提高单株结果数，进而提高单株产量。摘心迟则影响侧枝生长。

浇水：缓苗后可视墒情浇一次缓苗水，之后到门椒采收前轻易不浇水。进入果实转红期，要减少或停止浇水，防止贪青，促进果实转红，降低烂果率。

追肥：朝天椒生长期间禁止使用碳酸氢铵和乙胺类肥料。定植后到结果初期是朝天椒营养生长较快的一个时期，应结合浇水进行第一次追肥，每亩追施尿素 10～15 千克，促进茎叶旺盛生长。摘心后进行第二次追肥，每亩追施尿素 15～20 千克或硫酸钾三元复合肥 20～25 千克，以促进侧枝生长，促使植株及早封垄。侧枝坐果后进行第三次追肥，每亩沟施尿素 5 千克、磷酸二铵 10 千克、硫酸钾 10 千克，促进果实膨大。生长后期根系活力下降，吸肥能力减弱，可进行根外追肥，喷洒 0.4%磷酸二氢钾溶液，促进开花结果。若叶色发黄可喷洒 0.5%～1.0%的尿素溶液。叶面施肥应选择阴天或傍晚进行，以利植株吸收。

第四节　塑料大棚辣椒优质高效栽培技术

辣椒是人们日常生活中不可短缺的蔬菜品种，是果菜类中重要的蔬菜之一。目前，随着保护地栽培技术的发展，辣椒栽培形式多样化，周年可进行多茬栽培生产。相关报道统计，中国设施辣椒栽培面积中，大中棚栽培面积达34万多公顷，小拱棚栽培面积达8万多公顷，塑料大棚春提早、秋延后等辣椒栽培技术的发展实现了鲜辣椒周年均衡供应。现将塑料大棚辣椒优质高效栽培技术总结如下。

一、茬口安排

塑料大棚辣椒栽培主要茬次安排有两种：一种是早春茬栽培，另外一种是延秋茬栽培。

早春茬栽培：12月上中旬播种，“大棚＋小拱棚＋地膜覆盖”栽培宜于翌年2月中下旬适温定植，“小拱棚＋地膜覆盖”栽培于翌年3月上中旬抢晴天天气定植。4月中下旬至7月上旬采收。

延秋茬栽培：6月上中旬播种，7月中旬定植于大棚（“顶膜＋遮阳网”），8月下旬至翌年元月上旬采收。

二、塑料大棚早春茬栽培技术

产地宜选择在无污染和生态条件良好的地区，基地点远离工矿区和公路铁路干线，避开工业和城市污染源的影响。

（一）品种选择

宜选择抗病性和抗逆性强、优质、高产、符合市场需要的辣椒品种。早春栽培宜选用早熟、耐低温弱光品种。

（二）育苗

育苗参见本书第三章第二节和第三节辣椒育苗技术有关内容。

（三）定植

1. 整地施肥

应提前 10～15 天深犁晒田，深耕土地 20 厘米左右，耙平整碎土块，每亩施充分腐熟的有机肥 4 000～5 000 千克，氮磷钾三元复合肥（15∶15∶15）50 千克、生物菌肥 60 千克，结合深翻施入土壤。采用宽窄行地膜覆盖定植，按照宽行 70 厘米，窄行 50 厘米大小做畦。

2. 棚室消毒

定植前 15～20 天整修好大棚，视土壤墒情及时扣棚膜和防虫网。定植前对棚室进行消毒。

3. 定植时间

地表下 10 厘米地温应稳定在 12℃以上时定植，定植后如遇降温或者霜冻采用地膜加小拱棚覆盖防晚霜。

4. 定植方法

选择晴天下午或阴天无雨时间定植。取苗时应保持营养土坨完整；破膜孔宜封严；定植深度坨高于畦面为宜。定植后及时浇足定根水，并封严定植孔；若土壤过干，可在第 2 天浇水后或缓苗后再封孔。铺设水肥一体化设备进行水肥管理。

5. 定植密度

定植按株距 40～45 厘米挖穴，一般每亩定植 2 500～2 800 株。

（四）田间管理

1. 光照

白天宜让苗多见阳光，冬春阴冷天气较多，大棚内光照弱，每天应清除棚膜表面灰尘和杂物，增加光照强度。

2. 温度管理

缓苗期宜维持白天 28～30℃，夜间 18～20℃。缓苗后，白天 25～28℃，夜间不低于 15～16℃。11 月上旬左右，当室内最低气温低于 15℃时，应及时在下午气温转低时覆盖棉被，内门垂挂棉被帘，以保证夜间温度正常。气温继续下降，可在室内设置空中保温幕，温室前沿外面，围靠草帘加强保温效果。

3. 水分管理

定植后 5～7 天及时浇灌水一次。缓苗后至结果前，控制浇水，进行蹲苗。

辣椒膨果期，要加强浇水，宜轻浇、勤浇，保持土壤湿润，促进果实膨大。

4. 施肥

实行测土配方施肥，增施经无害化处理的腐熟有机肥，少施化肥，控制氮肥，与普通栽培相比，无机氮的使用量要减半。定植缓苗后至开花结果前视植株长势追施一次促苗肥，每亩施三元复合肥（12∶8∶20）13 千克，可兑水浇施或结合灌水沟施。结果初期重施一次促果肥，每亩施三元复合肥（12∶8∶20）30 千克或腐植酸肥 40～50 千克。盛果期每采收 1～2 次结合灌水追施一次壮果肥，每亩施三元复合肥（12∶8∶20）15 千克。结合病虫害防治，追施叶面肥。

5. 植株调整

在门椒结果前后，适时打去门椒以下弱小侧枝，在对椒采收以后，摘除对椒以下主茎上的老黄叶片。

（五）病虫害防治

坚持“预防为主，综合防治”的植保方针，针对不同防治对象及发生情况，根据辣椒生长发育期，分阶段进行综合防治，优先采用农业措施、生物措施、物理措施防治，科学、合理施用化学农药。具体参照本章第六节内容。

（六）采收

大棚辣椒一般以采收鲜椒为主，根据市场需求和辣椒商品成熟度进行采收，需要及时采收，减轻植株负担，采收 3～4 次追肥一次，延长采果期，保证后期产量和商品果品质，促进后期果实膨大，达到高产高效的目的。采收过程中所使用的工具应清洁、卫生，应防止物理损伤、微生物及化学物品等污染。采收罢园后，将地膜、残枝、病叶清理干净。把清理出来的东西集中进行无害化处理，保持田园清洁。

三、塑料大棚辣椒秋延茬栽培技术

（一）基地选择

产地宜选择交通便利、排灌方便，地下水位低的基地。一般要求 2～3 年未种植茄果类作物、土层深厚、肥力较高、pH 6.5～7.5 的壤土、砂壤土。

（二）品种选择

根据目标市场的要求选择既耐高温又耐低温、抗病、结果集中、高产稳产的早中熟品种。

（三）大棚要求

宜选择以肩高 1.8 米，顶高 3 米，跨度为 6～8 米的钢架大棚或自制简易大棚。

（四）育苗

育苗参见本书第三章第二节和第三节辣椒育苗技术有关内容。

（五）定植

1. 棚室消毒

及时清除前茬作物的残株烂叶，每亩施石灰 50～100 千克，将土深翻 30 厘米，闭棚 15～20 天。

2. 整地施肥

移栽前 5～7 天，每亩施腐熟农家肥 3 000 千克或饼肥 200 千克、硫酸钾复合肥（15∶15∶15）25～35 千克，均匀撒施，翻入土壤。栽培畦宽 0.8～1.0 米、高 0.3 米，沟宽 0.4 米，靠棚边留防寒沟。6 米标准大棚一般整成 4 个栽培畦，8 米标准大棚可整成 6 个栽培畦。畦面铺设一条滴灌管，用幅宽 1.3～1.5 米的银灰色地膜覆盖。

3. 盖防虫网、棚膜

整好地后，在大棚顶盖棚膜，四周加围 40～60 目防虫网。

4. 水肥一体化设备安装

水肥一体化设备主要由供水装置、输水管道（干、支管）和滴水软带 3 部分组成。简易的供水装置可用微型水泵直接供水，即采用微型水泵将水直接泵入输水管道。肥料混合箱容积一般为 0.5～1 立方米，放在高于地面 1 米的地方，下部出液管与安装滴管软管的支管连接。

5. 定植

在 8 月中、下旬选阴天或晴天下午定植。按株距在地膜上打孔，定植时幼苗四周用土填实，栽苗深浅一致。每畦 2 行，株距 0.3 米，每亩定植 2 500 株左右。定植后浇足底水。

（六）田间管理

1. 温度管理

定植后，气温高于30℃在大棚顶膜上加盖遮阳网降温；11月份，夜间气温降至16℃以下，四周加盖围膜保温，白天棚内温度高于30℃时，揭开围膜通风降温；12月后，夜间气温低于10℃时，在大棚中加内棚或小拱棚；气温低于0℃时，可在小拱棚上加盖一层无纺布或草帘。小拱棚上的覆盖物每天早揭晚盖。

2. 肥水管理

全生育期需追肥3次，分别在定植后15天左右、坐果初期和结果盛期3个时期。每次每亩施用10～15千克水溶性肥料，追肥时先将肥料溶解，随滴灌施入。

3. 水分管理

辣椒较耐旱不耐涝，要获得高产，必须加强水分管理。定植后浇足底水，缓苗后不用浇水，以后及时进行揭膜中耕。缓苗后出现缺水现象，要进行小水浇，忌大水漫灌和忽干忽湿，保持棚内湿润。11月中旬，土壤湿度适当降低，以防烂果。

4. 植株整枝

摘除门椒以下的腋芽，若植株生长势弱，可将第1～2层花蕾摘掉。12月上旬可将植株上部顶心与空枝全部摘除，摘顶心时果实上部应留两片叶。秋作大棚辣椒早期开花时，气温较高，可用0.001%～0.002%的二氯苯氧乙酸蘸花防落花落蕾，同时要进行植株培土，摘除老叶，以便通风透光。

（七）病虫害防治

坚持“预防为主，综合防治”的植保方针，针对不同防治对象及其发生情况，根据辣椒生育期，分阶段进行综合防治，优先采用农业措施、生物措施、物理措施防治，科学、合理施用化学农药。具体参照本章第六节内容。

（八）采收

根据市场行情采收。采收罢园后，将地膜、残枝、病叶清理干净。把清理出来的东西集中进行无害化处理，保持田园清洁。具体参照本章塑料大棚早春茬栽培技术中采收的相关内容。

第五节　日光温室辣椒优质高效栽培技术

辣椒在长江以南亚热带地区，终年无霜冻可周年生产；而北方长期以来采用温床、冷床育苗，终霜后定植到露地，利用风障改善小气候，进行露地早熟栽培，仅解决夏秋季节的供应。20 世纪六七十年代随着地膜覆盖和大、中、小塑料棚的发展，采收期有了一定程度的延长，但是冬季、早春只能靠南方调运。由于运输能力严重不足，包装保鲜技术设施比较落后，长途调运不但给铁路运输增加压力，还影响辣椒的新鲜度，降低品质。直到 20 世纪 90 年代，随着国民经济的发展，人民生活水平的提高，人们对反季节蔬菜的需求日趋迫切，为了满足元旦春节、冬季、早春新鲜辣椒的供应，开始利用日光温室栽培辣椒。实践证明，日光温室生产辣椒不但商品质量高，产量也比较可观，经济效益和社会效益都很明显。当前北方广大地区的辣椒生产，以日光温室为龙头；大、中、小塑料棚和露地配套栽培，基本实现周年生产供应。据统计，中国日光温室辣椒栽培面积达 8 万公顷，且面积逐年增加，配套栽培技术也在不断完善，具有广阔的发展前景。

目前北方辣椒生产用日光温室多以 V 形日光温室为主，其结构主要由后墙和山墙、后屋面、前屋面和保温覆盖物四部分组成。温室应坐北朝南东西向延长，方位角南偏西 5°～10°，后墙底部宽度应在 3 米以上，顶部超过 2 米。后屋面内侧长度一般为 1.5 米左右，与水平角度为 38°～45°，在北纬 32°—43°地区，纬度越低后屋面角度越可适当加大，反之角度减小，后屋面高度数值与跨度相关，一般跨度与高度比以约为 2.2 为宜。在北纬 32°—43°地区前屋面角（屋脊至透明屋面与地面交角处的连线）应为 20.5°～31.5°。前屋面底角地面处的切线角度应为 60°～68°。此外，日光温室建设中还应考虑适宜的前后坡比和保温比。前后坡比是指前坡和后坡垂直投影宽度的比例，一般以 4∶1 为宜。保温比为温室内土地面积与前屋面面积之比，一般以 1∶1 为宜，保温比越大保温效果越好。

根据温室拱架和墙体结构不同一般可分为土墙竹木结构温室和钢拱架结构温室。其中土墙竹木结构温室是目前我国北方生产应用最广泛的温室，不仅造价低廉，而且土建墙体蓄热和保温效果良好，栽培效果较佳。钢拱架结构温室具有双弦钢管或钢筋拱架，双层砖砌墙体，这种墙体可以克服土建温室内侧土墙因湿度大易发生倒塌以及外墙易遭雨水冲刷等缺点，坚固耐用，缺点是造价较高，因而不提倡一般个体种植业者采用。同时，钢拱架由于曲度和支撑力均远高于竹竿，因此这种温室在保证前屋面更为合理的采光角度的同时，提高了温室前部的高度，温室内南边蔬菜的生长空间得以改善。

一、茬口安排

日光温室辣椒大棚栽培主要有秋冬茬、越冬茬、早春茬、连年一大茬。秋冬茬主要供应元旦市场。越冬茬辣椒是温室栽培的主要茬口，栽培难度一般较大，但是效益较好。

二、日光温室早春茬栽培技术

（一）品种选择

日光温室辣椒早春茬生产是以早熟高产为主要目的。早上市价格较高，应选择早熟或中早熟品种；又因保护地种植要选用耐弱光、在低温下能正常生长发育、植株长势好且又不易徒长，连续坐果能力强、丰产性好的高产品种；同时，果实的商品性要好，果色和风味适合当地人的消费习惯，以达到高价位、高效益的目的。

（二）播种育苗

育苗参见本书第三章第二节和第三节辣椒育苗技术有关内容。

（三）定植

定植前 20～30 天，棚室应扣塑料薄膜，夜间加盖草苫以利保温，尽量提高地温。结合整地，每亩施腐熟有机肥 5 000～7 000 千克、过磷酸钙 50 千克、硫酸钾 30 千克作底肥，深翻细耙，整平地块。按大行距 80 厘米、小行距 50 厘米、垄高 20 厘米起垄，在垄的一端铺设滴灌管，每垄铺 2 条滴灌带，然后铺地膜。地温达到 10℃以上时，选择晴天上午定植，每垄定植 2 行，每穴 2 株，穴距 35～40 厘米，每亩密度为 3 500 株左右。栽后滴一次定植水，滴透后封好地膜孔。

（四）田间管理

1. 温度管理

缓苗期白天温度保持 28～30℃，夜晚 18～20℃，缓苗后白天 25～28℃，夜晚 15～20℃。定植后 4～5 天浇 1 次缓苗水，1 周内保持气温在 28～32℃，以促进缓苗。当辣椒心叶颜色转淡开始生长，表明已经缓苗。这时白天温度要降至 25～28℃，超过 30℃时要在日光温室顶部扒缝通风降温。随着天气转暖逐渐加大通风量，防止高温、高湿使植株徒长，引起落花落果。辣椒坐果后，要适当从日光温室肩部底脚围裙膜上边扒缝通风。当外界最低气温达到 15℃以上时，昼夜放风。要注意的是，当辣椒进入采收期后，需要打开顶部和底部风口昼夜放风，夜温应控制在 15～18℃。如果夜温在 20℃以上，虽然果实膨大加快，但植株趋向衰弱；夜温在 15℃以下时，对果实生长不利，甚至出现“僵果”。

2. 水肥管理

缓苗后至门椒坐住前，控水控肥，以促根壮秧为主。当门椒果实长到2～3厘米时，结合膜下滴水追施少量速效肥，如磷酸二氢钾或磷酸二铵 15 千克/亩。门椒和“四面斗”坐住后，每 8～10 天滴水一次，滴水在晴天上午进行，见干见湿，采收一次追施一次氮磷钾水溶肥。浇水次数和浇水量应视土壤墒情和植株长势而定。辣椒总需水量虽然不大，但是土壤必须经常保持湿润，一般土壤湿度保持在 50%～60%。进入夏季，由于温度高和通风量大，蒸发量也大，浇水宜勤，浇水量也要增加。

3. 整枝搭架

门椒坐住后，及时把分杈以下的侧枝全部摘除，以免夺取主枝营养，影响果实发育。生长中、后期，枝叶过密时，可及时分批摘除下部的枯、老、黄叶及采后的果枝，以利通风透光，提高坐果率。保护地栽培的植株生长旺盛，植株高大，易发生倒伏，要及时采取措施防倒伏，可在每行植株两侧拉铁丝或设立支架，将几条骨干枝绑缚到铁丝或支架上，也可用塑料绳吊枝。

（五）病虫害防治

坚持“预防为主，综合防治”的植保方针，针对不同防治对象及其发生情况，根据辣椒生育期，分阶段进行综合防治，优先采用农业措施、生物措施、物理措施防治，科学、合理施用化学农药。具体参照本章第六节内容。

（六）收获

辣椒要适时采收。一般门椒、对椒应适当早收以免坠秧影响植株生长。门椒、对椒以上的果实原则上以果实充分长大、果肉变硬、果色变深、用手紧攥辣椒果肉不塌陷为采收标准，最好上午 10 时之前采收完毕，一般盛果期 5～7 天采收一次。如果植株长势过旺，门椒以上对椒、“四面斗”坐果少的话，可适当延长门椒的采收，以起到坠秧促坐果的作用。在采收初期市场季节差价较大，为争取效益也可灵活掌握。因辣椒枝条较脆嫩，采摘时不能用手猛揪，以免枝条折断，应用手将辣椒轻轻向上掀起，辣椒就会自行脱落。

三、日光温室秋冬茬栽培技术

秋冬茬主要是指深秋至春季供应市场的栽培茬口，主要供应元旦市场，7 月上旬播种育苗，苗龄 60～70 天，9 月上中旬定植，10 月中旬开始采收。有些地区冬春茬辣椒可越夏栽培，立秋前剪枝更新，转入秋冬茬生产。老株更新要求植株必须健康，无病虫害，根系未受损伤，剪枝后可较好地萌发新枝。

（一）品种选择

根据市场需求，秋冬茬栽培宜选择前期耐高温后期耐低温的辣椒品种。对品种的要求主要有中早熟，植株中等偏小，适合密植，植株生长势强，坐果能力强，产量高，且品种在低温和弱光照条件下，能保持较强的坐果能力，不形成畸形果，果型端正，着色好，也不发生早衰，高抗辣椒炭疽病、病毒病、疫病等易发生的病害。

（二）播种育苗

育苗参见本书第三章第二节和第三节辣椒育苗技术有关内容。

（三）定植

1. 棚室消毒

日光温室辣椒一般在 8 月中下旬定植，定植前应清理温室内杂物及杂草，对日光温室进行彻底的消毒，一般用硫黄粉熏烟法，每 100 平方米的栽培床用硫黄粉、锯末、敌百虫粉剂 0.5 千克，将日光温室密闭，将配制好的混合剂分成 3～5 份放在瓦片上，在日光温室中摆匀，点燃熏烟，24 小时后，开放日光温室排除烟雾以除病菌和害虫。

2. 施肥整地

按照每亩施 3～4 立方米腐熟有机肥、30～35 千克磷酸二铵后耕翻整细。按照垄面宽 70 厘米、垄沟宽 50 厘米、垄高 20 厘米的规格起垄，起垄前撒施辛硫磷预防地下害虫，起垄后铺滴灌带并覆盖地膜。

3. 定植密度及方式

定植前，铺好滴管带并覆黑色地膜，依行距 40 厘米，株距 20～30 厘米打定植孔，晴天上午定植，深度以苗坨表面低于畦面 2 厘米为宜。栽完后浇定植水。

（四）田间管理

1. 温度管理

辣椒是喜温蔬菜，温度管理的主要工作是通风降温，同时要做好防寒和防早霜的准备。在温度的具体管理上用变温管理，需根据外界温度变化及时调整棚室内温度，尽量使辣椒生长在白天 25～28℃、夜晚 15～18℃的环境。当外界温度超过 30℃时，需在棚外覆盖遮阳网，打开通风口，降低温度；当外界温度降低后，需去掉遮阳网，早晚根据外界温度开关通风口；室外温度过低时，关闭通风口，并及时覆盖保温材料，以保证辣椒正常生长。冬季管理时要特别注意，一般在 10 月 15 日前后就要上草苫。冬季白天温度应保持 20～25℃，夜间 13～18℃，最低应控制在 8℃以上。以保温为主，通风量要减小，通风时间要变短，以顶部通风为主，下午温度降至 18℃时，及时盖草苫。

2. 光照管理

冬季光照强度低，应在保证日光温室温度的情况下，尽量延长光照时间，早揭晚盖草苫，使植株多见光，同时要保持薄膜表面的清洁，提高透光率，在日光温室的北侧可以张挂反光幕，以提高光照强度。阴天或雪天，光照强度低，植株呼吸消耗大，可进行根外追肥，喷施 1%糖水。

3. 湿度管理

缓苗期空气湿度控制在 80%～90%，开花坐果期为 60%～70%，结果期为 50%～60%。湿度过高会出现辣椒叶片的“沾湿”现象，必须除湿。排湿的方法是浇水以后不通风，使室内的温度迅速升高，地表的水分蒸发，空气相对湿度提高，1 小时后迅速通风 10 分钟，通风口要大，时间不可长；而后关闭通风口，再重复一遍这样的操作，重复 2～3 次以后，地表的湿气基本可以排除。另外，冬季日光温室内要尽量减少喷药的次数，以熏烟、弥雾的方法代替喷药。

4. 肥水管理

定植后门椒开始膨大便可开始浇水施肥，每亩浇水 15～20 立方米，7～10 天内再浇 1～2 次缓苗水，每亩浇水 10 立方米左右，后根据土壤墒情 10～15 天灌水一次；缓苗后依据植株长势和土壤墒情随水冲施氮肥 5～10 千克，坐果后随水冲施氮肥 5～10 千克、钾肥 10 千克左右。结果盛期每 10～15 天随水追施氮、钾肥 2～3 次，此外冬季浇水时应特别注意水温，尽量采用深机井的水或日光温室内部蓄水池的水，以防止水温过低降低地温。结果后期每 5～7 天喷施一次 0.3%磷酸二氢钾或 0.2%尿素溶液，也可喷施含腐殖酸、氨基酸、海藻酸、有机质以及钙、锌、硼等多种中微量元素的叶面肥。

5. 整枝、疏果、打叶

定植后，选择晴天及时抹除辣椒第一分杈以下的侧枝和侧芽。在下层果实开始着色时，及时摘除底部老叶。进入盛果期以后，要摘除内部徒长枝，打掉下部的老叶，同时摘除顶部过多过小的辣椒幼果。

（五）病虫害防治

贯彻“预防为主，综合防治”植保方针，优先采用农业防治、物理防治、生物防治，辅助化学防治的原则。及时防虫防病，保证产品质量安全，具体参照本章第六节内容。

（六）收获

门椒要及时采收，防止坠秧，以后的果实应在长到最大的果形、果肉开始加厚时采收。若植株长势弱，要及早采收。具体参照本章塑料大棚早春茬栽培技术中采收相关内容。

四、日光温室越冬茬栽培技术

日光温室越冬茬辣椒是目前日光温室辣椒生产中的主要茬口，从播种到开始收获 120 天左右，在元旦、春节期间销售上市，销售价格较高、经济效益好，对辣椒周年生产有着重大意义。

（一）品种选择

越冬栽培辣椒应选择耐低温、耐弱光、易坐果、效益好、抗病性强，适应日光温室栽培的大果型品种。

（二）栽培土壤及设施要求

辣椒喜温、怕涝、喜光，根系不发达，根量少，入土浅，茎基部不易产生不定根，主要根群发布在 15～30 厘米的土壤中，横向分布在 25～30 厘米范围内，需水量不高，比较耐旱。对水分要求较严格，要保持土壤湿润状态，对土壤具有较强的适应性，以疏松、保水、保肥、肥沃、中性或微酸性土壤为好，最适宜的土壤 pH 为 5.5～6.8。

辣椒为喜温蔬菜，要求日光温室必须建造规范，保温性能优良，严冬季节在外界气温零下 15℃的情况下，棚内最低气期温应在 10℃以上，否则会引发多种病害或冷害、冻害等，影响辣椒的正常生长和转色，达不到应有的经济效益。

（三）播种育苗

育苗参见本书第三章第二节和第三节辣椒育苗技术有关内容。

（四）定植

当苗高 8～10 厘米，4～5 片真叶、节间短、茎秆粗壮时即可定植。行距 80～90 厘米，株距 40～45 厘米，双行栽培。边定植边浇透定根水。定植后3～5 天内不进行通风，有利于植株发根缓苗。植株高大的，每亩定植株数为 2 200 株，大行距 70 厘米，小行距 50 厘米；长势弱的品种，每亩定植株数为 2 800 株，大行距 70 厘米，小行距 50 厘米，株距 40 厘米。有滴灌设备的，可采用小高畔栽培法；无滴灌的，采用双高畦栽培法；在冬天进行膜下暗灌。

由于越冬栽培时间很长，必须施足基肥。每亩施用腐熟的优质有机肥 3 000 千克、过磷酸钙 100 千克、硫酸钾 20 千克，深翻 30 厘米，整平做垄。栽植时不要伤根，栽苗深度以苗坨的深度为准，不宜过深，然后盖好地膜，封好引苗孔和膜边。

（五）田间管理

1. 温度管理

定植后到缓苗前不浇水，适当封闭棚室，促进发根，白天温度宜在

26～30℃，夜间温度18～20℃。一般6～7天即可缓苗，缓苗后，白天控制在25℃左右，夜间15～18℃。进入开花结果期，气温逐渐下降，应做好调温增光工作，在11月份至12月上旬草苫宜早揭晚盖，达到白天25～27℃，夜温15～17℃。翌年春季，应注意通风防止高温灼伤。

2. 光照管理

进入12月份以后，随着外界光照时间的缩短，温度可适当下调，要经常清洁棚膜以增加透光率。连续阴冷天气后骤然转晴，不能急于揭苫，应分次逐渐揭去草苫。

3. 水肥管理

定植缓苗后，温室内气温较低，应尽量少浇水。若出现干旱，可浇1～2次小水，浇水应在晴天上午进行，浇水后应密封棚室，以提高地温。下午通风，排出湿气，降低空气湿度。深冬季节若出现干旱，应浇小水，不可大水漫灌。12月至翌年1月，尽量不浇水以免植株徒长，造成落花、落果。辣椒整个生育期长，不耐旱，也不耐涝，是需肥量较少的蔬菜。辣椒幼苗期吸收养分量极少，主要集中在结果期，但是，如果幼苗期养分供应不足，尤其是氮磷对辣椒的生育和产量的影响是不可弥补的，因此幼苗期是辣椒的需肥关键期，多施一些腐熟好的商用有机肥。老龄大棚，可增施一些生物有机肥。土传病害严重的大棚，应增施一些枯草芽孢杆菌类生物有机肥，结合浇水每亩施氮、磷、钾三元复合肥10～15千克。第二年春季过后，每隔15～20天追一次肥，每亩施氮、磷、钾三元复合肥20千克，追肥后立即浇水。

4. 整枝疏果

辣椒生长期间，应疏去已变硬或无发展潜力的小型果，及早疏去畸形果，及时除掉门椒以下的侧枝，使植株能形成较大的营养体，使果实充分发育，增加产量。为防倒伏，可采取插架或吊秧等措施。在植株长到40厘米高时进行吊蔓，以防植株倒伏。最好下午进行。对植株进行整枝，去掉门椒，保留两个主枝，二次分杈各留一个强枝。每个分叉处保留一个果实。及时去掉老叶、病叶以利于通风。

5. 花期管理

日光温室内冬季和早春阶段低温、高湿、弱光环境是造成落花落果的主要原因之一，因此应适当增加通风、降低湿度、增加光照、保证温度，可提高坐果率。落果严重时，选用1%防落素30～50毫克/升溶液，开花后12小时内使用。

6. 春节（2月中旬）后的管理

温度上应逐渐加大通风量，晴天中午室内气温不要超过32℃，当夜间最低温度高于15℃时，要打开所有通风口昼夜通风。水肥方面4月中下旬以前每10～12天浇水一次，带水带肥，4月中旬以后每7～8天浇水一次，隔水带肥。要特别注意防治日灼病、脐腐病、白粉虱和美洲斑潜蝇。

（六）冬季保护地中增加光照的措施

在光照时间短、强度低的冬春季节，保护地多接受阳光照射，对提高辣椒的产量和品质具有重要作用。具体措施有以下几种。

1. 合理布局

定植辣椒时力求苗子大小一致，使植株生长整齐，减少植株间的相互遮光。

2. 保持棚膜洁净

棚膜上的水滴、碎草、尘土等杂物，会使透光率下降30%左右。新薄膜在使用过程中，随着使用时间的延长，温室内光照会逐渐减弱。因此，要经常清扫，以增加棚膜的透明度。下雪天还应及时扫除积雪。

3. 合理揭盖草苫或棉被

在保证辣椒生长所需要的适宜温度的前提下，适当早揭和晚盖草苫或棉被，可延长光照时间，增加光量。一般太阳出来后0.5～1小时揭草苫棉被、太阳落山前0.5小时盖草苫棉被比较适宜。特别是在时阴时晴的阴雨天里，也要适当揭草苫棉被，以充分利用太阳的散射光，相对增加温室内光照。

4. 张挂反光幕

用宽2米、长3米的镀铝膜反光幕，挂在温室内北侧使之垂直地面，可使地面增光40%左右，棚温提高3～4℃。此外，在地面铺设银灰色地膜也能增加植株间的光照强度。

5. 植株调整

及时进行整枝、打杈、吊架、打老叶等田间管理，改善温室内通风透光条件。

（七）越冬辣椒如何应对阴雨雪天气

冬季连续阴雨雪天气，会造成日光温室内低温、高湿、寡照等不利于辣椒生长发育的环境条件，会给越冬辣椒造成很大的危害。发生低温冷害的温室辣椒，轻者植株生长停止、落花落蕾；重者植株萎蔫死棵、提前拉秧。对于这种情况，要尽可能地创造适宜辣椒生长发育的条件，把损失降到最低。

1. 防寒保温增加光照

冬季要注意适时收看天气预报，当寒流和阴雨雪天气到来之前，要及时严闭温室，夜间加盖整体浮膜（即盖草苫或棉被后，再覆盖一整体薄膜），必要时向阳面的温室底角夜间增盖一层草苫以提高温室内夜间的温度，严寒季节可在棚前脸加盖麦草或其他覆盖物以加强保温。此外只要不下雨、不下雪，都要坚持拉开草苫或棉被，利用微弱的散射光提高温室内温度，补充光照，使辣椒植株进行光合作用，避免辣椒植株长时间处于黑暗状态下造成根、茎、叶生长严重失衡。此外，还要经常清扫日光温室棚膜表面，增加棚膜透光率，增强辣椒植株的光合作用。同时为了保温，阴雨雪天时一般不通风，但当温室内空气相对湿度超过 85%时，可在中午前后短时间开启通风口，通小风排湿。每天拉开草苫或棉被时间的长短可根据棚温的变化而定，揭开草苫后，若温度下降，应随揭随盖；若温度稍有回升，可以在下午 2—3 时以前把覆盖物重新盖好。阴天时尽量减少出入温室的次数，尽可能保持棚温。

2. 增加补光设施

持续阴天时间过长，就应在温室内设置灯泡或 LED 灯进行提温增光。可在温室内每间设置 LED 灯 1 个，若遇上雨雪天气上午不能揭开草苫或棉被时打开灯泡。若夜温过低，可在下午 5 时左右将灯打开，到夜间 22 时左右关闭，可有效提高棚温 2～3℃。

3. 预防病害发生流行

很多种病害都是在低温、高湿的条件下发生和流行的，所以阴雨雪天气降低温室内的空气相对湿度成为预防病害发生流行的最主要手段。在温室内温度低不宜进行通风降湿时，可通过地面撒施草木灰的方法吸湿，降低温室内空气相对湿度，减轻病害的发生。病害发生后，不宜采用喷雾的方法防治，应采用熏烟或喷粉尘剂、弥雾机的办法进行防治病害。

（八）冬季连阴天过后如何对辣椒进行管理

当连阴天过后，天气转晴时，不要急于将草苫全部拉开，要避免植株突然在阳光直射下萎蔫，要采取"揭花苫"的方法逐步增温增光，对因受强光照而出现萎蔫现象的植株及时放草苫或棉被遮阴，并随即喷洒 10～15℃的温水，同时注意逐渐通风，防止闪秧闪苗。可以通过分次揭草苫或棉被的方法见光，即第一次先拉开 1/3，不出现萎蔫时再拉起 1/3，第三次才全部揭开，让辣椒有逐步适应的过程，防止急性萎蔫发生。另外，若出现了受冻植株，可先通过喷温水（温度不能太高，可以掌握在 8～15℃，根据当时的具体情况而定，受冻严重时水的温度要稍低）的方法进行缓解；而后再用含有腐殖酸、氨基酸、海藻素等（含有硼、钼、锌、铁、铜、镁等微量元素）的叶面肥进行叶面喷洒，以促进植株生长加快。

（九）采收

冬季温室环境条件差，又要保证较长的生长期，因此，应把采收作为调节植株生长平衡的手段，可根据市场行情和植株长势等情况灵活掌握。在植株长势弱时早采，在植株长势强时晚采。采收期间，要保证肥水供应。此外辣椒的枝条十分脆嫩，采收时要防止折断枝条。门椒、对椒、下层果实应适时早收，以免影响植株生长。此后一般要在果实充分长大、果肉变硬后分批分次采收。其他具体参照本章塑料大棚早春茬栽培技术中采收的相关内容。

第六节　常见辣椒病虫害诊断及防治技术

在辣椒的生产过程中，病虫草害是难以避免的。随着设施辣椒复种指数不断提高，加之栽培种类单一，轮作倒茬困难，导致辣椒的多种病虫害逐年加重。同时，生产上存在过度依赖化学防治，且化学药剂使用过量、频率高等问题，造成病虫害对现有化学农药有不同程度的抗药性，使得防治的效果逐渐降低，农药残留、农产品质量安全问题愈发严重。在当前大力推进农药减量、保障农产品质量安全的大背景下，了解当前辣椒病虫害发生情况并进行诊断，提出综合防控措施，具有重要意义。

综合防控技术是根据病虫害发生基数、发生条件，结合气象条件，分析、推断发生程度，以确定发生时期和防治适期。遵循“预防为主，综合防治”的植保方针，优先采用农业防治、物理防治、生物防治，合理使用化学防治。

一、辣椒病虫害种类

辣椒主要病害一般分为菌物病害、细菌病害、病毒病害和生理性病害几种。菌物病害主要有猝倒病、立枯病、疫病、灰霉病、褐斑病、根腐病、炭疽病、枯萎病、白粉病、绵腐病等。细菌病害主要有细菌性叶斑病、软腐病、疮痂病、青枯病等。病毒病害主要有辣椒黄化曲叶病毒病、辣椒轻斑驳病毒病、辣椒斑驳病毒病等。生理性病害主要有沤根、日灼病、脐腐病、冻害、冷害等。

在辣椒设施栽培生产中，春夏茬苗期病害主要为立枯病和猝倒病，根腐病在整个生长期内均可发生，白粉病在春季大风天气易流行，疫病、细菌性疮痂病、炭疽病在夏季高温多雨季传播较快，结果期还易发脐腐病；虫害主要有蚜虫、蓟马、粉虱等，在辣椒定植后陆续发生，棉铃虫、甜菜叶蛾、斜纹夜蛾、烟青虫等鳞翅目害虫易在结果期发生。秋冬茬设施辣椒病害主要有病毒病和灰霉病，在辣椒苗期易发粉虱、蓟马、蚜虫、茶黄螨等虫害，在结果期易发甜菜叶蛾、棉铃虫等虫害。

二、常见病害及防治方法

（一）菌物病害

1. 猝倒病（彩图 21）

猝倒病是辣椒苗期最主要的病害之一。辣椒猝倒病多发生在早春育苗床或育苗盘上，常见有烂种、死苗和猝倒三种。

（1）发病症状：病原为卵菌门的腐霉属的瓜果腐霉。表现为幼苗茎基部初呈水渍状病斑，后变黄褐色，缢缩成线状，湿度大时病部表面、病株附近表土有时长出一层白色棉絮状菌丝（病菌孢囊梗及孢子囊）。病情发展较快，往往病苗子叶尚未凋萎变色，已迅速倒伏，故称猝倒。

（2）发病规律：苗床温度低于 16℃、湿度 90%以上易发病。借助灌溉水、雨水传播。土壤温度低、光照不足、幼苗长势弱，发病重。

（3）防治方法：主要有农业防治、物理防治和化学防治。

农业防治：不用旧床土或连作地块，最好选用新土作床或者用成袋的基质育苗。

物理防治：可用高温蒸汽对苗床土壤进行消毒（床土上覆薄膜，通入 100℃高温蒸汽，把土壤加热到 60～80℃维持 30 分钟）。

化学防治：播前用 3%甲霜噁霉灵（贝苗士）水剂 800 倍液对土壤进行消毒，初发病时可用 75%百菌清可湿性粉剂 800 倍液、或 70%甲基托布津可湿性粉剂 800 倍液、或 70%噁霉灵可湿性粉剂 300～500 倍液喷雾防治，连防 2～3 次，隔 7～10 天防治 1 次。或用 30%精甲·噁霉灵水剂，按照 3.0～4.5 毫升/平方米的制剂用量浇灌幼苗根部，连续防治 2～3 次，用药间隔 5～7 天。

2. 立枯病（彩图 22）

（1）发病症状：苗期主要病害，有时会和猝倒病混合发生，成株期也可发病。发病初期，幼苗茎基部出现椭圆形的暗褐色病斑，有同心轮纹，幼苗白天萎蔫，早晚恢复正常。立枯病继续发展，病斑逐渐凹陷扩大，绕茎一周，有的木质部暴露在外，造成病部收缩、干枯，导致秧苗死亡。但幼苗不立即倒伏，仍然保持直立状态，故称之为“立枯病”。站立枯死和淡褐色丝状霉是识别该病的主要依据。

（2）发病规律：温度 15～40℃均可发生。主要发生在育苗中后期。借助农事操作、灌溉、昆虫传播侵染植株根部或根颈部引发死苗。播种过密、湿度过高、幼苗徒长、间苗不及时，造成通风不良，极易发病。

(3) 防治方法：防治方法主要有农业防治和化学防治。

农业防治：采用无病土或基质护根育苗，减少伤根；苗床地施用腐熟有机肥，适当增加钾肥；视墒情对苗床地浇水，忌床土忽干忽湿，控制好苗床温度，防止苗床温度忽高忽低。注意合理放风，控制苗床或育苗盘湿度与温度，促进根系生长；发现病株及时拔除并带离育苗地集中处理。

化学防治：选用50%异菌脲可湿性粉剂和8%噁霉灵水剂，按照推荐剂量浇灌苗株根部，视病情防治1～2次，用药间隔7～10天，或用36%甲基托布津悬浮剂500倍液喷施。

3. 疫病（彩图23）

辣椒疫病是流行性病害，病害蔓延迅猛，条件适宜时，2～3天便可大面积发生，可导致严重减产甚至绝收。

(1) 发病症状：辣椒疫病的病原菌是辣椒疫霉菌，属于假菌界卵菌门。此病苗期及成株期均可发生。主要危害叶片与茎秆。苗期幼茎受害，初呈水渍状暗绿色，后腐烂呈灰褐色或黑褐色僵缩，视幼茎木质化程度，病苗呈猝倒状或立枯状死亡。成株期叶片染病，初呈水渍状暗绿色近圆形小斑，后迅速扩大为不规则黑褐色斑，易腐烂，发病与健康部位分界不明显。成株期茎秆受害，患部呈水渍状，湿度大时表面出现稀疏粉状白霉，病部以上叶色变淡、萎垂，终呈黑褐色。果实染病，多从果蒂部开始，呈暗绿色水渍状，果肉软腐，果面出现白色粉状霉，晴天病果失水干缩，果皮变皱，成僵果挂在技上或脱落。

(2) 发病规律：病菌以菌丝体、卵孢子在土壤或病组织中越冬，卵孢子或游动孢子借助灌溉水、雨水溅射而传播，作为初侵染接种体，从自然孔口或直接侵入致病。发病后病部产生孢子囊及游动孢子（无性态孢子）作为再次侵染接种体，借助雨水溅射侵染致病。温度25～33℃，相对湿度85%以上易发病。借助雨水、灌溉水或农事活动传播，一般雨季或大雨后天气突然转晴，气温急剧上升病害易流行，成为毁灭性病害。定植后气温高，雨水多，湿度大，或保护地大水漫灌，通风不良，发病重。偏施氮肥、植株徒长，或土壤肥力不足，也有利于病害发生。

(3) 防治方法：防治方法有农业防治和化学防治。

农业防治：选用抗病品种，种子严格消毒，培育无菌壮苗；定植前7天和当天，分别喷施2次保护性杀菌剂，做到无病苗下地，减少病害发生。实行轮作，深翻改土，结合深翻，增施有机肥料、磷钾肥和微肥，适量施用氮肥，改善土壤结构，提高保肥保水性能，促进根系发达，植株健壮。加强栽培管理，提高植株自身的适应性和抗逆性，提高光合效率，促进植株健壮，调控好植株营养生长与生殖生长的关系，增强抗病能力。

化学防治：定植前要搞好土壤消毒，结合翻耕，每亩喷洒96%噁霉灵可混性粉剂3 000倍液喷雾防治，也可每亩撒施70%敌克松可溶粉剂或68%甲霜·锰锌可湿性粉剂2.5千克，杀灭土壤中残留病菌。种子消毒：采用50%烯酰吗啉可湿性粉剂或20%氟吗啉可湿性粉剂加0.136%赤·吲乙·芸苔可湿性粉剂（碧护）浸种，取出，用冷水冲洗后催芽播种。移栽前施药，采用药液喷施幼苗整株和根部土壤的方法，可选用44克/升精甲·百菌清悬浮剂或68%精甲霜·锰锌水分散粒剂。定植后，可选用药剂68%精甲霜·锰锌水分散粒剂，或25%双炔酰菌胺悬浮剂，或50%烯酰吗啉可湿性粉剂，或52.5%噁酮·霜脲氰水分散粒剂，或60%唑醚·代森联水分散粒剂等每10～15天喷洒一次，以上药液需交替使用，以便提高药效，增强植株的抗逆性能，提高防治效果。

4. 炭疽病（彩图24）

（1）发病症状：辣椒炭疽病可以侵害叶片、果实、茎部、果柄等多个部位，成熟的果实和老叶受害是最严重的。叶片发病后，刚开始会出现水泡过一样的失绿病斑，变大后变成褐色，中间颜色浅一些，病斑上还有许多小点，而这些小病斑会慢慢融合在一起，变成一个不规则的大病斑，如果天气干燥，容易破裂，叶片也容易脱落。果实发病后，先出现水泡过一样的黄褐色病斑，病斑有凹陷，表面有同心轮纹，轮纹上有许多黑色或者橙红色小点。在潮湿状态下，病斑表面还会流出红色黏稠状物，环境干燥时，病斑干缩，容易破裂。茎部和果柄发病后，一开始出现褐色病斑，稍微向下凹陷，而且病斑上也有同心轮纹，潮湿的状态下，病斑表面也会流出粉红色物质，空气干燥时茎部和果柄也容易开裂。

（2）发病规律：温度12～33℃，相对湿度85%以上易引起病害的发生和流行。借助灌溉水、昆虫及农事操作传播。田间郁闭、生长势弱、氮肥施用过多及病毒病发生较重的田块发病重。另外，还需要注意的是，在适合的温、湿度条件下，病菌潜伏期只有3天左右，再加上侵染频繁，大量病源累积，很快就会导致整个棚室发病。

（3）防治方法：防治方法主要有农业防治、物理防治和化学防治。

农业防治：选用抗病品种，开发利用抗病资源，培育抗病高产的新品种，一般辣味强的品种较抗病，可因地制宜选择使用。降低田间病菌数量。不能与同类蔬菜进行轮作，可以和玉米、瓜类、豆类、水稻进行轮作，轮作时间要大于3年，通过轮作，逐年降低土壤中的病菌数量，减少发病。采收结束后，进行一次全面的清园，将各类病残体、杂草等全部带出园外集中烧毁处理，避免病菌在病残体内越冬。在日常管理中，注意多下地查看，一旦发现染病组织，及时摘除处理。

物理防治：病菌还可在种子上越冬。因此要从无病株采收种子，作为播种材料。在播种前，对种子进行杀菌处理，可用55℃温水浸种10分钟，然后再进行催芽、播种。

化学防治：化学防治依然是控制炭疽病发生和蔓延的最有效手段，科学用药、注意用药时期是防治辣椒炭疽病的关键。首先，定植前要搞好土壤消毒，结合翻耕，每亩喷洒96%噁霉灵可湿性粉剂300倍液50千克，也可每亩施用70%敌克松可溶粉剂或68%甲霜·锰锌可湿性粉剂2.5千克，杀灭土壤中的残留病菌。定植后，可用80%甲基托布津可湿性粉剂500倍液或25%嘧菌酯（阿米西达）悬浮剂1 500倍液喷雾，进行预防，减少病害发生。其次，在炭疽病发病前期，可喷50%多菌灵可湿性粉剂500倍液、80%甲基托布津可湿性粉剂400倍液、50%甲基硫菌灵可湿性粉剂700倍液进行防治，每隔5～7天喷施一次，连喷2～3次；也可喷施45%咪鲜胺水乳剂1 500倍液或40%苯醚甲环唑悬浮剂3 000倍液或43%戊唑醇悬浮剂2 000倍液进行防治，喷药要均匀，每隔7天喷一次，连喷3次为最佳。

5. 灰霉病（彩图25）

辣椒灰霉病是种植辣椒过程中比较常见的病害之一，其发病期为12月到翌年5月，病菌喜欢温度低、湿度大的环境，因此在冬春的阴雨天易发病，严重时可导致植株死亡。

（1）发病症状：辣椒灰霉病危害辣椒的整个生育期，主要危害叶片、茎秆、花、果实。苗期发病多是子叶和刚抽出的真叶变褐腐烂。稍大的幼苗叶片和叶柄先呈水浸状，变褐腐烂，然后干枯，表面生出灰色霉层。严重时扩展到幼茎上，病部褐色腐烂，折断倒伏造成死苗。叶片染病是从叶尖或叶缘发病，致使叶片灰褐色腐烂或干枯，湿度大时可见灰色霉层。茎部染病初为条状或不规则水浸状，深褐色病斑，湿度大时长出较密的灰色霉层，病处凹陷缢缩，不久就造成病部以上死亡。果实发病多由残花和残留的柱头先发病，也有从萼片上发病，然后向果面扩展。病部灰白色，似水烫状，后软化腐烂，病部长满厚厚的灰色霉层。病果一般不脱落。果实发病后可接触感染其他果实。

（2）发病规律：辣椒灰霉病的病原是灰葡萄孢菌，属半知菌类真菌。20～23℃是发病最适温度，设施内15～20℃、相对湿度85%以上，病害极易流行。借助雨水、气流和农事操作传播。种植密度大、通风不良、排水不良、偏施氮肥、光照不足的地块发病重。病菌较喜低温、高湿、弱光条件，所以棚室冬春季栽培容易发病。

（3）防治方法：防治方法主要有农业防治和化学防治。

农业防治：培育壮苗可提高植株抗病能力，抵御病菌侵入。加强大棚、温室通风。浇水要在晴天上午进行，并控制水量，不可过大。雨后及时排除积水，棚内合理通风降温。清除菌源。及时清除病果，带出大棚、温室外深埋。收获后，彻底处理病株等，进行深翻，将遗留的病叶、病枝等翻入深层。进行地膜覆盖栽培可减轻灰霉病的发生。

化学防治：定植后可使用60%甲基硫菌灵·异菌脲可湿性粉剂750倍喷雾进行预防。发病后使用25%啶酰菌胺·40%异菌脲水分散粒剂1 000倍喷雾进行治疗。用药时注意二次稀释，可提高药液利用率，提高药效。轻微发病时，5～7天用药一次；病情较重时，3天用药一次，具体施药次数视病情而定。在使用农药时一定要注意农药安全间隔期和使用次数限制，严格按农药标签规定来科学合理使用农药，以达到提高防治效果和降低农药残留的目的。

6. 白粉病（彩图26）

（1）发病症状：辣椒白粉病主要是叶片受害，发病初期叶面迎光透视可见叶肉组织出现数量不等、形状不规则的较小褪绿斑，叶背产生一层非常细薄的白色粉状霉层。温室湿度大时，褪绿斑迅速向四周扩展，导致整个叶片及叶柄褪绿变黄，直至脱落；湿度较低时，大量分生孢子及分生孢子梗聚生在叶背形成一层致密的白色粉状霉层，严重时粉状霉层可覆盖整个叶片背面，部分叶片上出现局部坏死的褐色病斑。被侵染的叶片过早地从植物上落下，叶面光合作用的损失减缓了植物生长和果实发育。落叶使果实暴露于阳光下，可能导致果实发生日灼病。

（2）发病规律：病菌孢子在15～30℃均可萌发和侵染，在20～25℃，空气相对湿度85%的环境下易流行，主要靠风、雨传播。病害发生对空气相对湿度要求较低，在25%～40%就可侵染发病。高温高湿和高温干旱交替出现时病害最易发生和蔓延。

（3）防治方法：防治方法有农业防治和化学防治。

农业防治：选用抗病品种。低光照和高湿度有利于辣椒白粉病的发生，因此将这些条件降至最低可以减轻病害。选择排水良好的土壤，加强空气流通改善植株通风条件，调整种植密度。避免过度施肥导致叶冠过密。在温室生产中，提高温室的温度可以降低湿度，减缓疾病的发展速度。

化学防治：辣椒挂果时喷保护性杀菌剂，如50%硫悬浮剂500倍液，或75%百菌清可湿性粉剂500倍液，或80%甲基托布津可湿性粉剂500倍液。每7～10天喷一次，连续2次。发病初期及时喷药防治。常用药剂有50%多菌灵可湿性粉剂500倍液，或15%三唑酮乳油1 000倍液，或40%氟硅唑乳油8 000倍液，或10%苯醚甲环唑水分散粒剂2 000～3 000倍液，或25%腈菌唑乳油500～600倍液，或30%氟菌唑可湿性粉剂1 500～2 000倍液，或25%丙环唑乳油3 000倍液。棚室也可用50%百菌清烟剂熏治，每亩用量1千克，于傍晚点燃，闭棚熏治一夜。

7. 枯萎病（彩图27）

辣椒枯萎病是一种顽固性的土传病害，应以预防为主，综合防治。因此在辣椒生产过程中应采取农业防治与生物、化学防治相结合的措施，从而有效地控制辣椒枯萎病的发生。

（1）发病症状：此病一般多在开花、结果期陆续发病。病株下部叶片脱落，茎基部及根部皮层呈水渍状腐烂，根茎维管束变褐，终至全株枯萎。潮湿时病茎表面生白色或蓝绿色的霉状物。通常病程进展缓慢，从发病至枯萎历时10多天甚至20天以上，病程及其病状有别于细菌性青枯病。

（2）发病规律：病原菌为辣椒镰孢菌，属半知菌类真菌。病菌以菌丝体厚垣孢子在土壤中越冬，可进行较长时间的腐生生活。温度24～28℃，相对湿度90%以上极易发病。借助灌溉水、雨水或农事操作传播。田间积水、土壤偏碱、偏施氮肥发病重。

（3）防治方法：防治方法有农业防治、化学和生物防治。

农业防治：综合考虑当地的生产情况，选择适合当地生产的品种和无菌种子进行种植。用洁净田园土或商品化育苗基质，培育无菌壮苗。坚持实行轮作，与百合科、十字花科、禾本科等作物轮作倒茬，避免连作，可减少枯萎病的发生和传播，一般轮作3～4年比较合适。此外应避免与茄科作物（如番茄、茄子、马铃薯）、瓜类作物（如西瓜、黄瓜、南瓜）、棉花等进行轮作栽培。使用经高温堆沤、充分腐熟的农家肥，合理调配氮、磷、钾肥的比例。施足底肥，适时适量追肥。实行高窄畦、深沟栽培，切忌大水漫灌或浇灌水位过深、时间过长，以提高植株根系活力。防止田间潮湿或雨后积水，低洼地采用高畦栽培，深翻土地，以降低土壤温度，增加土壤通透性。辣椒收获后彻底清除病残体，并将其烧毁。

化学和生物防治：生产中辣椒枯萎病的防治以生物、化学药剂防治为主，主要从拌种、土壤消毒和田间防治三方面进行。在种子处理上，可用50%克菌丹可湿性粉剂，或50%多菌灵可湿性粉剂进行拌种（用药量为种子质量的0.3%～0.5%）；也可用10亿个/克枯草芽孢杆菌可湿性粉剂拌种，每100克种子用2～4克该生物制剂。在土壤消毒方面，每平方米用甲醛30毫升配成100倍液喷洒在土壤上，扣膜7天，然后放风14天，深翻土壤，使土壤中气体充分散尽后育苗或定植；也可用50%多菌灵可湿性粉剂与98%棉隆微粒剂1∶1混合，每平方米用18～20克拌适量干细土配成药土后施入土中，覆盖薄膜密封20天以上，然后揭膜散气15天后播种；还可每亩均匀撒施腐熟粪肥2 500千克、石灰氮25～50千克，翻耕后，保持土壤含水量在70%以上，然后用农膜密闭覆盖10～15天，覆盖时间越长效果越佳。在田间防治方面，当田间有零星病株出现时应及时拔除，若受害面积较大，要及时采用药剂进行防治；发病初期用50%多菌灵可湿性粉剂500～1 000倍液，或14%络酸铜水剂500倍液灌根，每隔7～10天灌一次，可灌2～3次；也可每亩用10亿个/克枯草芽孢杆菌可湿性粉剂200～300克灌根处理发病植株；或用哈茨木霉菌剂与米糠按1∶12.5混合后在苗期定植时蘸根。另有研究表明，混合使用荧光假单胞CECT5398、枯草芽孢杆菌、解淀粉芽孢杆菌与脱乙酰壳多糖能够较好地防治辣椒枯萎病。

8. 根腐病

（1）发病症状：定植前后的幼苗易发生此病，主要危害茎基部及维管束，感病的枝和叶片变黄萎，茎内维管束褐变，土壤相对湿度大或生育后期茎基部或根茎部腐烂，皮层易剥离或自行脱落，终致植株萎蔫、枯死。

（2）发病规律：病菌以厚垣孢子、菌核或菌丝体在土壤中越冬，成为来年主要初侵染源。温度22～26℃，相对湿度95%以上或土壤干裂后浇大水极易发病。借助灌溉水、雨水传播。连作地、低洼、黏土地发病重。

（3）防治方法：防治方法有农业防治和化学防治。

农业防治：避免施用未经充分腐熟的土杂肥。小水勤浇，既保证植株水分的供应，又避免根系正常呼吸受阻。

化学防治：发病初期用21.4%柠檬酸铜·有机络氨铜（枯菌双效灵）水

剂600倍液或40%甲硫·福美双可湿性粉剂300～400倍液或56%甲硫·噁霉灵可湿性粉剂600～800倍液进行灌根，隔7～10天施药一次，连续防治2～3次。

9. 绵腐病

（1）发病症状：苗期即可发病，主要表现在近地面的茎基部，初呈暗褐色病斑，后逐渐扩大，稍后缢缩腐烂，其上有白色绢丝状的菌丝体长出，导致植株死亡。成株期主要危害果实，引起果腐，在潮湿条件下病部生大量白霉，使果实失去食用价值。

（2）发病规律：病菌在苗期进行初侵染，可导致猝倒病。再侵染由病部产生的孢子囊和游动孢子，借助雨水溅射至植株瓜果上，引起绵腐病，并不断地重复侵染。病菌对温度适应范围较广，10～30℃均能生长发育和危害；空气相对湿度95%以上，病害容易发生。高湿度和水是发病的决定因素。因此该病多发生在雨季阴雨连绵天气，雨后积水、湿气滞留，发病重。

（3）防治方法：防治方法有农业防治和化学防治。

农业防治：选择地势高燥，排水良好的地块种植；地势低平，应高畦栽培，最好地膜覆盖。注意种植密度不要过密、及早搭架，整枝打杈，中期适度打去植株下部老叶，降低株间湿度。合理施肥，避免偏施、过施氮肥，增施钾肥、雨后排水，确保雨后、灌水后地面无积水。

化学防治：发病初期可用25%甲霜灵可湿性粉剂800倍液，或64%噁霜锰锌（杀毒矾）可湿性粉剂500倍液，或40%乙膦铝可湿性粉剂300倍液，或58%甲霜·锰锌可湿性粉剂500倍液，或72.2%霜霉威盐酸盐（普力克）水剂800倍液，或72%霜脲·锰锌（克露）可湿性粉剂500倍液，或30%碱式硫酸铜（绿得保）悬浮剂500倍液进行防治。

10. 茎基腐病

（1）发病症状：此病多在幼苗定植后发生。茎基部发生暗褐色不规则病斑，向左右、上下扩展，使茎基部皮层坏死，缢缩变细，地上部叶片萎蔫变黄，整株枯死。朝天椒进入初花期，植株生长加快，加上气温多变，连绵阴雨，易感茎基腐病，从大苗开始发生，定植后更加严重。表现为在茎基部近地面处发生病斑，绕茎基部发展，致皮层腐烂，地上部叶片逐步变黄，因营养与水分供应不上而逐渐萎蔫枯死。发生的原因是土壤潮湿，同时连作造成病菌积累，茎基部因农事操作产生伤口致使病菌侵入等。

（2）发病规律：病菌以菌丝或菌核在土壤中越冬，腐生性强，能在土中存活 2～3 年，生长适温 20～40℃，最高 42℃，最低 14～15℃，在适宜的环境条件下，直接侵入危害。苗床温暖潮湿、通风不畅、幼苗徒长、生长衰弱，均易引起病害发生。

（3）防治方法：防治方法有农业防治和化学防治。

农业防治：选择排水良好的地方种植，处理好排水工作，挖好排水沟，雨后及时排除田间积水。在幼苗后要注意多施磷、钾肥，切忌偏施氮肥，以增强抗病能力。

化学防治：发病初期，用 0.5％小檗碱水剂（青枯立克）100～150 毫升＋大蒜油 15 毫升＋根基宝 50 毫升兑水 15 千克进行灌根（同时喷雾效果更佳）连用 2～3 次，每 3 天施药一次；病情控制后，转为预防。

（二）细菌病害

1. 细菌性叶斑病（彩图 28）

（1）发病症状：此病在田间点片发生，主要危害叶片。成株叶片发病，初呈黄绿色不规则水浸状小斑点，扩大后变为红褐色或深褐色至铁锈色，病斑膜质，大小不等。干燥时，病斑多呈红褐色。该病扩展速度很快，一株上个别叶片或多数叶片发病，植株仍可生长，严重时叶片大部分脱落。细菌性叶斑病病健交界处明显，但不隆起，有别于疮痂病。

（2）发病规律：病原在种子和病残体上越冬，在田间借风雨或灌溉水传播，从叶片伤口处侵入，雨后易发病。高温高湿时蔓延快，排水不良，土壤贫瘠缺肥的地块，发病重。棚室内没有进行熏蒸消毒或消毒不彻底，棚室内的病残体清理不净，种子带菌，在播种前没有进行种子消毒；棚室内灌水后没有及时通风排湿，引起棚室内高温高湿，或者前茬收获后土壤不进行深翻暴晒直接进行下一茬的栽培，都容易引发病害。

（3）防治方法：防治方法有农业防治和化学防治。

农业防治：实行合理轮作，与非茄科蔬菜轮作 2～3 年；前茬蔬菜收获后及时彻底地清除病菌残留体，结合深耕晒垡，促使病残体腐解，加速病菌死亡。定植前要平整土地，深翻土壤，北方宜采用垅作，南方采用高厢深沟栽植。雨后及时排水，防止积水，避免大水漫灌；发现病叶及时清除到室外深埋或烧毁。

化学防治：选用无病种子和种子消毒，播前用种子重量 0.3％的 50％敌可松可湿性粉剂拌种可有效防止朝天椒细菌性叶斑病的发生。发病初期喷洒

50%琥胶肥酸铜可湿性粉剂500倍液，或14%络氨铜水剂300倍液，或46%氢氧化铜（可杀得3 000）可湿性微粒粉剂1 000倍液或1∶1∶200波尔多液，隔7～10天喷一次、连续防治2～3次。

2. 软腐病（彩图29）

（1）发病症状：朝天椒软腐病主要发生在未成熟和未变色的青果及茎、叶上，特别是虫蛀果上发病率很高，几乎所有的朝天椒田间或轻或重均有软腐病发生，危害严重的地块，可减产30%以上。果实发病，初为水渍状暗绿色，外观看果皮完好，后期变褐色，最明显的特征是果实发软，果肉腐烂发臭，因而称之为软腐病。失水后干缩，果皮白化，挂在枝蔓上，稍遇外力即脱落。叶片发病，初现褪色小斑，逐渐扩大呈淡黄色不规则圆形斑，后变为半透明、中央是稍凹陷且薄的斑块，边缘略隆起。茎枝发病，病斑纺锤形，中央呈灰色，边缘黑色。叶片和茎枝发病腐烂后均会发臭。

（2）发病规律：朝天椒软腐病是由胡萝卜软腐欧文氏杆菌和胡萝卜软腐病致病菌引起，属细菌，此病菌可以分离朝天椒细胞中间层，使朝天椒组织腐烂变质，并产生恶臭，最适温度27～30℃，缺氧条件下也能生长发育，不耐干旱和光照，脱离寄主单独在土壤中只能存活半个月左右。病菌随病残体在土壤中越冬，成为翌年侵染源，在田间通过喷灌、漫灌或雨水飞溅使病菌从伤口侵入，染病后病菌又可通过烟青虫、棉铃虫及风雨传播，使病害在田间蔓延。

（3）防治方法：防治方法有农业防治和化学防治。

农业防治：轮作倒茬，朝天椒软腐病发生严重地块，应与非茄科作物及十字花科蔬菜进行两年以上轮作；清除病原体，朝天椒收获后及时把病株、病果、病残体带出田外深埋或烧毁；选择抗病品种；加强田间管理，深翻土，合理密植，下雨后及时排水，加强通风透光，及时摘除病果带出田外，深埋或烧毁。保护地栽培要加强放风，防止棚内湿度过高。

化学防治：雨前雨后及时喷药，可用3%中生菌素可湿性粉剂800倍液，或33.5%喹啉铜悬浮剂60～80毫升/亩或48%琥铜·乙膦铝可湿性粉剂500倍液，或47%春雷·王铜（加瑞农）可湿性粉剂600倍液。

3. 青枯病

（1）发病症状：该病多在朝天椒开花期间发生，发病初期植株顶部几张叶片开始萎蔫，中午前后极为明显；傍晚至天明和阴雨天顶部叶片恢复正常，反复多日后，田间病株增多，萎蔫逐渐加剧，叶片萎蔫自上而下蔓延，造成全株萎蔫。叶片变黄不及枯萎病严重（有别于枯萎病），从发病至整株死亡一般5～7

天，雨天多时延长至10天左右。病茎维管束变褐色，如将病重的植株病茎作横切面检查，略加挤压，有乳白色菌液溢出（即菌脓），病株茎下部常有不定根出现。检查青枯病的简易方法是，切取一小段病茎，撕去表皮，放于玻璃管或小杯中，注入清水，静置几分钟后，可见有污浊物（细菌）从病茎下方切口涌出，逐渐扩散于水中，即可确定为青枯病，有别于枯萎病。

（2）发病规律：青枯病是由青枯劳尔氏菌引起的细菌病害。病菌随病残体在土壤或种子上越冬，冬暖大棚内栽培辣椒时，也可在植株上存活。农事操作造成的植株茎部伤口以及昆虫、线虫造成的根部伤口都有利于土壤中病原菌的侵入。病害在田间借灌溉水传播到茎基部引起发病。高温高湿有利于发病，春季气温回升后出现发病高峰。低洼积水、通气不良、黏重土壤、植株生长瘦弱时发病重，灌水和培土后更易造成病害流行。

（3）防治方法：防治方法有农业防治和化学防治。

农业防治：实行轮作，与非茄科蔬菜轮作，最好与瓜类或禾本科作物轮作，不要与茄科蔬菜相互接茬栽种；选种抗病品种；调整土壤酸碱度，病田可结合整地每公顷撒施消石灰250～1 500千克，调整酸性土质为微碱性，可抑制青枯菌的生长，减轻危害；及时拔除病株，并向病穴里灌20%福尔马林液或20%石灰水进行消毒。

化学防治：出现病株时，可喷洒3%中生菌素可湿性粉剂800倍液，或33.5%喹啉铜悬浮剂60～80毫升/亩或46%氢氧化铜（可杀得3 000）可湿性微粒粉剂1 000倍液，每隔7～8天喷药一次，连喷3～4次。可用0.5%小檗碱水剂（青枯立克）1 000倍液，或50%代森锌可湿性粉剂1 000倍液或50%琥胶肥酸铜可湿性粉剂500倍液灌根，每株灌药液500毫升，隔10～15天灌一次，连灌2～3次。

4. 疮痂病（彩图30）

（1）发病症状：该病又称细菌性斑点病，主要危害叶片、茎秆和果实。幼苗染病，叶片染病，初生水渍状黄绿色或黄褐色小斑点，近圆形或不规则形，边缘暗褐色，稍隆起，中部色浅，稍凹陷，表面粗糙疮痂状，有时病斑反面有黄褐色菌脓，受害严重时，病斑连片、破裂，最后叶片脱落，有时叶片畸形。茎枝染病，初为水渍状不规则条斑或斑块。扩展后互相连接，呈暗褐色，隆起，织裂呈疮痂状。果实染病，初生褐色隆起小点，渐扩大成1～3毫米的稍隆起疮痂斑，病斑边缘有裂口，有水浸状晕环，潮湿时，可溢出菌脓。茎部染病，生水渍状暗褐色条斑，病斑稍隆起，纵裂呈溃疡状疮痂斑。

（2）发病规律：病原为细菌，主要在种子上或随病残体遗落在土中越冬。病菌借助灌溉水、雨或昆虫传播，从气孔或伤口侵入致病。高温多湿，尤其是台风或风雨频繁的年份和季节有利于发病。地势低湿、通透不良，或偏施氮肥，或植株生长势差等，易发病。

（3）防治方法：防治方法有农业防治、物理防治和化学防治。

农业防治：深翻土壤，加强松土、追肥，促进根系发育，提高植株抗病力，并注意氮、磷、钾肥的合理搭配，提倡施用充分腐熟的有机肥或草木灰、生物菌肥。高垄栽培，避免田间积水，雨后及时排水。实行轮作，与非茄科蔬菜轮作2～3年。

物理防治：种子消毒，种子先用冷水浸2～3小时后，用55℃温汤浸种或用0.1%高锰酸钾溶液浸种5分钟，洗净药剂后，再浸泡10小时左右，然后催芽播种。

化学防治：发病初期用3%中生菌素可湿性粉剂800倍液或20%噻菌铜悬浮剂700倍液喷雾防治，隔7～8天喷一次，连续防治2～3次。

（三）病毒病害

1. 辣椒病毒病的种类

据报道，在全球范围内有67种病毒能引起辣椒病毒病，其中我国已鉴定出的病毒种类有22种。辣椒可被黄瓜花叶病毒、烟草花叶病毒、辣椒轻斑驳病毒、辣椒斑驳病毒、蚕豆萎蔫病毒、马铃薯Y病毒、马铃薯X病毒、烟草蚀纹病毒、辣椒环斑病毒、苜蓿花叶病毒、烟草脆裂病毒、番茄斑萎病毒、番茄花叶病毒、芜菁花叶病毒等RNA病毒侵染，此外还被番茄黄化曲叶病毒、烟草曲茎病毒及中国辣椒黄化曲叶病毒等DNA病毒侵染，近年发现侵染辣椒的病毒还有甜菜西方黄化病毒和番茄褪绿病毒。我国辣椒大多数产区仍以黄瓜花叶病毒和烟草花叶病毒为优势种群，但近年来，蚕豆萎蔫病毒、辣椒斑驳病毒等病毒逐渐成为我国辣椒主产区的重要病原，马铃薯Y病毒对辣椒的侵染也呈上升趋势。

2. 发病症状

在辣椒整个生育期内均有可能发病，而且是多种病毒复合侵染，症状较为复杂，主要危害叶子和果实。常见的发病症状有3种类型：第一种表现为花叶型，开始时植株心叶叶脉失绿，出现明显黄绿相间的花斑，逐渐形成深浅不均的斑驳、叶面皱缩，或产生褐色坏死斑；第二种表现为丛型，染病后幼叶狭窄、严重时呈线状，后期植株上部节间短缩呈丛状；第三种表现为条斑型，染病后叶片主脉呈褐色或黑色坏死，沿叶柄扩展到侧枝和主茎，出现系统坏死条斑，常造成早期的落叶、落花、落果，严重时整株枯死。果实染病，果面出现黄绿不均的花斑、紫色条斑，严重时果实僵化，形成疣状突起，干制时形成花皮椒（彩图 31）。

3. 发病规律

温度 20～35℃，相对湿度 80%以下易发病。借助蚜虫、粉虱和接触传播，种子也可带毒传播。通常高温干旱，蚜虫、白粉虱、烟粉虱、蓟马等盛发时危害严重。多年连作，低洼地，缺肥或施用未腐熟的有机肥，均可加重病毒病的危害。甜椒发病较重。

4. 防治方法

农业防治：选用抗病品种，清洁田园，避免重茬，可与葱蒜类、豆科和十字花科蔬菜进行 3～4 年轮作。

物理防治：采用 60 目防虫网对传毒昆虫进行有效的物理隔离，利用蚜虫、粉虱对黄色以及蓟马对蓝色有强烈的趋向性，悬挂黄蓝板诱杀成虫。黄蓝板与性诱剂相结合效果更佳，能较大程度上降低传毒昆虫的虫口密度从而减轻病毒病的发生。定植时利用银灰色膜避蚜虫。

化学防治：用 10%磷酸三钠溶液浸泡种子消毒，播种前先用温水浸泡 3～4 小时，再放入磷酸三钠溶液中浸泡 20～30 分钟，然后用清水冲洗干净，捞出沥去多余水分后播种催芽。苗期注意防止日灼，勤浇小水，定植前 10～15 天喷洒 25%助壮素水剂 2 500 倍液，以防徒长，促矮壮，增强对病毒的抵抗力；用 25%噻虫嗪水分散粒剂 1 500～7 500 倍液提前 3～5 天灌苗盘或灌根，有效期可达 20～30 天，并能促苗壮根，提高对病毒病的抗性。定植前1～3 天，对秧苗进行喷药预防，2%宁南霉素水剂 300 倍液混加 20%吗胍·乙酸铜可湿性粉剂 500 倍液，混加芸苔素内酯 6 000 倍液，连续喷施 2～3 次，防病效果良好。发病初期可用 6%寡糖·链蛋白（中保阿泰灵）可湿性粉剂 800～1 000 倍液，也可采用 2%香菇多糖 500～600 倍液喷洒，每 7 天喷洒一次，连喷 3～4 次。在传毒昆虫蚜虫、烟粉虱、蓟马危害初期可选用阿维菌素、乙基多杀菌素、印楝素等生物源农药，当害虫大量发生时选用吡虫啉、吡蚜酮、啶虫脒、噻虫嗪、呋虫胺、烯啶虫胺、高效氯氟氰菊酯等作为补充药剂交替使用，生产上常施用“噻虫啉＋螺虫乙酯”“阿维菌素＋螺虫乙酯”“噻虫嗪＋联苯菊酯”“氯噻啉＋高效氯氟氰菊酯”等复配剂来杀死昆虫介体，减少病毒传播。

（四）生理性病害

1. 日灼病（彩图32）

（1）发病症状：是一种生理性病害，主要发生于果实。被害果实向阳面发生大片脱色病斑，病斑变干后呈革质状，变薄，组织坏死，变硬，还可被其他腐生菌侵染，出现褐色或黑色霉层而导致果实腐烂。

（2）发病规律：由于果实受强烈日光照射所致。果面暴晒在阳光下，使果实局部受热，表皮细胞被灼伤而发生日灼。早晨果面出现露珠，阳光直射经水珠聚光作用，灼伤果实表面细胞，易诱发日灼病。通常土壤缺水或天气过度干热，长期施用化学肥料，忽视有机肥和中微量元素的补充，作物自身抵抗恶劣环境的能力降低。雨后骤晴果实结露成水珠，强光照射小水珠会形成凸透镜聚热效应使果实局部高温灼伤，日灼现象更为严重。

（3）防治方法：防治方法有农业防治、物理防治和化学防治。

农业防治：首先，采用生态防治，通过合理密植，使叶片互相遮阴，避免果实暴露在外，当然也可以用遮阳网对辣椒进行覆盖，避免直射果实；尽早培土，注意生根养根，增强根系吸收水肥能力；高温干旱天气辣椒行间覆盖作物秸秆保持土壤水分均衡，或小水勤浇，既可补充水分又能改善田间小气候环境。

物理防治：用地膜覆盖，既可以保持土壤中的水分，又可以减少土壤中钙质等养分的淋失；生产上适时灌水，特别是在朝天椒结果后要及时均匀浇水，防止高温对朝天椒的危害，减少日灼病的发生；选用抗日灼病品种，从源头上对日灼病进行防御；及时防治，对三落病（落叶、落花、落果）要及时防治，避免朝天椒早期落叶，减少日灼病的发生。

化学防治：着果后每隔5～7天喷洒1％过磷酸钙或者0.1％氯化钙或2％螯合钙叶面肥一次，连续喷施2～3次，喷施药剂时最好在下午3点后喷施；另外，喷0.2％四硼酸钠水溶液，既可以加速花器官的发育，促使花粉萌发以及花粉管的生长和授粉能力，又能有效降低日灼病的发病率。

2. 脐腐病（彩图33）

辣椒对光照强度要求相对较低，在冬季进行反季节生产具有一定优势且栽培效益较高。脐腐病是辣椒常见生理病害之一，也是辣椒反季节栽培面临的重要生产隐患。

（1）发病症状：该病主要危害果实。最先表现在辣椒果实尖端，初期会出现绿褐色或灰褐色水浸斑，病斑逐渐向果实基部扩展并呈近椭圆形分布，中后期病斑颜色逐渐加深并向内凹陷，此时往往因细胞液外流而造成病菌滋生，并在病斑部位出现霉层。

（2）发病规律：造成脐腐病的根本原因在于缺钙。土壤中氮肥过多，营养生长旺盛，果实不能及时补充钙就会发病。经测定含钙量 0.2%以下时易发病。

（3）防治方法：防治方法有农业防治、物理防治和化学防治。

农业防治：定植前施肥以有机肥为主，结合施用过磷酸钙。多施基肥，使钙处于容易被吸收的状态。不能施用未腐熟的有机肥，避免烧根。定植时，带坨移植，不伤根，以免影响水分和养分的吸收。适度适时追肥和浇水，尤其在植株进入结果期，务必使养分和水分得到均衡供应，使植株稳生稳长，提高抗逆力，可减少脐腐病的发生。灌水时间要在早、晚温度较低时进行，避免在高温干旱的中午浇水。

物理防治：在常发生脐腐病的地方应采用地膜覆盖栽培，可保持土壤水分的相对稳定，并可减少多次浇水引起钙的流失。

化学防治：通过根外追肥，定期或不定期喷施 1%过磷酸钙浸提液或 1%氯化钙 1 000 倍液或 1%硝酸钙 1 000 倍液，隔 7～15 天喷施一次，喷 2～3 次，可减轻脐腐病的发生。

3. 冻害、冷害

（1）发病症状：辣椒冻害发生在植株生育后期，果实在田间或挂秧保鲜，或者运输期间受冻，开始并不表现症状，当温度上升到 0℃以上后，症状开始表现，初为水浸状，软化，果皮失水皱缩，果面出现凹陷斑，持续一段时间后腐烂。

发生冷害植株的辣椒叶尖、叶缘出现水渍状斑块，叶组织变成褐色或深褐色，后呈现青枯状。在持续低温下，辣椒的抵抗力减弱，容易发生低温型的病害或产生花青素，导致落花、落叶和落果。辣椒果实的耐低温能力较差，在 0～2℃范围内就可能发生冷害，0℃持续 12 天，果面会出现大片无光泽的凹陷斑，似开水烫过样，4℃持续 18 天也出现相同症状。

（2）发生规律：辣椒生长期间遭遇 0℃以下的低温时，就会发生冻害。辣椒生长期间，长期遭遇 5℃以下 0℃以上低温时，会出现叶绿素减少或在近叶柄处出现黄色花斑，植株生长缓慢的低温障碍，称为冷害。

（3）防治方法：改进育苗方法，利用人工控温育苗方法，如电热温床和工厂化育苗等，是解决秧苗受冻问题的根本措施。增强秧苗抗寒力，避免秧苗徒长，让苗多照光。适时喷施叶面肥，提高肥效抗性。平衡施肥，增施磷钾肥，苗期使用抗寒剂。秧苗喷施0.5%～1%的红糖或葡萄糖溶液，可增强抗寒力。在3～4叶期喷施2次（间隔7天）0.5%的氯化钙溶液或螯合钙叶面肥，增强抗寒性。棚室保温防冻，要把大棚四周棚膜压实，防止透风降温。增加棚膜透光提高棚内温度。

4. 沤根

（1）发病症状：沤根非病理性病害，而是一种生理性病害。病初白天萎蔫，早、晚复原，容易拔出、根部不发新根和不定根，根皮发锈，须根或主根部分或全部变褐色至腐烂。

（2）发病规律：朝天椒生长发育适温20～30℃，适宜地温为25℃，温度越低生长越差，低于18℃根的生理机能下降，生长不良，到8℃时根系停止生长，此间低温持续时间长，连阴天多，光照不足或湿度大就会发生沤根。

（3）防治方法：在管理上对症下药，注意加大通风量，减少棚内空气相对湿度。畦面整平，严禁大水漫灌，浇后及时中耕，避免过早过深地进行根际培土。避免用杀菌剂之类的农药进行大量喷洒，否则会加重沤根。若发生轻微沤根，应及时划锄松土，以提高地温，增强土壤透性。

三、常见虫害及防治方法

（一）蚜虫（彩图34）

1. 虫害识别

温度15～26℃，相对湿度低于75%条件下均可危害。设施栽培条件下周年危害。露地栽培6月份至7月下旬虫口密度大，危害重。蚜虫喜在叶面上刺吸植物汁液，造成叶片卷缩变形，植株生长不良，影响生长，并因大量排泄蜜露、蜕皮而污染叶面。并能传播病毒病，造成的损失远远大于蚜虫的直接危害。蚜虫分泌的蜜露还会诱发煤污病、病毒病并招来蚂蚁危害等。翌年春季越冬寄主发芽后，越冬卵孵化为干母，孤雌生殖2～3代后，产生有翅胎生雌蚜，4—5月迁飞危害。随后繁殖，5—6月进入危害高峰期，6月下旬后蚜量减少，但干旱年份危害期多延长。10月中下旬产生有翅的性母，迁回越冬寄主。一般以春、秋季危害较重，温暖地区全年可以孤雌胎生繁殖。

2. 形态特征

目前已经发现的蚜虫共有10个科，约4 400种。蚜虫的大小不一，身长

1～10 毫米不等。前翅 4～5 斜脉，触角次生感觉圈圆形，酸管管状。

3. 防治方法

农业防治：适当早播，可使蚜虫发生危害期在植株长大以后出现，从而减轻蚜虫的危害程度；结合积肥清除杂草，蔬菜收获后，及时处理残株败叶；结合中耕打去老叶、黄叶，去除病虫苗，并带出田外加以处理。朝天椒收获后迅速杀死田间杂草，可以使杂草上的蚜虫自然死亡，减少后茬虫源。

物理防治：地表覆盖银灰色塑料薄膜或黑色膜，用黄板或者诱虫带诱蚜，插或挂于蔬菜行间并于蔬菜持平。

化学防治：在椒苗期，蚜虫发生较少时，可采用持效期较长的药剂以控制蚜虫的危害，可以采用以下杀虫剂进行防治：240 克/升螺虫乙酯悬浮剂 4 000～5 000 倍液，或 10%烯啶虫胺水剂 3 000～5 000 倍液，或 3%啶虫脒乳油 2 000～3 000 倍液，或 10%氟啶虫酰胺水分散粒剂 3 000～4 000 倍液，或 10%吡虫啉可湿性粉剂 1 500～2 000 倍液，或 25%噻虫嗪可湿性粉剂 2 000～3 000 倍液；兑水均匀喷雾，视虫情每 7～10 天喷一次。在辣椒结果期，田间蚜虫发生较重时，可施用速效性较好、持效期较短的药剂来防治蚜虫，如 2.5%高效氯氟氰菊酯乳油 1 000～2 000 倍液，或 2.5%溴氰菊酯乳油 1 000～2 500 倍液，或 4.5%高效氯氰菊酯乳油 2 000～3 000 倍液，或 10%溴氰虫酰胺悬乳剂 4 000 倍液，或 14%氯虫·高氯氟悬浮剂 4 000 倍液，兑水均匀喷雾，视虫情每 5～7 天喷一次。

（二）白粉虱（彩图 35）

1. 虫害识别

露地栽培条件下 4 月至 10 月均可危害，在设施栽培条件下周年发生，干旱条件下发生重，秋季危害最严重。成虫和若虫吸食植物汁液，被害叶片失绿、变黄、萎蔫，甚至全株枯死。此外，由于其繁殖力强，繁殖速度快，种群数量庞大，群聚危害，并分泌大量蜜液，严重污染叶片和果实，往往引起煤污病的大面积发生，使果实失去商品价值。

2. 形态特征

成虫体长 0.9～1.4 毫米，淡黄白色或白色，雌雄均有翅，全身披有白色蜡粉，雌虫个体大于雄虫，其产卵器为针状。白粉虱蛹壳卵形或长椭圆形，长约 1.64 毫米，宽约 0.74 毫米，有时蛹壳大小变化很大，淡黄色半透明或无色透明。背盘区中央稍向上隆起，整个蛹壳面覆盖白色棉状蜡丝。

3. 防治方法

农业防治：培育无虫苗。育苗前铲除杂草、残株，彻底熏杀育苗温室内残余虫口，通风口要安装纱网，杜绝白粉虱进入。培育无虫苗，将其定植到清洁的经熏杀的生产温室中去。

物理防治：利用白粉虱成虫对黄色有激烈趋向性的特色，在白粉虱发作初期，将涂有机油或蜜汁的黄色板，挂在保护地内行间植株上方，诱杀成虫。

化学防治：在白粉虱发作虫口密度尚低的初期，可用25%噻虫嗪水分散粒剂2 500～7 500倍液，或20%呋虫胺4 000倍液喷雾，对若虫和成虫均有防效。若将昆虫成长调节剂25%噻嗪酮可湿性粉剂1 000～1 500倍液与上述菊酯类药混合使用，既能快速控制种群的发展，又可维持较长的效果；也可在保护地内，每亩用22%敌敌畏烟剂500克，或30%异丙威烟剂320克熏杀，或用10%溴氰虫酰胺悬乳剂4 000倍液，或14%氯虫·高氯氟悬浮剂4 000倍液，或22.8%螺虫乙酯（亩旺特）4 000倍液，或40%啶虫脒3 000倍液喷雾防治，要轮换用药，在虫害较多的时候添加有机硅或矿物油、植物精油等。

（三）棉铃虫（彩图36）

1. 虫害识别

温度25～28℃，相对湿度70%～90%适宜虫卵生长繁殖。6月份至9月份危害较重。以幼虫蛀食蕾、花、果为主，也危害嫩茎、叶和芽。花蕾受害时，苞叶张开，变成黄绿色，2～3天脱落。幼果常被吃空或引起腐烂而脱落，成果虽然只被蛀食部分果肉，但因蛀孔在蒂部，便于雨水、病菌侵入引起腐烂，果实大量被蛀会导致果实腐烂脱落，造成减产。

2. 形态特征

成虫体长14～18毫米，翅展30～38毫米，灰褐色。前翅中有一环纹褐边，中央有一褐点，其外侧有一肾状纹褐边，中央有一深褐色肾形斑；肾状纹外侧为褐色宽横带，端区各脉间有黑点。后翅黄白色或淡褐色，端区褐色或黑色。卵直径约0.5毫米，半球形，乳白色，具纵横网络。老熟幼虫体长30～42毫米，体色变化很大，由淡绿至淡红至红褐乃至黑紫色。头部黄褐色，背线、亚背线和气门上线呈深色纵线，气门白色。两根前胸侧毛连线与前胸气门下端相切或相交。体表布满小刺，其底座较大。蛹长17～21毫米，黄褐色。腹部第五至第七节的背面和腹面有7～8排半圆形刻点。臀棘2根。

3. 防治方法

农业防治：冬前翻耕土地，浇水淹地，减少越冬虫源。根据虫情测报，在棉铃虫产卵盛期，结合整枝，摘除虫卵烧毁。

物理防治：①杨树把诱蛾，棉铃虫蛾子对半枯萎的杨树枝把散发的气味有趋性，因此田间插树枝把能很好地诱杀棉铃虫蛾子，一般能减少产卵量的40%～50%。每亩插树枝把不少于20个，均匀分布，在蛾高峰到来前10天插到田头，坚持每天清晨带露水收蛾，每7天换一次树枝把，在蛾高峰后10天，把换下的树枝把及时烧毁。②黑光灯诱蛾，利用棉铃虫的趋光性，在椒田安装黑光灯、高压汞灯或其他灯具诱捕成虫。特别是高压汞灯诱杀棉铃虫效果显著，可降低落卵量60%～80%，对2代棉铃虫的诱杀效果最好。距高压汞灯越近，落卵量越低，诱杀效果越好。

化学防治：当百株卵量达20～30粒时即应开始用药，如百株幼虫超过5头，应继续用药。一般在果实开始膨大时开始用药，可用4.5%高效氯氰菊酯水乳剂40～60克/亩，或5%高效氯氟氰菊酯微乳剂1 500倍液，或8 000IU/微升苏云金杆菌悬浮剂200～300毫升/亩，或10%溴氰虫酰胺悬乳剂3 000倍液，或5%氯虫苯甲酰胺悬浮剂3 000～4 000倍液喷雾防治，每周一次，连续防治2～3次。

（四）烟青虫

1. 虫害识别

高温高湿有益于虫卵的生长繁殖。5月份至10月份均可发生，6月份至9月份危害严重。以幼虫蛀食花蕾、果实，也危害茎、叶和芽。果实被蛀引起腐烂而大量落果，是造成减产的主要原因，严重时蛀果率达30%以上。

2. 形态特征

成虫体长15～18毫米，翅长24～33毫米，体色较黄，前翅正面肾状环状纹及各横线清晰，中横线向后斜伸，但不达环状纹正下方，后翅黑褐色宽带内侧有条平行线。腹部黄褐色，腹面一般无黑色片。卵扁半球形，高约0.4毫米，宽约0.45毫米，卵孔明显，卵壳上有网状花纹，老熟幼虫体长40～50毫米，体表密布不规则的小块及圆锥状短而钝的小刺，两根前胸侧毛的连线远离前胸气门下端。蛹赤褐色，长17～20毫米，体前段显得粗短，气门小而低，很少突出。

3. 防治方法

农业防治：耕作灭蛹，冬耕及春耕均可以消灭大量越冬蛹，压低越冬虫源基数；田间化蛹期，结合田间管理可进行锄地灭蛹或培土闷蛹；秋耕翻地，也可消灭部分越冬蛹，且能阻止成虫羽化出土，使其窒息。

物理防治：一是利用成虫趋黑光灯特性，有条件的地方于成虫盛发期，在田间安装黑光灯诱杀成虫有一定的防治效果。二是在烟青虫发蛾高峰期，可用杨树、柳树、洋槐树等树枝把诱蛾。三是在烟青虫成虫发生期，用烟青虫性诱剂诱杀雄蛾，可降低雌蛾产卵量。

化学防治：防治烟青虫必须将幼虫消灭在蛀果前，一旦幼虫蛀入果实，药剂防治的效果就很差。因此，确定最佳防治适期显得尤其重要。在卵孵化盛期至2龄幼虫期喷药防治，可将幼虫消灭在蛀果之前。当成虫量开始突然增加时，表明进入发蛾盛期，过3～5天即为田间产卵盛期，再过3～4天即为幼虫孵化盛期。可选用药剂0.8%甲氨基阿维菌素乳油（方除）2 000倍液，或10%虫螨腈悬浮剂（除尽）2 000倍液，或5%虱螨脲乳油（美除）1 000倍液，或24%甲氧虫酰肼悬浮剂（美满）1 000倍液，或2.5%多杀霉素悬浮剂（菜喜）1 500倍液，或2.5%联苯菊酯乳油（天王星）2 500倍液，或5%氟啶脲乳油（抑太保）2 000倍液，或5%氟虫腈悬浮剂（锐劲特）2 000倍液等，以上药剂任选1种交替使用。

（五）茶黄螨（彩图37）

1. 虫害识别

成、幼螨集中在辣椒的幼芽、嫩叶、花、幼果等幼嫩部位刺吸汁液，尤其是尚未展开的芽、叶和花器。被害叶片增厚僵直、变小或变窄，叶背呈黄褐色、油渍状，叶缘向下卷曲。幼茎变褐，丛生或秃尖。花蕾畸形，果实变褐色，粗糙，无光泽，出现裂果，植株矮缩。由于虫体较小，肉眼常难以发现，且危害症状又和病毒病或生理性病害相似，生产上要注意辨别。

2. 形态特征

卵长约0.1毫米，椭圆形，灰白色，半透明，卵面有6排纵向排列的泡状突起，底面平整光滑。幼螨近椭圆形，躯体分3节，足3对。若螨半透明，菱形。雌成螨长约0.21毫米，体躯阔卵形，体分节不明显，淡黄至黄绿色，半透明有光泽。足4对，沿背中线有一白色条纹，腹部末端平截，雄成螨体长0.19毫米，体躯近六角形，淡黄至黄绿色，腹末有锥台形尾吸盘，足较长且粗壮。

3. 防治方法

农业防治：合理轮作和间作，茶黄螨在田间发生的轻重差异性较大，主要与农田轮作有关，凡轮作田块，由于破坏了害螨的越冬场所，减少了越冬虫口基数，危害就轻；连作田块，积累了害螨的越冬虫口基数，有利于螨类在早春寄主作物上繁殖，危害就重。实行因地制宜的轮作、减少虫源是控制危害的有效方法。在常年发生茶黄螨较重的田块，应避免与玉米、豆科作物间作，杜绝来自中间寄主的虫源，也是减轻危害的一项措施。加强田园清洁，在冬、春季节铲除田间、田埂、路边、沟边等处的杂草，以减少越冬虫口基数，从而减轻危害。

化学防治：在发生初期可选用 43%联苯肼酯悬浮剂 3 000～4 000 倍液，或 15%哒螨灵乳油 1 500～3 000 倍液，或 5%唑螨酯悬浮剂 2 000～3 000 倍液，或 1.2%烟碱·苦参碱乳油 1 000～2 000 倍液，兑水喷雾，为提高防治效果，可在药液中加洗衣粉，并采用淋洗式喷药。喷药时，重点喷洒植株上部的幼嫩部位，如嫩叶背面、嫩茎、花器、幼果等。也可用 10%哒螨灵烟剂 400～600 克/亩熏烟。

（六）红蜘蛛（彩图 38）

1. 虫害识别

红蜘蛛主要危害辣椒的叶、茎、花、果实，使受害部位水分减少，表皮失绿变白，叶表面呈现密集苍白的小斑点，叶面变为灰白色，卷曲发黄，植株生长减慢、长势弱、挂果少、果实小、品质差，直至不结果，矮缩枯死。

2. 形态特征

红蜘蛛为螨类害虫，雌螨椭圆形，深红色；雄螨体色变深，体侧出现明显的块状色斑；卵圆球形，光滑，越冬卵红色，非越冬卵淡黄色。

3. 防治方法

农业防治：铲除田边杂草，保持田间卫生，及时摘除枯枝、老叶和有虫叶并集体烧毁。适时浇水施肥，保持田间适当湿度。

化学防治：在发病初期可用 2.5%联苯菊酯乳油 1 500 倍液，或 20%双甲脒乳油 1 000 倍液，或 34%螺螨酯 4 000 倍，或 20%丁氟螨酯 2 000 倍，或 5%高氯甲维盐 1 500 倍喷雾，打药时喷头斜向上喷叶背面，5～7 天施药一次，连续防治 2～3 次。

（七）蓟马（彩图 39）

1. 虫害识别

蓟马以成虫和若虫锉吸寄主植株嫩幼组织（枝梢、叶片、花、果实等）汁液，被危害的嫩叶、嫩梢变硬卷曲枯萎，叶面形成密集小白点或长形条，植株生长缓慢，节间缩短；嫩果被害后会硬化，严重时造成落果，严重影响产量和品质。一年发生 10～20 代，温度 25～30℃、相对湿度 40%～70%时适宜虫害的生长繁殖。高温干旱年份虫害发生严重。

2. 形态特征

体长 0.5～2 毫米，黑色、褐色或黄色；头略呈后口式，口器锉吸式，能锉破植物表皮，吸吮汁液；触角 6～9 节，线状，略呈念珠状，一些节上有感觉器；翅狭长，有长而整齐的缘毛，脉纹最多有两条纵脉水；足的末端有泡状的中垫，爪退化；雌性腹部末端圆锥形，腹面有锯齿状产卵器，或呈圆柱形，无产卵器。

3. 防治方法

农业防治：早春清除田间杂草和枯枝残叶，集中烧毁或深埋，消灭越冬成虫和若虫。

物理防治：利用蓟马趋蓝色的习性，在田间设置蓝色粘板，诱杀成虫，粘板高度与作物持平。

化学防治：可用 19%溴氰虫酰胺悬浮剂 4 000 倍液苗床喷雾。点片发生时可用 10%吡虫啉可湿性粉剂 3 000 倍液或 10%溴氰虫酰胺悬浮剂 3 000 倍液喷雾防治，或 25%噻虫嗪水分散粒剂 1 500 倍液，或 5%啶虫脒可湿性粉剂 2 500 倍液，或 1.8%阿维菌素乳油 3 000 倍液均匀喷雾。

（八）甜菜夜蛾（彩图 40）

1. 虫害识别

甜菜夜蛾主要以幼虫蚕食辣椒的叶片为主要危害，在低龄时主要蚕食辣椒的心叶，随后扩散到蚕食辣椒的叶片，被甜菜夜蛾蚕食后的叶片，不仅容易感染病害，还会影响叶片产生光合作用产物，从而影响辣椒果实的膨大。初孵幼虫结疏松网在叶背群集取食叶肉，受害部位呈网状半透明的窗斑，干枯后纵裂。三龄后幼虫开始分群危害，可将叶片吃成孔洞、缺刻，严重时全部叶片被食尽，整个植株死亡。四龄后幼虫开始大量取食，蚕食叶片，啃食花瓣，蛀食茎秆及果荚。6—9 月份均可发生危害，7 月下旬到 9 月上旬是危害盛期。持续高温干旱，虫害发生严重。

2. 形态特征

成虫体长 10～14 毫米，翅展 25～30 毫米，虫体和前翅灰褐色，前翅外缘线由一列黑色三角形小斑组成，肾形纹与环纹均黄褐色。卵圆馒头形，卵粒重叠，形成 1～3 层卵块，有白绒毛覆盖。幼虫体色多变，一般为绿色或暗绿色，气门下线黄白色，两侧有黄白色纵带纹，有时带粉红色，各气门后上方有一个显著白色斑纹。腹足 4 对。蛹体长一厘米左右，黄褐色。

3. 防治方法

农业防治：在蛹期结合农事需要进行中耕除草、冬灌，深翻土壤。早春铲除田间地边杂草，破坏早期虫源滋生、栖息场所，这样有利于恶化其取食、产卵环境。

物理防治：傍晚人工捕捉大龄幼虫，挤抹卵块，这样能有效降低虫口密度。在成虫始盛期，在大田设置黑光灯、高压汞灯及频振式杀虫灯诱杀成虫，同时利用性诱剂诱杀成虫。

生物防治：使用苏云金杆菌制剂进行防治及保护，利用腹茧蜂、叉角厉蝽、星豹蛛、斑腹刺益蝽等天敌进行生物防治。卵的优势天敌有黑卵蜂，短管赤眼蜂等；幼虫优势天敌有绿僵菌等。

化学防治：施药时间选择在清晨最佳，在幼虫孵化盛期，于上午 8 时前或下午 6 时后喷施 25%灭幼脲乳油 1 000～2 000 倍液，或高效氟氯氰菊酯乳油 1 000 倍液加 5%氟虫脲乳油 500 倍混合液，或 5%高效氟氯氰菊酯乳油 1 000 倍液加 5%氟虫脲可分散液剂 500 倍混合液喷雾防治。

（九）小地老虎（彩图 41）

1. 虫害识别

小地老虎主要危害是幼虫将辣椒幼苗近地面的茎部咬断，使整株死亡，造成严重损失，甚至毁苗。幼虫行动敏捷，有假死习性，对光线极为敏感，受到惊扰即蜷缩成团，白天潜伏于表土的干湿层之间，夜晚出土从地面将朝天椒幼苗植株咬断拖入土穴，或咬食未出土的种子，幼苗主茎硬化后改食嫩叶和叶片及生长点。温度 14～26℃，湿度 80%～90%适宜虫害的生长繁殖。秋季多雨、次年春季干旱有利于虫害的大面积发生。

2. 形态特征

幼虫，圆筒形，老熟幼虫体长37～50毫米，宽5～6毫米。头部褐色，具黑褐色不规则网纹；体灰褐至暗褐色，体表粗糙，布大小不一而彼此分离的颗粒，背线、亚背线及气门线均黑褐色。成虫对黑光灯及糖、醋、酒等趋性较强。

3. 防治方法

农业防治：早春清除菜田及周围杂草，防止小地老虎成虫产卵。如发现1～2龄幼虫，应先喷药后除草，以免个别幼虫入土隐蔽。清除的杂草，要远离菜田，沤粪处理。

生物防治：诱杀小地老虎可用糖醋液，其配比为糖∶醋∶白酒∶水＝6∶3∶1∶10，并按5%的比例加入90%晶体敌百虫，将上述混合液调匀，制成诱食剂；先在大碗或小盆内放进少量锯木屑，再加入适量诱食剂，盖上盖，每天于成虫活动期间打开盖，诱杀小地老虎成虫（注意诱食剂应随时补充或更换）。

化学防治：小地老虎1～3龄幼虫期抗药性差，且暴露在寄主植物或地面上，是药剂防治的适期，可用25%溴氰菊酯乳油3 000倍液，或20%氰戊菊酯3 000倍液，或10%溴·马乳油2 000倍液，或90%敌百虫800倍液，或50%辛硫磷800倍液喷雾防治。

第四章
番茄优质高效栽培技术

番茄，别名西红柿、洋柿子，茄科番茄属一年生草本植物，原产于美洲西部的秘鲁和厄瓜多尔的热带高原地区。公元16世纪传入欧洲作为观赏栽培，17世纪才开始被食用。17—18世纪才传入我国。番茄果实柔软多汁，酸甜适口，并且含有丰富的维生素C和矿物质元素，深受广大消费者的喜爱，尤其是随着设施蔬菜生产的发展，番茄栽培面积不断扩大，现已成为我国主要的栽培蔬菜之一。

番茄是世界上重要的蔬菜作物，全球年总产量达1.7亿吨，在蔬菜作物中位居首位。我国是鲜食和加工番茄生产大国，番茄生产规模基本保持稳定，农业农村部蔬菜生产农情监测项目统计，2018年番茄栽培面积110.9万公顷（1 663.7万亩），产量6 483.2万吨。鲜食番茄产量稳居世界第一，加工番茄产量位居世界第二或者第三（李君明等，2021）。当前我国番茄产业继续稳步发展，番茄生产逐步形成了更为明显的优势区域，确保了周年供应，培育出一批适应市场消费需求的番茄新品种，应用基础研究取得了长足进步。

目前，自主研发大果番茄、樱桃番茄和加工番茄品种约占85%以上，在国内市场占主导地位。其中“十三五”期间新育成的品种，基本均抗番茄黄化曲叶病毒病，植株综合抗提升，硬度明显提高，商品果率较高，连续坐果能力强。但是，与世界先进国家相比，我国番茄种业仍存在诸多方面的差距，最主要的问题是原始创新能力不足，原创性成果少。现在国内番茄育种利用的抗病基因、优质基因绝大多数来源国外品种的分离，虽然国家加大了对种质资源的系统收集与鉴定，但仍处于起步阶段，缺乏深入和系统研究。另外，目前科研工作还呈现碎片化，缺乏规模化、系统化、高效化的育种技术体系。

我国番茄生产分布较广，一年四季均有栽培，主要采用日光温室、塑料棚和露地栽培3种方式。按照栽培方式和收获季节划分，主要优势产区有黄淮海及环渤海设施生产区域、北部高纬度夏秋生产区域、长江流域早春生产区域、西南冬季生产区域和华南番茄生产区域，其中黄淮海及环渤海设施生产区域是我国日光温室和大棚番茄生产最集中的区域。就生产而言，我国番茄生产整体还处于较低水平，特别是在精准化肥水调控方面，与国外集约化生产存在较大差距。

在番茄产品的深加工、精深加工上，除了目前常见的番茄酱之外，还有番茄清汁、番茄干粉、番茄红素胶囊以及红花黄色素、番茄膳食纤维、红花活性维生素E胶囊、多糖囊等番茄特色加工产品（王光娟，2021）。

结合当前番茄产业发展现状，番茄产业要想稳定发展，需要进一步加大对种质资源的保护、收集和评价，综合利用 WGS、Seq－BSA、QTL－seq、MutMap、InDel－Seq、BSR－Seq 等现代生物技术，快速、系统、深入地挖掘不同类型的遗传资源。充分利用基于全基因组测序、转录组学、蛋白组学、代谢组学等开发的大量不同类型覆盖全基因组或特异性状的标记，建立高通量筛选的现代育种技术体系，结合标记辅助回交（MABC）、标记辅助轮回选择（MARS）、基因组选择（GS）等方法，提高育种效率（王娟等，2020）。

第一节　番茄的生物学特征

一、番茄植物学特征

（一）根

番茄根由胚轴中的幼根发芽生长、分枝形成的主根和各级侧根构成根系。主根和侧根起固定植株和给地上部分提供水分和矿物质营养的作用，吸收是靠根毛进行的。番茄属于直根系，主根入土深，侧根发达，分布较广，根系较庞大。盛果期时主根入土可深达150厘米以上，根系开展的幅度可达250厘米左右（图4-1）。

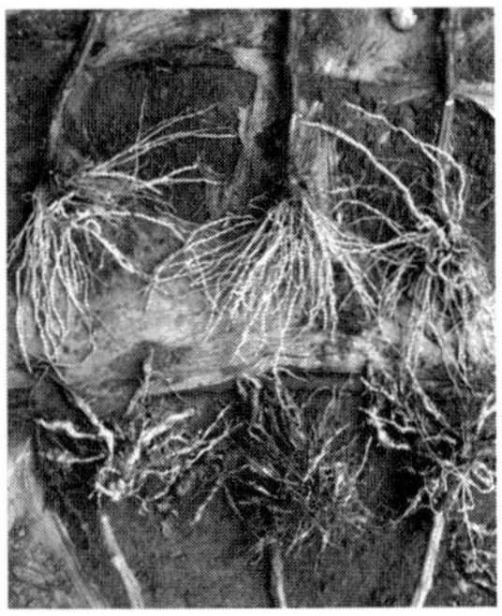

图4-1　番茄根

番茄根再生能力强，栽培中采用育苗移栽，当主根被截断时易产生侧根。不仅主根上易生侧根，根颈或茎节上也很容易发生不定根，这种不定根与侧根相比入土浅、分布广度小，但同样也具有吸收能力和支撑作用，而且伸展得很快，在良好的生长条件下，不定根发生后4～5周即可长达1米左右，所以生产上常采取培土、压蔓诱发不定根的方法以扩大根群，或通过扦插进行繁殖。地上部茎叶生长旺盛，根系分枝能力强，因此过度整枝或摘心会影响根的发育。

（二）茎

番茄茎为半直立性或蔓性，基部木质化，除个别品种外，一般都需支架栽培。茎高一般50～130厘米，茎粗一般0.5～2.0厘米。茎上发生侧枝的能力强，每个叶腋均能产生侧枝，且侧枝生长迅速，可以开花结果。生产上通过侧枝的摘留可以调整番茄的株型及调控营养生长和生殖生长间的平衡。番茄茎易产生不定根，因此，可以利用枝条进行扦插繁殖（图4-2）。

图4-2　番茄茎

番茄的分枝习性，在植物学上属假轴分枝，也称合轴分枝，即当主茎生长到一定节位后，顶端形成顶生花芽，花芽相邻的侧芽代替主茎继续生长，长出1～3片叶后，顶端又形成花芽。根据顶芽生长习性，如果主茎着生2～4个花序后，顶芽分生芽，茎不再延伸，出现封顶现象，此品种类型称为有限生长类型，或叫自封顶生长类型。如果主茎着生2～4个花序以后，顶芽继续交替分化花芽和叶芽，主茎不断延伸生长，此品种类型为无限生长类型或叫非自封顶生长类型。有限生长类型的品种，植株比较矮小，开花结果集中，早熟，适合矮架密植栽培或无支柱栽培。无限生长类型的品种，植株高大，生育期长，成熟期偏晚，产量高，适合稀植栽培。番茄腋芽萌发能力极强，可发生多级侧枝，为减少养分消耗和便于通风透光，应及时整枝打杈，形成一定的株型，以利通风透光，调节营养生长和生殖生长的平衡，以争取最佳的生产效果。

（三）叶

番茄的叶是具有小叶的不规整的羽状复叶，主要小叶有5～9片，普通有7片，从叶柄基部按适当间隔成3对。小叶分为顶生小叶、侧生复叶和小叶。顶生小叶是生在叶柄尖端的那片小叶，只有一个；侧生复叶是生在叶柄两侧的小叶，呈不规整的羽状排列，其数目随品种而异。叶片和茎上有茸毛及分泌腺，分泌出特殊气味，故虫害较少。叶的形态可分为三类：花叶型、皱缩叶型、薯叶型。此外，叶片的大小、形状、颜色深浅等因品种和环境条件的不同而不同，这样既可以鉴别品种的特征，也可作为诊断栽培措施的生态依据（图4-3）。

图4-3 番茄叶

（四）花

番茄的花是完全花，自花授粉、发育正常的花，一般不易天然杂交。番茄花由雌蕊（包括子房、花柱和柱头三部分），雄蕊（包括花药和花丝）、花瓣、萼片和花梗等部分组成。花瓣黄色，萼片绿色，通常花瓣、萼片和花药均为6枚，也有7～10枚的，雌蕊一枚，子房上有多个心室，多个胚珠，单果可结较多种子，雄蕊的6枚花药聚合在一起，围绕雌蕊花柱形成花药筒，雌蕊被包围在花药筒中间，每个花药有两个花粉束，花粉束着生在很短的花丝上，花药成熟后，花粉束内侧纵裂散出花粉（图4-4）。番茄花有时会发生花瓣、花萼和雌蕊数复合增多，且排列不整齐，这种花在生产上叫做畸形花，这种花即使坐果也结畸形果。

图 4-4 番茄花

番茄花序为总状或复总状花序。每个花序的花数为 5～8 朵，有些品种多到十几朵。花穗上花数多少，取决于品种特征及栽培管理。一般春季栽培比冬季和夏秋栽培花数多，小果型品种比大果型品种花数多。番茄花芽开始分化的时期取决于品种及育苗条件，一般在播种后 25～30 天，植株高约 3 厘米，茎粗约 2 毫米，真叶展开 2～3 片叶时，生长点停止叶芽分化，开始花芽分化。第一个花芽开始分化后，每隔 2～3 天就在前一花芽的侧下方依次分化第二、三、四朵花的花芽，直到花穗上的花芽分化完。从第一个花穗开始，每隔 1～3 片叶便着生一个花序（后期变为果穗）。在适宜条件下，播种后 35 天前后第二花序开始花芽分化，45 天前后第三花序开始分化，55 天前后第四花序开始分化。播种后 55～60 天，第一花穗开始开花，第二花穗花芽分化及发育基本结束，第三花序花芽分化已结束，但正在发育。因此，生产上在育苗期间要根据花芽分化规律，掌握好移苗时间及环境条件的管理，以便培育出花芽分化早，花芽发育好的适龄壮苗，为早熟高产打下良好基础。

（五）果实

图 4-5 番茄果实

番茄果实为多汁浆果，由外果皮、中果皮、隔壁、胎座及种子组成。中果皮与胎座组织构成果肉，即食用部分，受精后胎座增生的胶状物充满果实。果实大小、心室数、颜色，除决定于品种遗传特性外，也与环境条件有很大的关系。果实的形状因品种而异，有圆球形、扁圆球形、高圆形、椭圆形、梨形、香蕉形等多种。果实颜色是由果皮与果肉颜色相衬表现的，成熟果实颜色有红、粉红和黄色，也有果实成熟时为绿色的番茄。果皮果肉皆黄色，果实橙黄；果肉红色，果皮无色，果实呈粉红色；果肉红色，果皮黄色，果实呈金红色；果肉果皮皆红色，果实呈红色（图 4-5）。大型果实 5～7 个心室，小型果实 2 或 3 个心室。果实的大小差异很大，一般70克以内为小型果，70～200克为中型果，200克以上的为大型果。生产上一般多用中型果品种。

（六）种子

番茄种子呈扁平短卵形或心脏形，表面有短而粗的灰褐色茸毛或黄褐色茸毛（图4-6）。种子大小因品种而异，一般栽培品种长4毫米、宽3毫米、厚0.8毫米，千粒重为4克左右。番茄的种子由种皮、胚和胚乳组成，种皮为保护组织，胚乳为营养贮存组织，胚分为胚根、胚轴和胚芽3部分，由胚发育番茄植株。种子比果实成熟早，授粉后35天具有发芽力，50～60天完熟。番茄种子属于长命种子，在常规条件下贮存，寿命一般为3～6年，但生产上的适用年限为2～3年。

图4-6 番茄种子

二、番茄生物学特征与栽培

（一）番茄生育期

番茄在热带是多年生茄科草本植物，而在温带有霜地区则作为一年生栽培，其生长发育过程有一定的阶段性和周期性，大致可分为发芽期、幼苗期、开花坐果期和结果期4个不同的时期。

1. 发芽期

是指种子发芽到第一片真叶出现。在适宜条件下一般需要7～9天。种子发芽和温度、水分、空气的关系非常密切。番茄种子发芽的适宜温度是28～30℃，最低温度为12℃，超过35℃对发芽不利。种子开始发芽先急剧吸水，半小时可吸水达到种子重量的1/3，在2小时内达到2/3，以后逐渐缓慢，8小时后吸水趋于饱和。同时开始进行强烈呼吸，需要大量氧气，也消耗自身贮存的养分。所以有了新鲜、饱满的种子、充分满足所需的温度、湿度、空气条件，才能使发芽顺利进行。

2. 幼苗期

是指第一片真叶展开到定植。幼苗期要经历两个阶段：即2～3片真叶花芽分化前为基本营养阶段，主要是根系生长及生长点的叶原基分化，吸收积累养分为营养生长及花芽分化做准备，同时子叶和真叶能产生花激素，对花芽分化有促进作用。所以这一阶段创造适宜的环境条件，给予充足的光照、适宜的温度和良好的营养是培育壮苗的重要环节。2～3 片真叶展开后进入第二阶段，花芽开始分化，花芽分化与营养生长同步进行。一般播种后 20～30 天分化第一个花序，以后每 10 天左右分化一个花序。花芽开始分化后每 2～3 天分化一个小花，同时，与花芽相邻上方的侧芽也在分化生长成叶片。所以花序的分化，花序上小花的分化，叶片的分化及顶芽的生长是连续交错进行的。如第一花序出现花蕾时，上面各穗花序的花芽处于发育或分化状态。

3. 开花坐果期

指第一花序现蕾、开花到坐果的短暂时期。是番茄从营养生长为主过渡到生殖生长与营养生长同时进行的转折期。对产品器官形成与产量（特别是早期产量）影响极大。此时营养生长与生殖生长的矛盾突出，是通过栽培技术协调两者关系的关键时期。一般来说水肥过多可能导致中晚熟品种徒长，过控则易使自封顶品种出现果坠秧现象，导致早衰、产量降低。

4. 结果期

指第一花序着果一直到采收结束拉秧的较长过程。这一时期的植株除了继续进行花芽和叶芽的分化与发育外，营养生长也十分旺盛，外观上表现为株高增加，叶片不断长大。因此，在这个阶段要调节好营养生长和生殖生长的关系，既要使营养生长充分、叶片肥厚、茎秆粗壮、根深叶茂，又要避免徒长，防止落花和延迟开花结果。一般情况下从开花到果实成熟需 50～60 天，环境条件适宜可能缩短，冬季低温寡光条件下需 70～100 天。

（二）番茄对环境要求

1. 温度条件

番茄具有喜温的特征，不同生育时期对温度的要求不同。番茄适宜温度为 15～25℃，温度在 10℃以下，番茄植株就会停止成长。长期处于 5℃以下，很容易引发寒害问题。温度达到 30℃以上，就会降低番茄植株的光合作用，温度达到 35℃以上，将会影响番茄授粉和受精等工作，引发落花落果等问题。种子发芽适宜温度 25～30℃，最高 35℃，最低 15℃；幼苗最适温度白天为 20～25℃，夜间为 10～15℃。幼苗期温度过高或过低容易造成秧苗长势弱、花芽分化、发育不良、花的质量下降，在开花结果期易产生落花落果。开花期对温度反应敏感，最适气温白天为 20～30℃，夜间 15～20℃。开花期遇到低温或遇到 30℃以上高温时，花粉粒萌发及花粉管生长不良，受精不良，易发生落花落果。结果期适温为白天 24～26℃，夜间 12～17℃。果实着色对温度要求比较严格，19～25℃有利于番茄红素形成，高于 30℃低于 15℃都不利于着色，高于 35℃番茄红素不能形成。

2. 光照条件

番茄是喜光作物，光饱和点为 7 万勒克斯，在 3 万～3.5 万勒克斯才能正常生育。番茄不需要特定的光周期，只要温度合适，周年都可种植番茄，试验结果显示 16 小时日照条件下生育最好，少于 16 小时则天数越长越好，超过 16 小时天数越短越好。番茄在不同的生育期中对光照要求不同，发芽期不需要光照，幼苗期对光照要求比较严格，光照不足延迟花芽分化，使着花节位上升，花数减少，花芽素质下降。开花期光照不足，容易引起落花落果。结果期光照充足，坐果多，单果也大，品质好。弱光下坐果率低，单果重减小，还容易出现空洞果和筋腐果。

3. 水分条件

番茄地上部茎叶繁茂，蒸腾作用比较强烈，蒸腾系数为 800 左右，需水较多。但番茄根系十分发达，吸水能力较强，对水分要求属半耐旱。幼苗期生长较快，为避免徒长和发生病害，土壤湿度不宜过高，以 65％～75％为宜，应适当控制灌水。第一花序坐果前，土壤水分过多，易引起植株徒长，根系发育不良，造成落花。第一花序的果实膨大后，对水分的要求明显增加。果实膨大期，每株番茄每天吸水量为 1～2 升，湿度则要求在 75％以上，根据土壤蒸腾情况，适量浇水，小水勤浇，盛果期浇水间隔时间为 5～7 天。

4. 湿度条件

空气相对湿度 45％～55％为宜。幼苗期空气湿度过大，容易引发病害；初花期湿度过大会造成落花；盛花期空气过于干燥，也会造成落花落果；湿度大发病，湿度小影响花器官发育。土壤湿度，土壤含水量相当于田间持水量的 55％。土壤水分多，空气湿度高，易发生沤根，叶片、花蕾、果实黄化脱落；若遭水淹没数小时，将导致成片死亡。

5. 土壤和矿物质营养条件

番茄对土壤要求不太严格，适合微酸性和中性土壤，pH 6～7 为宜。番茄对土壤通气条件要求严格，最好选用土层深厚，排水良好，富含有机质的肥沃壤土。番茄根系发达，在土层中分布广而深，吸收水肥能力强，并有一定的耐旱、耐肥的能力。番茄吸钾量最高，其次为氮，最低为磷。实验测定，每生产 1 000 千克番茄需肥量：氮素 2.8～4.5 千克，五氧化二磷 0.5～1.0 千克，氧化钾 3.9～5.0 千克。氮肥主要满足植株生长发育，是丰产的必需条件；磷肥促进花芽分化发育，增强根系吸收能力；钾肥促进果实迅速膨大，对糖的合成及运转、提高细胞浓度、提高抗旱能力有重要作用。

三、番茄的功能

番茄营养价值丰富，有碳水化合物、维生素、胡萝卜素、蛋白质以及多种营养素。此外，番茄还有明显的抗癌、防癌作用；其中的肽也能减缓细胞衰老、让皮肤保持年轻；其中的矿物质和维生素，可促消化、利尿、预防前列腺炎的发生；而番茄中的维生素 D 能保护心血管，预防多种疾病。

番茄中含有丰富的番茄红素，番茄红素具有独特的抗氧化能力，能清除自由基，保护细胞，使脱氧核糖核酸及基因免遭破坏，能阻止癌变进程。补充番茄红素，抵抗衰老，增强免疫系统，减少疾病的发生。番茄红素还能降低眼睛黄斑的退化、减少色斑沉着。番茄除了对前列腺癌有预防作用外，还能有效减少胰腺癌、直肠癌、喉癌、口腔癌、肺癌、乳腺癌等癌症的发病危险。

番茄中的维生素 C，有生津止渴，健胃消食，凉血平肝，清热解毒，降低血压之功效，对高血压、肾脏病人有良好的辅助治疗作用。

第二节　番茄的分类及优良品种

番茄在长期的栽培过程中，由于基因突变重组、定向选择等原因，形态特征、特性发生了一系列变化，形成了多种多样的类型与品种。现根据其果实熟性、大小、形状、颜色、生长习性、用途不同来进行分类。

一、番茄的分类方法

（一）按番茄的变种分

目前栽培的番茄都属于普通番茄，包括5个变种：

普通番茄（栽培番茄）：植株茁壮，分枝多，匍匐性，果大，叶多，果形扁圆，果色可分红、粉红、橙、黄等，该变种包括绝大多数的栽培品种。

直立番茄：茎短而粗壮，分枝节短，植株直立，叶小色浓，叶面多卷皱，果柄短，果实与普通栽培番茄相似。因为产量较低，生产中栽培很少。但能直立生长，栽培时无须立支架，便于田间机械化操作是其突出特点。

大叶番茄：叶大，有浅裂或无缺刻，似马铃薯叶，故又称薯叶番茄。蔓中等匍匐，果实与普通番茄相同。

樱桃番茄：果实小呈圆球形，果径约2厘米，果色红、橙或黄，形如樱桃（故名），2室，植株强壮，茎细长，叶小，色淡绿。

梨形番茄：果小，形如梨，2室，果呈红、黄等色，生长健壮，叶较小，呈浓绿。

（二）按果实熟性分

按熟性分类可分为早熟种、中熟种和晚熟种。

（三）按果型大小分

按照果实大小分类，可分为大番茄、串番茄和樱桃形番茄。大番茄是指目前常见的果实在130～250克或更大的品种。串番茄是指类似于葡萄的一串番茄，一般为5～7个果，其中4～6个果基本上一起成熟。串番茄的果型较小，一般为100～130克。樱桃形番茄果实较小，一般单果重10～20克，大的50～60克。

（四）按果实形状分

番茄果实的形状多种多样，按果形指数，分为扁圆形（果形指数在0.7以下）、高扁圆形（果形指数为0.71～0.85）、扁圆球形（果形指数为0.85～1.00）和长圆形（果形指数在1.01以上）；按果实形状，有扁柿形、桃形、苹果形、牛心形、李形、梨形、樱桃形等。生产上用的多数栽培鲜食品种，都属于扁圆形到扁圆球形；多数小果型加工专用品种，则属于长圆形或梨形。

（五）按生长习性分

按照番茄的生长习性分类，可以分为无限生长型、有限生长型。

无限生长型：植株无限生长，一般采用单秆整枝法。在条件适宜的情况下，主枝高度可达2米以上，能结果15穗以上，可以作露地栽培或保护地长季节栽培。

有限生长型：在主秆生长3～5层花序时封顶，生长点变成花序，不再向上生长，依靠叶腋或花序下部抽生侧枝生长，侧枝生长1～2个花序后顶端又变成花序而封顶，如此反复，再从叶腋形成侧芽生长。因此，该类型的番茄植株较矮，大多也较早熟，一般株高1米左右，可有2～3秆整枝，立较矮的简易支架，或不立支架。该类型品种宜作小棚栽培或大棚双层覆盖栽培、露地简易支架密植栽培或无支架栽培。

（六）按果色分

按照果实颜色分类，有大红的、粉红的、金黄的、橙黄的、淡黄的、咖啡色的等。

（七）按用途分

按照果实的主要用途可分为鲜食和加工储藏两种。鲜食品种主要是适口性好，果形、颜色也好。加工品种则注重果肉的颜色及果肉果汁的糖酸比。

二、常见番茄优良品种

（一）普通番茄

普通番茄有粉果番茄和大红果番茄，粉果番茄包括以下几种。

1. 安纳西

该品种由海泽拉启明种业（北京）有限公司培育。粉果，果实中熟，平均单果重240～260克，果实苹果形，产量高，坐果好，硬度好。植株无限生长型，生长健壮，叶片覆盖性好。抗番茄黄萎病、番茄枯萎病生理小种1号生理小种2号、番茄花叶病毒、番茄黄化卷叶病毒、镰刀菌根腐病、南方根结线虫；耐番茄斑萎病毒、叶霉病。适合春、秋季种植。

2. 福拉

该品种由海泽拉启明种业（北京）有限公司培育。粉果，中早熟，果个大小均匀，果实高圆形，品质好，单果重220～240克，硬度好，颜色靓丽，耐皴裂。植株生长健壮，高温坐果好。抗番茄黄萎病、番茄枯萎病生理小种1号生理小种2号、番茄花叶病毒，镰刀菌根腐病、番茄黄化卷叶病毒（高抗）、灰叶斑，中抗线虫。适合秋季种植。

3. 圣罗兰

该品种由海泽拉启明种业（北京）有限公司培育。粉果，熟性中等，果实高圆形，口感好，硬度好，果个大且均匀，单果重200～240克。植株无限生长型，产量高，植株生长健壮，连续坐果能力强。抗番茄黄萎病、番茄枯萎病生理小种1号生理小种2号、番茄花叶病毒、（南方、爪哇）根结线虫、镰刀菌根腐病、番茄黄化卷叶病毒。适合越冬茬口种植。

4. 普罗旺斯

该品种从荷兰进口。粉果，萼片美观，果型好，颜色好，硬度高，个头大，单果重250～300克。植株的长势旺盛，连续坐果能力强，早春、秋延留8穗果，不黄叶，不早衰，产量高，具有高抗根结线虫、叶霉、叶黄萎病、条斑病毒的特性。适合保护地早春、秋延、越冬栽培。

5. 中杂301

该品种由中国农业科学院蔬菜花卉研究所选育。中早熟、无限生长型，幼果无绿色果肩，果实粉红色。单果重180～200克。丰产，品质优，耐贮存，商品果率高。抗番茄黄化曲叶病毒，口味酸甜适中。特别适合日光温室和大棚栽培。

6. 金粉硕果

该品种由河南豫艺种业科技发展有限公司培育。粉果，早熟，自封顶多抗型粉果番茄育种新突破，结果早且集中，连续坐果能力强，从第一穗果到第五六穗果，果穗相连，硕果累累，单株可以结250克左右的果25～35个，并且精品果多；管理省工，抗番茄黄化曲叶病毒、抗线虫、抗细菌性叶斑等多种病害；适宜早春大棚、小拱棚抢早和秋延迟抢茬种植，也适合早春露地栽培。

7. 粉都28

该品种由河南豫艺种业科技发展有限公司培育。粉果，无限生长，长势健壮，科学管理下对番茄黄化曲叶病毒、根结虫、灰叶斑、细菌性叶斑均有一定的抗性，同时又具有早熟、大果、高产的特性，果大而硬，颜色特别粉亮，单果重250克左右，耐贮运。适于早春日光温室、早春或晚秋大棚、早春露地种植，也适于高海拔区域越夏和南方适宜季节种植。

8. 粉都128

该品种由河南豫艺种业科技发展有限公司培育。粉果，抗番茄黄化曲叶病毒和根结线虫的无限型粉果番茄，对叶部病害也有较好的抗性，比同类型品种早熟10天左右，长势健壮，结果性好，单果重约250克，果形圆整，产量高，适合华北地区春秋大棚、早春温室及南方适宜季节栽培。

9. 金棚8号

该品种由陕西金棚种业有限公司培育。粉果，中熟，无限生长型，长势强，叶量大。果实微扁或圆形，幼果无绿肩，低温下果色不易变黄。果面光滑，亮度高，果脐较小，畸形果率极低。果实硬度大，货架期长，长途运输损耗率低。平均单果重200～250克，果实大小均匀，商品率高。连续坐果能力强，可连续坐5～7穗果。抗番茄黄化曲叶病毒、番茄花叶病毒。适宜日光温室秋延后及春季露地或保护地栽培，亦可作山区晚夏和冷凉地区大棚或露地栽培。

10. 金棚秋盛

该品种由陕西金棚种业有限公司培育。粉果，中熟，植株长势强，单穗花数多，连续坐果能力强。果实高圆或略扁形，果面光滑，深粉红，亮度好，硬度高，耐裂性好，精品果率高。单果重220～250克，丰产性好，抗逆性强。抗番茄黄化曲叶病毒、根结线虫、番茄花叶病毒。适宜秋延大棚和温室栽培，亦可春季晚茬栽培。

大红果番茄包括以下几种。

1. 鸿利莱

该品种由海泽拉启明种业（北京）有限公司培育。大红果，早熟，果实高圆形，坐果好，产量高，单果重210～230克，萼片平展、美观，颜色靓丽，转色均匀，果实硬度好，耐储运。植株无限生长型，生长健壮。抗番茄花叶病毒、枯萎病生理小种1号生理小种2号、黄萎病、南方根结线虫、灰叶斑病、镰刀菌根腐病、番茄黄化卷叶病毒病。适合保护地或露地种植。

2. 拉赛尔

该品种由海泽拉启明种业（北京）有限公司培育。大红果，中早熟，圆球形果，中早熟，高温坐果好，硬度好，耐储运，精品果率高，平均单果重200～220克。植株无限生长型，植株紧凑，生长健壮，叶片黑绿。抗病性好，抗番茄黄萎病、枯萎病生理小种1号生理小种2号、番茄花叶病毒、南方根结线虫、番茄黄化卷叶病毒、镰刀菌根腐病、灰叶斑病、叶霉、番茄斑萎病毒。适合越夏和早秋延栽培。

3. 桃乐丝

该品种由海泽拉启明种业（北京）有限公司培育。大红果，中熟，果实高圆形，单果重200～240克，果实品质好，颜色靓红，硬度好，果形均匀。植株生长势强、健壮，坐果好，产量高。抗黄萎病、枯萎病生理小种1号生理小种2号、番茄花叶病毒、镰刀菌根腐病、灰叶斑病、番茄黄化卷叶病毒、（南方、爪哇）根结线虫。适合秋季、春季种植。

4. 齐达利

该品种由瑞士先正达公司培育。大红果，中熟，果实圆形偏扁，颜色美观，萼片舒展美观，单果重200～220克，果实硬度好，耐贮运。植株无限生长型，植株节间短。抗番茄黄化曲叶病毒，抗病毒、枯黄萎，不抗叶霉、耐寒性一般。适宜早春和秋延栽培。

5. 中杂302

该品种由中国农业科学院蔬菜花卉研究所选育。中熟，无限生长型，幼果无绿色果肩，果实红色，平均单果重200克左右。丰产，硬度好，耐贮存，抗番茄黄化曲叶病毒，口味酸甜适中。特别适合日光温室和大棚栽培。

6. 豫星79

该品种由河南豫艺种业科技发展有限公司培育。大红果，中早熟，果型圆整，大小均匀，单果重250～300克。无限生长型，植株长势健壮，节间中等，连续坐果能力强，产量高，果实颜色特别红艳，硬度好，耐贮运。

7. 金棚 128

该品种由陕西金棚种业有限公司培育。大红果，果实微扁，单果重 200～235 克，红度、亮度均好。果型好，棱沟少，硬度大，果肉厚，货架寿命长。植株无限生长型，长势较强，叶量中大。抗番茄黄化曲叶病毒、番茄花叶病毒、枯萎病，抗根线虫。适宜日光温室、大棚秋延和越冬栽培。

8. 金棚抗 TY M215

该品种由陕西金棚种业有限公司培育。大红果，早熟、结果集中，前期产量高，果实高圆苹果形，幼果无绿肩，光泽度好，成熟果大红色，一般单果重 200～250 克，大的可达 350 克以上，果肉厚，硬度大，耐贮运。无限生长型，植株长势较强，耐寒性和连续坐果能力强。抗番茄黄化曲叶病毒，高抗根结线虫（南方、爪哇和花生根结线虫），高抗番茄花叶病毒，高抗叶霉病，中抗黄瓜花叶病毒，抗枯萎病。

（二）樱桃番茄

1. 夏日阳光

该品种由海泽拉启明种业（北京）有限公司培育。果实中晚熟，颜色亮黄，产量极高。圆球形果实，糖度 8.5～11，脆甜无渣，单果重 12～20 克，货架期 12～15 天。无限生长型，植株健壮。抗黄萎病、枯萎病生理小种 1 号，抗番茄花叶病毒。适合越冬长茬或春季种植。

2. 安多丽娜

该品种由海泽拉启明种业（北京）有限公司培育。早熟红色樱桃番茄品种，口感好，果实花生形，糖度 9，平均单果重 12～18 克，成熟前果实有绿果肩。植株紧凑，生长势中等，产量高，坐果好。抗番茄花叶病毒、细菌性斑点病、番茄黄化卷叶病毒。适合春季种植。

3. 美樱 2 号

该品种由中国农业科学院蔬菜花卉研究所选育。植株属于有限生长类型，生长势强，主茎第 6～7 片叶着生第一花序，以后每隔 1～2 片叶着生一花序。每花序开花 20～30 朵，坐果率 90%以上。果实卵圆形，成熟果实红色，单果重 12～15 克，大小均匀，不裂果，耐储存，口感脆甜，商品性好。高抗番茄花叶病毒，抗叶酶病。

4. 北京樱桃番茄

该品种由中国农业科学院蔬菜花卉研究所选育。早熟，植株为无限生长型，长势强，叶色深绿，花序长15～25厘米，多为单式总状花序，每序着花15～30朵，坐果率高达90%以上。连续坐果性好，果穗上着生的果实排列整齐、美观。果实圆球形，果面光滑，幼果有浅绿色果肩，成熟果为鲜红色，色泽鲜艳。单果重25克左右，大小均匀，整齐一致。果实圆整，抗裂耐贮，果肉脆嫩，味浓爽口，可溶性固形物6.5%以上。

5. 豫艺黄宝石

该品种由河南豫艺种业科技发展有限公司培育。樱桃番茄，黄色，果实高圆，黄亮美观，单果重20克左右，硬韧性特好，耐贮运，无限生长型，坐果能力强，抗性好、品质好。

6. 豫艺亮晶晶

该品种由河南豫艺种业科技发展有限公司培育。樱桃番茄，红色，单果重18克左右，果型漂亮，果色特别红亮，口感好。长势健壮，抗番茄黄化曲叶病毒，抗根结线虫，抗番茄灰叶斑病，结果能力强，每穗可结果20～30个，生长强健，结果多且结果期长，不易裂果，耐储运性好。适宜保护地、春露地种植。

7. 金棚红串132

该品种由陕西金棚种业有限公司培育。樱桃番茄，红果，果实中椭圆形，绿果稍带绿肩，萼片舒展微翘，红度、亮度好，果肉脆韧，硬度较好，含糖量高，口感好。单果重18～23克，产量高。无限生长型，植株长势强，叶量中等，叶片墨绿色，坐果能力强。花穗多，单穗花数12～18个，果穗长。综合抗性好，适应性广。适宜越冬、早春保护地及露地栽培。

8. 千禧

该品种由农友种苗（中国）有限公司培育。圣女果类型樱桃番茄，早熟，生育性强，耐病。果桃红色，椭圆形，重约20克，糖度高达9.6，风味好，不易裂果，每穗结14～31个果。高产，耐枯萎病，耐贮运，播种后75天开始采收。

9. 浙樱粉1号

该品种由浙江省农业科学院蔬菜研究所和浙江浙农种业有限公司共同选育。早熟，粉红，樱桃番茄，幼果淡绿色、有绿果肩，成熟果粉红色、着色一致、具光泽，果实圆形，商品性好，风味佳，单果重18克左右；无限生长型，生长势强，叶色浓绿，最大叶片长和宽分别为 60.6 厘米和 50.2 厘米，茎直径 1.9 厘米；始花节位 7 叶，花序间隔 3 叶，总状/复总状花序，每花序花数为 13～18 朵，具单性结实特性，结果性好，连续结果能力强，6 穗果打顶单株结果 104 个，抗番茄花叶病毒和枯萎病。

10. 甜美 20

该品种由北京井田农业科技有限公司培育。小型粉红果番茄品种，无限生长型，长势强。第一花穗着生在第 7 片叶，以后每两片叶一穗果，坐果率高，每穗果实少则 30 个，多则 50～60 个。果实形状近圆球形，单果重 20 克左右，成熟后深粉红色，颜色亮丽。口味浓郁。大小均匀，整齐一致，裂果少，货架期长。高抗叶霉病、病毒病、晚疫病等。

11. 甜美 30

该品种由北京井田农业科技有限公司培育。单果重 30 克，最大优点是耐盐碱性最强；耐寒性最强，遇冷不变形，不降低口感。夏季橘红色，冬季黄色。胡萝卜素含量是普通番茄的 6 倍，维生素 C 含量是普通番茄的 2 倍。华北秋种冬收最适宜。

（三）水果番茄

1. 光辉 101

该品种由北京井田农业科技有限公司培育。果实低温期硬度较大，易于存放；高温期软，不易保存，货架期短；无限生长类型，可以多穗坐果，长期收获，单果重 120～150 克，每穗 3～5 个果实；产量是普通粉果番茄的六成。果实口感极其突出，但须控水控肥（氮肥），应多施磷钾肥，配比钙肥，加上控制浇水才能达到优良的口感。该品种冷凉时期果实均匀糖度 8～10。品种适应性强，保护地和露地都可以栽培。

2. 巧姑娘口感番茄

该品种由广州鸿海种业有限公司培育。无限生长型，中早熟品种，植株长势强，果实苹果形，萼片适中，青果带绿肩，成熟果呈粉红色，单果重 120 克左右，果皮脆，外观美丽，有果香味，口味酸甜度好，糖度达 10 以上，口感风味极佳，硬度好，耐贮运，保鲜期长，易栽培，连续坐果能力强，抗番茄黄化曲叶病毒，综合抗病性强，适宜南方、北方保护地和露地春秋茬种植，是采摘农场首选高端鲜食水果番茄最佳品种。

3. 豫艺酸甜果 101

该品种由河南豫艺种业科技发展有限公司培育。优质礼品番茄，无限生长型，长势健壮，抗番茄黄化曲叶病毒，果色粉红色，富含营养，味道浓郁，酸甜可口，果实刚转红时就已好吃，单果重 80 克左右，果皮韧性好，较耐储运。

4. 金棚 18－98

该品种由陕西金棚种业有限公司培育。口感番茄，红果，无限生长类型，长势强，叶量大，节间紧凑，花序较多，坐果能力强。果实扁圆，有绿肩，成熟果粉红色，果面有棱，耐裂性较好，单果重 250 克左右。果实较软，货架期较短，果肉厚，果汁多，风味佳、酸甜可口。中晚熟，果实大，丰产性较好。抗根结线虫、叶霉病和番茄花叶病毒。适宜春季保护地和温室越冬鲜食市场栽培。

5. 金棚 12－2

该品种由陕西金棚种业有限公司培育。口感番茄，红果，无限生长类型。植株生长势较强，叶量中等，节间较长，花数多，坐果能力强。果实高圆，果形美观，果面光滑，果脐细小，均匀，精品果率高。果实有绿色果肩，成熟果深粉红，红度好，亮度佳，较硬，较抗裂，口感风味佳。一般单果重 220 克左右。早熟，比金棚 1 号成熟期略晚。抗黄化曲叶病毒病、南方根结线虫和叶霉病。适宜春季温室、大棚提早栽培，也可作越冬栽培使用。

第三节　塑料大棚番茄优质高效栽培技术

随着日光温室和塑料大棚的日益发展，番茄周年生产早已成为现实。我国设施番茄面积64.2万公顷（2 963.7万亩），其中大中棚33.4万公顷（500.3万亩），小棚4.7万公顷（71.2万亩）（赵凯等，2020）。设施番茄对生长环境中的温度、湿度、光照及气体均有一定的要求，本章针对大棚茬口安排中的早春茬、秋延后茬栽培，分别详细描述技术要点。

一、塑料大棚的建造与选择

塑料大棚俗称冷棚，是设施园艺中的一种，以竹木材料、钢筋水泥，或以热、冷镀锌钢管等作为骨架，在其上覆盖一层PO膜、PE膜或转光膜的大型保护地栽培设施，其中主要结构类型有：单体大棚、连栋大棚等，大棚覆盖的面积一般为240～6 670平方米，其中单栋的跨度为6～10米，长度30～40米。连栋大棚连栋的数目不宜过多，且跨度不宜过大。大棚这一设施类型具有优良的避雨、防虫、增温、保温等性能，为作物生长发育所需的小气候环境提供了有利条件，更为反季节作物的栽培，获得优质高产的农产品提供了有效途径，又因其建造较为容易、使用方便、投资较小，被世界各国广泛采用。

二、早春茬塑料大棚番茄高效栽培技术

大棚早春茬番茄，苗期处于低温弱光的严寒冬季，定植后外界气温逐渐升高，光照时间逐渐变长，光照强度不断增加，对番茄的生长发育非常有利，栽培容易获得成功，并且产量也较高。

由于早春温度较低，设施栽培需选择抗寒性强、早熟丰产、耐弱光、植株开展度小、分枝性弱、节间短、不易徒长、适宜密植、抗病性强的品种。近年来，设施番茄早春种植多以“中杂301”“金粉硕果”“福拉”等早熟和中早熟品种为主。具体品种选择应根据栽培地区的气候、土壤等条件进行综合考虑，可参考本书番茄品种介绍部分。

（一）处理种子

1. 选种、晒种

依据栽培面积备足适量种子，选用籽粒饱满、活力强的种子。于晴天晒种2～3天。

2. 药剂浸种

搓掉种子茸毛，用25℃温水浸种30分钟后用1%高锰酸钾或10%的磷酸三钠溶液浸泡消毒20分钟后，然用清水反复清洗，也可用55℃温水烫种10分钟消毒。

3. 催芽

种子消毒后再用25～30℃温水浸种8～10小时。在28～30℃条件下催芽2天后即可出齐芽。

（二）播种育苗

1. 苗床准备

番茄一般采用穴盘育苗移栽模式，穴盘育苗苗龄需要50天左右。育苗采用基质育苗，育苗基质一般由草炭、珍珠岩和蛭石按一定配比组成，采用50孔的穴盘进行育苗，待幼苗长至2叶1心时进行间苗，每个穴孔内保留一颗壮苗，去除多余的弱苗、畸形苗。苗期可喷洒1～2次百菌清或多菌灵等杀菌剂预防病害。育苗期不宜蹲苗，且苗龄时间不宜过长。

2. 播种期的确定

根据生产经验，设施番茄早春栽培一般在12月中下旬育苗，翌年2月下旬至3月上旬定植。具体的播期可根据品种和设施条件来决定。

3. 播种后管理

播种后，大棚内白天温度和夜间温度应分别控制在25～30℃和20～25℃。番茄出苗率达到三成时，可适当降低大棚日温，保持在26～28℃即可；番茄出苗率达到九成后，大棚日温和夜温分别保持在26℃和15℃。同时，进行低温炼苗，大棚白天和夜间温度可分别降低至15～20℃和5～10℃，以增强番茄幼苗对早春环境的适应能力，提升其存活率。

播种后需每天对覆膜上的灰尘进行清扫，增强育苗光照强度，覆膜上所用草帘或棉布应做到早揭晚盖。

番茄第1次间苗在幼苗出心叶时进行，清除弱苗、杂苗、畸形苗、杂草，密度较大时应进行疏苗，调整苗间距为 1 厘米左右。第 2 次间苗在幼苗展开 1 片真叶时进行，剔除弱苗，保持苗间距在 1.5～2.0 厘米。

为保证苗床湿润度、提高出苗质量，出苗前应进行 3 次覆土操作，分别在种芽拱土、芽苗出齐、间苗后进行。当番茄幼苗长到 2～3 片真叶时分苗，以保证营养需求，避免对花芽分化质量造成影响。

（三）育苗

育苗技术参照本书第四章第二节和第三节番茄育苗技术有关内容。

（四）定植前的准备

1. 棚室清理

也叫清棚，上茬结束后 7 天内完成清棚工作，第一时间将棚内拔秧后没清理干净的残枝、烂果、烂叶及在土里面没有拔出来的番茄根子，棚内外杂草及棚内地膜等垃圾务必清理干净。而后用氯溴异氰尿酸将整个大棚全部喷洒进行消毒灭菌，全覆盖、无盲区，包括板房内。并将滴管、地膜、线绳等单独集中存放（滴管放到过道水泥路上面，以便下茬使用）。

2. 低温冻棚

低温冻棚：适用早春茬，选择严寒天气，上下风口全部打开，棚室主门打开，利用低温冻死土壤中及棚室内的病虫害。

3. 整地施肥

在定植前 15 到 20 天，盖上地膜提高温度。接着开始施肥，按照每亩施腐熟有机肥 7 500 千克或鸡粪 4 000～5 000 千克、过磷酸钙 50 千克的规格施加。在定植前最好进行一次灭虫和棚体熏蒸，在高温条件下，闷棚一周左右。

4. 铺设灌溉系统

主管道：根据设定的水压，截取适当的长度，顺着棚头或棚边沿固定牢固、笔直。

滴灌管：滴管拉直，以畦中心线为中心，两侧铺设 2 根滴管，滴管之间间距 35 厘米。每 1 根进行放水调试，对不合格的滴管进行更换，直至全部正常出水为止，而后把滴管末端用木棍进行固定。

5. 大棚塑料膜铺设

为了提早上市，可根据气候特点，采用大棚多层覆盖技术，即由地膜、小拱棚、中拱棚和大棚组合覆盖方式。具体方法为定植前 20 天左右扣好大棚膜，并把棚内 2～3 层覆盖做好，以使棚内地温提高，利于番茄定植后缓苗。内膜最少覆盖 2 层，可选 1.5～3 丝厚的薄膜覆盖，内膜距大棚外膜 20 厘米左右，内二膜距内三膜 20 厘米，中间如遇有立柱可用夹子把薄膜夹严，必须在两内膜之间形成密闭空间，只有这样才能起到保温效果。

（五）定植

1. 适龄壮苗的标准

选择苗龄在 55～65 天的壮苗定植，壮苗的叶子一般有 6～8 片，叶子肥厚，根茎粗壮。

2. 定植时间

地温稳定在 10℃以上定植，一般选择在 3 月 20 日左右定植，定植一般在午前和午后温暖时进行。

3. 定植模式

采用高垄宽窄行地膜覆盖栽培模式，南北做畦，设置大行距 75～80 厘米，小行距 55～65 厘米。

4. 定植密度

不同品种定植密度有差异，一般情况下，早熟品种密度较大，株距 25 厘米，每亩种植 3 000 株左右；而中晚熟品种的定植株距为 35～40 厘米，定植密度为亩种植 2 800 株左右。根据品种特征、整枝方式、生长期长短而异。定植后要及时浇水，但是要控制好水量，不可过多，避免降低土地温度。

（六）开花坐果期管理

1. 保花保果

生产中可采取下列 3 种方法之一进行保花保果。

一是使用二氯苯氧乙酸或者防落素等化学药剂，采用喷花、涂抹法、浸蘸法等 3 种方法。喷花是把药液装在一个小喷壶内，用喷壶对准基本开花的花序（已开放 3～4 朵），用另一只手遮住番茄的枝叶，以免药液喷到枝叶上引起药害。涂抹法是在上午 8～10 时，用毛笔蘸药涂到番茄的花柄或花柱上，涂抹效果好。浸蘸法是把基本开放的花序放入盛有药液的碗中，浸没花柄后，立即取出，并将留在花上的多余药液用碗边刮掉，以防畸形果的产生。注意不管使用哪种处理方法，每朵花只处理 1 次，如重复处理会形成畸形果。

二是振动授粉。在保护地内，利用手持振动器，在晴天上午对已经开放的花朵进行振动，促进花粉散出，落到柱头上进行授粉。

三是熊蜂授粉。保护地番茄比较适宜使用熊蜂，熊蜂在阴天、无光照以及气温较低的条件下也可以出来访花。番茄花期长，每亩保护地番茄，要放两箱熊蜂。在选择好蜂种后，首先检查棚室内通风口处的纱网是否平整，在接口处不要有褶皱，避免熊蜂钻入致死。番茄开花初期，将蜂群在傍晚时分轻轻移入棚室中央或适当的位置，蜂箱高于地面 20～40 厘米，蜂箱门向东南方向，易于接收阳光，静止 10 分钟后，再把箱门打开。放蜂授粉期间，不要施农药。避免强烈振动或敲击蜂箱，不要穿蓝色衣服及使用香水等化妆品，以免吸引熊蜂。

2. 整枝打叶

多采用单秆整枝，将侧枝全部打掉。早春气温较低，前期侧枝适当晚打，有益于番茄侧根的生长。一般在果实长到蚕豆大小时进行疏果，每穗果留 3～5 个整齐果。及时摘除植株上侧枝、病叶、黄叶和老叶，改善通风、透光条件，避免养分消耗。根据植株长势及时打顶，果实采收后结束生长。

3. 水肥管理

番茄定植后及时查苗补缺，7～10 天后选择晴天浇一次缓苗水，促进缓苗。从缓苗期到坐果前，原则上不再浇水。可根据土壤含水量及番茄生长情况，适当浇水，遵循见干见湿原则。当第一穗果坐住以后，加强水肥管理。当第一花序的果实长到核桃大小时，每亩冲施硫酸钾型复合肥 15 千克。果实膨大后，浇水要少量多次，7 天左右浇一次水，结合灌水适量追肥，每半个月冲施一次，也可以用硝酸钾冲施肥。注意设施周围的排水，下雨天要及时将大棚膜放下来，防止雨水进入棚内。

（七）病虫害防治

按照“预防为主，综合防治”的基本方针，本着“及早发现，及早防治”的基本原则，优先采用农业、物理、生物方法综合控制有害生物，最大可能避免病虫害的大面积发生。可采用农业防治、物理防治、生物防治及化学防治等综合防治方法。

1. 农业防治

①选用抗（耐）病的丰产良种。

②轮作换茬减少病虫来源：合理轮作，改善土壤理化性质、培肥地力，消灭病虫来源，减轻病虫害发生。轮作时，番茄应避免与茄科蔬菜轮作，可与草

莓或葫芦科蔬菜轮作。

③合理施肥：注意使用有机肥，增施磷钾肥，一般每亩施用农家肥 5 000 千克以上，磷酸二铵 25 千克左右，或配施磷酸二氢钾 7.5 千克左右，增强番茄植株的抗病力。

④培育无病虫壮苗，大力推广使用穴盘育苗。

⑤高畦深沟栽培，加强田间管理：实行窄畦、深沟、高垄栽培，做到三沟配套，排水良好，切忌大水漫灌。最好全膜覆盖，采用滴灌技术灌溉，在定植幼苗后，垄面及暗灌沟用超薄膜覆盖，采用软管、渗管等滴灌技术灌溉。

⑥及时清除病株、病果，清洁田园，整枝时接触到病株、病果应及时洗手消毒。

2. 物理防治

灯光诱杀：利用害虫对光的趋性，用黑光灯、频振式杀虫灯等进行诱杀。

性诱剂诱杀：在害虫多发季节，每亩放水盆 3～4 个，盆内放水和少量洗衣粉或杀虫剂，水面上方 1～2 厘米处悬挂昆虫性诱剂诱芯，可诱杀大量前来寻偶交配的昆虫。

黄蓝板诱杀：种植番茄的大棚内悬挂粘虫板，一般每亩中型板（25 厘米×20 厘米）悬挂 50 个左右（其中黄板 30 个、蓝板 20 个），并且要均匀分布。悬挂高度要高出作物顶部 10 厘米，并随作物的生长高度而调整。

防虫网隔离技术：蔬菜防虫网是以防虫网构建的人工隔离屏障，将害虫拒之于网外，从而达到防虫保菜的效果。

3. 生物防治

施用生物肥：每亩施生物有机肥 300～500 千克作底肥；番茄生长及坐果期间叶面喷施益生菌肥。

综合应用生物防控新技术：以菌治菌、以虫治虫、以病毒对抗病毒、以微生物防控害虫；以天然植物源植物提取物防控害虫。

4. 化学防治

具体防治办法详见本章第五节病虫害防治部分。

（八）采收

春季气温逐步回升，光照逐渐增强，越来越适合番茄的生长，但春季风沙天气多，早晚温差大，温度变化大，采后措施不得当，会造成商品性降低、损耗率增加，影响种植效益。在此情况下，做好番茄采后管理就显得尤为重要。

一般在采收前15天左右加大设施昼夜温差，减少土壤水分，以便提高番茄的可溶性固形物，确保番茄的口感及品质。

番茄果实在成熟过程中可分为4个时期，即白熟期、转色期、坚熟期和完熟期（亦称软熟期）。白熟期，果实已充分膨大，但果皮全是白绿色，果肉坚硬，风味较差。转色期，果实的顶端开始由白变红或粉色，果肉开始变软，含糖量增高。成熟期，果实3/4的面积变成红色或粉色、黄色，营养价值最高，是鲜食的最适宜时期。完熟期，果实表面全部变红，果肉变软，含糖量达到最高。

作为蔬菜食用的番茄一般在开花后40～50天，果实达到成熟期即果实已有3/4的面积变成红色或黄色时即为采收适期，应及时采收。在对番茄进行采收工作的时候，应在露水干后采收，采收时应佩戴手套，保持轻摘轻放，不要破坏果实的表皮。在采摘的时候尽量不要带有果蒂，这样可以避免果实装运过程中因果蒂互相刺伤，损伤番茄的外观，影响到番茄的品质。早春茬番茄在5月中旬至6月中旬采收。

番茄成熟度一般控制在七成熟至十成熟时采收，应根据品种类型、用途、销售方式决定采收成熟度。贮存保鲜番茄应当在绿熟期进行采收工作，运输出售的番茄则可以选择在变色期进行采摘。如果番茄是在当地或者短距离的地区进行出售，则可以在果实的成熟期进行采摘。

三、秋延茬塑料大棚番茄优质高效栽培技术

大棚秋延后栽培的番茄品种选择比较严格，因为它育苗期正值高温、多雨、昼夜温差小的三伏天，所以应特别注意选择抗病毒病、耐高温丰产性好的大果型品种。生育前期高温多雨，病虫害发生严重，后期温度逐渐下降，需要防寒保温，预防冻害，其技术含量较高，如果栽培管理技术掌握不当，很难达到预期的收益。现将番茄秋延后栽培技术介绍如下。

（一）处理种子

具体方法参照春季大棚种子处理和催芽方法。

（二）播种育苗

1. 播种期的确定

一般情况下，秋延后番茄在当地适宜的播种时间是6月中旬至7月上旬。

7 月下旬至 8 月上旬定植，9 月下旬开始采收，10 月下旬拉秧。

播种过早，苗期温度较高，病虫害发生严重；播种过晚，后期温度偏低，生育期短，产量低。在不同地区，不同年份或不同气候条件下应酌情考虑播种时间。

2. 育苗

育苗技术参照本书第四章第二节和第三节番茄育苗技术有关内容。

（三）定植前的准备

大棚番茄秋延后定植正处于高温、强光、多雨季节，故要做好遮阴防雨的准备。及时修补棚膜的破损处，在棚膜上覆盖遮阳网或喷降温涂料，平时保持棚顶遮阴，四周通风，形成一个凉爽的遮阴棚。定植前清洁棚内上茬的残株。

（四）定植

1. 适龄壮苗的标准

选择具有 8 片真叶，叶色绿，带花蕾而未开放，茎粗 0.5 厘米，苗高 20 厘米以下的壮苗。

2. 定植时间

秋延茬定植时间一般在 8 月中旬至 9 月初。定植前高温闷棚，选择高温天气，上下风口全部闭合，地面上覆盖白色地膜，利用高温杀死土壤中及棚室内的病虫害。

3. 定植模式

建议深沟高垄宽窄行栽培，垄高 15～20 厘米，宽行 80 厘米，窄行 60 厘米，株距 40 厘米，有滴灌苗子栽垄上，没有滴灌苗子栽垄坡 1/3 处，秋延茬口，前期不建议覆盖地膜，以降低土壤温度。

4. 定植密度

选择在阴雨天或傍晚温度较低时定植，每亩栽 3 000 株左右。

（五）定植后管理

秋延茬口优质番茄的种植，前期管理降温为主以控徒长和促平衡（营养生长与生殖生长），中后期管理以控水为抓手的水肥管理，最终促进品质提升，整个生育期都要做好防病工作。

1. 温度管理

7—8 月，以控制高温为主，加大放风量，使用遮阳网。9 月，外界环境条件较适宜。10 月上旬寒露以后，夜间寒凉，要逐步关闭风口，提高夜温，促进果实发育，白天中午需要放风，温度控制在 28～30℃。11 月上旬立冬以后，为促进果实转色需封棚，白天中午会有短时间高温，虽稍有影响，但整体上利大于弊，隔 3～5 天高温下短时放风，以促排湿换气。

2. 水肥管理

浇过定植水后，要及时中耕松土，不旱不浇水，进行蹲苗，促进根系生长。第一穗果核桃大时随浇水冲施磷酸二铵每亩 5 千克、硫酸钾 10 千克。以后随着植株的生长进行追肥灌水，15 天左右追一次肥。前期浇水要在傍晚时进行，有利于加大昼夜温差，防止徒长。

3. 植株调整

当花蕾开花时，将侧芽全部摘除，集中养分，中后期使下部果实基本定型，开始转色时，要逐步剪去下部老叶、病叶；打顶技术，秋延后番茄必须在霜降前 45 天打顶，根据长势，可留 3 层或 4 层果。生长后期，当大棚内温度降至 2℃时，果实要全部采收。

4. 保花保果

秋延茬口，前期天气炎热，病害较多，采用熊蜂授粉，不利于正常的病害防治。推荐人工辅助授粉，如用二氯苯氧乙酸 2 毫升兑水 0.5～0.75 千克，或防落素 2 毫升兑水 0.65～0.8 千克，蘸花温度以 18～26℃最佳。番茄蘸花技术得当，对番茄的产量和品质都有提高。

蘸花时机把握适宜，对番茄的果实均匀度起到关键作用。当番茄开花时，如果每一穗的第一朵花开得过早，后面的花多且足够用，就把第 1 朵花摘掉，畸形花也要摘掉。如 2 朵花同时开，若没有畸形可留下，不要马上蘸花或喷花，等后面的花蕾微张开一起蘸花或喷花，这样就使花蕾一起授粉膨大，使每一穗果大小均匀。

5. 疏花疏果

及早疏除花序的第 1 朵异常肥大的花及其他弱花，幼果坐稳后，每穗选留大小均匀、果形整齐的 3～4 个果。第 4 穗果（即最后一穗果）坐稳后，此时光照强度减弱，要全部摘除果穗上部的叶片，以利光线从上部直接照射到果实上促进转色。

6. 果实生长期管理

第一穗果实在核桃大小以前，要严格控制浇水，应连续中耕松土2～3次。如植株徒长，应及时喷洒矮壮素。

花期及时用番茄灵或番茄丰产剂2号处理，浓度20%～25%为宜。应及时整枝、打杈、绑蔓。多采用单秆整枝方式，但跟春番茄不同，摘除侧枝不宜过早，当花序下第1侧枝达到5厘米长时再摘除，以防植株徒长。

第一穗果实达到绿熟期后，下面叶片可全部摘除。一般每株留2～3穗果实后摘心，并在最后一层果穗上留2片叶子。

当外界气温下降到15℃以下时，下午要适当提前落膜关棚。当第一穗果实长到核桃大小时，应加强肥水管理。当植株上每穗果实均已坐住后，应停止浇水，以促进果实成熟。

7. 采收

秋延迟栽培番茄10月下旬开始收获，可收获至12月下旬，若来寒流气温急剧下降，若还未转色的番茄，在8℃以下易遭寒害，应在气温骤降前将所有的植株连根拔起堆放覆盖薄膜避免受寒，而且还能储存一段时间。具体采收方法参照早春季塑料大棚番茄的采收方法。

第四节　日光温室番茄优质高效栽培技术

日光温室是一种农业生产设施，由采光前屋面、保温后屋面和东、西、北侧三面墙体构成其主体，东西向延长，其骨架材料常采用竹、木、钢材及混凝土，以塑料薄膜为透明覆盖材料，在严寒季节加盖草帘、保温被或其他保温材料，并主要依靠获取和积蓄太阳辐射能进行生产的单栋温室。番茄是必备的冬季果蔬之一，也是冬季温室的必种品种。我国日光温室番茄种植面积 26.1 万公顷（392.2 万亩）。日光温室的茬口安排，首先需考虑经济效益，在促进设施农业健康、稳步发展，满足人民需求的基础上提高菜农的收入。主要茬次包括越冬茬、秋冬茬和早春茬，本章主要介绍了日光温室番茄越冬茬、秋冬茬及冬春茬高效栽培技术，其中包括培养适龄的壮苗、严格控制好温度与湿度的大小、有效预防花朵凋落与果实掉落和防治病虫害等。

一、日光温室建造与选择

日光温室作为我国温室设施第二大类型，有着良好的保温性能，不需额外辅助加温即可进行越冬生产，在我国北方得到了广泛应用，日光温室的出现解决了我国北方地区冬季的蔬菜供应问题，为农业增效、农民增收和农村经济发展做出了积极贡献。我国日光温室的发展经历了 20 世纪 30 年代雏形时期的“一坡一立式”日光温室，20 世纪 50 年代改良时期的“鞍山式”日光温室，20 世纪 70—90 年代发展时期的“感王式”“悬梁吊柱式”“琴弦式”“鞍山Ⅱ式”“辽沈Ⅱ式”等日光温室，21 世纪初升级时期的“寿光 5 代”“辽沈Ⅳ型”“阴阳型”“蓟春型”等日光温室，到现在的半地下式日光温室（陈来生等，2018；安巧霞等，2017）、组装式日光温室（邹志荣等，2017）、大跨度外保温型塑料大棚（以下简称 WSTP 大棚）等，在未来很长一段时间里，日光温室还将是我国温室园艺装备优化升级的重点。

日光温室发展至今，历经了多次的更新换代，技术也日渐完善，意义及优越性进一步显现。其中近年来研发的 WSTP 大棚是一种将塑料大棚和日光温室的优势相结合的新型农业设施结构。相比普通塑料大棚，跨度由 8～12 米增至 20 米左右，并增加了外保温系统；相比日光温室，WSTP 大棚采用南北延长的方位，全钢结构骨架，螺栓连接。WSTP 大棚具有温度缓冲能力强、土地利用率高、生产成本低和装配化程度高的特点，适宜机械化作业，极大地降低了劳动强度（图 4－7）。

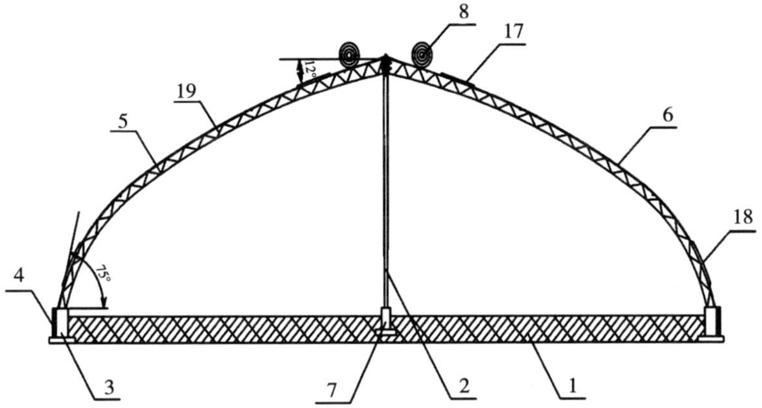

图 4－7　大跨度保温塑料大棚（授权专利：CN206776253U，发明人：张涛，朴凤植等）

1. 温室营养土；2. 立柱；3. 钢筋混凝土圈梁；4. 隔热苯板；5. C 型钢下弦杆；6. C 型钢上弦杆；7. 立柱固定基桩；8. 保温被；9. 竖向矩管；10. 预埋件；11. 固定连板；12. 加强钢管；13. 塑料覆膜；14. 卡槽；15. 横梁；16. 纵向系杆；17. 上通风口；18. 下通风口；19. 拱杆。

结构是影响温室环境性能的重要因素，不同结构类型的温室具有不同的保温性能和采光性能。伴随着设施园艺的快速发展，温室行业发展迅猛，也出现了不同结构的温室类型。温室与外界环境气候息息相关，不同结构的温室适宜不同的气候，具有不同的内部环境性能，因此在日光温室内种植番茄时需要建造不同类型的日光温室以满足生产的需要。

（一）日光温室结构要求

日光温室跨度（10±2）米，脊高（4.5±1）米，长度 60 米以上，前屋面角 28°～30°。砖墙温室墙体为 370 毫米黏土砖，外侧贴 80～100 毫米聚苯板；土墙温室墙体厚度≥100 厘米。采用透光率高的塑料薄膜覆盖，夜间覆盖厚度 6 厘米以上的草苫或保温被。

（二）日光温室性能要求

具有良好的保温性能，冬季夜间可实现室内外温差 25℃以上，连续 5 个阴天室内温度保持 8℃以上。必要时能够进行临时加温。

（三）日光温室主要配套设备要求

1. 自动放风设备

宜配备性能稳定的智能放风机。放风机具有自检与防护报警、机械故障报警、停电报警和手动操作等功能；能保证室内工作环境相对湿度为70%～100%；必要时配备传感器。

2. 卷帘设备

宜配套使用电动卷帘机。电动卷帘机正常作业时电机输入功率应小于电机额定功率；温室跨度≤10 米卷（放）保温被时间宜小于 8 分钟；温室跨度>10 米卷（放）保温被时间宜小于 15 分钟；同时应具备机械故障报警、停电报警和手动操作功能。

3. 补光设备

宜配备补光灯冬季补光。补光灯光合有效光谱范围为 400～700 纳米，优选以红、蓝光为主，比例为 9∶1；补光光量子流密度≥50 微摩尔/(平方米·秒)；灯距番茄植株顶端以 0.5～1.5 米为宜；安装分布应保证同一光照水平面内没有明显的暗区，光照强度的差异≤15%。

4. 高压微雾系统

宜配备高压微雾系统。高压微雾系统的雾滴直径为 1～15 微米；配置自动运行装置，兼有故障报警、停电报警和手动操作功能；雾化喷头分布应与番茄种植密度相匹配。

二、茬口安排

日光温室番茄栽培主要茬次安排有 3 种，越冬茬、秋冬茬及冬春茬。

越冬茬栽培：8 月上中旬育苗，9 月上中旬定植，翌年 5 月中下旬拉秧。

秋冬茬栽培：7 月上中旬育苗，8 月上中旬定植，春节前拉秧。

冬春茬栽培：11 月上中旬育苗，翌年 1 月中下旬定植，6 月中下旬拉秧。冬春茬番茄栽培的适宜品种与越冬茬基本一致。

三、日光温室番茄越冬茬栽培技术

（一）品种选择

日光温室越冬茬番茄要选用无限生长型番茄品种，品种应具有抗病、高产、耐低温、耐弱光、耐贮运等特点。

（二）育苗

育苗技术参照本书第四章第二节和第三节番茄育苗技术有关内容。

（三）定植

1. 整地施肥

深翻土地 30 厘米，闭棚高温消毒 10～15 天。然后整地施肥，亩施腐熟有机肥 5 000 千克、生物有机肥 300 千克、氮磷钾三元素含量各 15%的硫酸钾型复合肥 150 千克、硫酸镁、硫酸铜各 1.5 千克、硼砂 1 千克、硫酸亚铁 2.5 千克，均匀施肥，深翻整平。按宽窄行起垄，大行距 90 厘米、小行距 50 厘米，垄高 15～20 厘米，采用膜下滴灌。

2. 定植方法

一般苗龄 25 天左右，9 月上中旬定植，定植密度要棚南端密北部稀，株距 35～45 厘米；亩定植 2 500 株。大苗定植棚内北部，小苗定植棚的前沿；定植时先挖穴，穴深及口径为 10 厘米，然后在穴内放苗，放苗后穴内封土，封土深度达 70%时浇水，水下渗后再封土，封土深度以地表与番茄苗育苗基质上部持平为宜。

（四）定植后管理

1. 光照管理

一是棚膜选用透光率高的无滴膜，经常拖净棚膜上的灰尘；二是等秧苗缓苗后在后墙上张挂反光膜；三是在保证温度的前提下，覆盖的保温被早揭晚盖，揭盖草帘：晴天时，每天上午 8—9 点间揭开草帘，让阳光照射全棚，日落前棚内温度降到 20℃左右时（下午 4 点左右）及时盖上草帘；若是阴天，只要棚内温度不低于 13℃，都应揭开草帘，让棚内透入散射光。揭帘后要勤擦棚膜，增加棚膜的透光性。

在日光温室番茄生产中，因薄膜透光率、日光温室保温山墙、骨架的遮挡及保温被的使用等因素，日光温室内的光照强度及光照周期受到很大影响。加上日光温室番茄种植密度较高，植株中下层叶片受到上层叶片的遮挡，接收到的光照强度很低，严重限制了植株光合作用产物。人工光源可以增加光照强度、延长光照时间，从而改善光照环境，提高作物净光合速率。补充光照不仅能够增加作物产量，而且会影响蔬菜作物品质，促进及协调植物器官的生长，提高植株壮苗指数和抗病性。

在日光温室越冬番茄生产中，可选用 LED 植物灯进行补光。由于蓝色光能促进绿叶生长；红色光有助于开花结果和延长花期。因此选用的红蓝 LED 灯比例一般在 4∶1～9∶1 为宜，通常可选 4∶1～7∶1，一般距离叶片的高度为 0.5 米左右，每天持续照射 12～16 小时可完全替代阳光。建议安装时使用防水灯口和铝合金材料反光灯罩，若要节省人力，可以买电子自动定时开关。

2. 实行变温管理

番茄幼苗定植温室后要闭棚，保温保湿，温度白天控制在 25～28℃，夜间 20℃左右，有利于缓苗。缓苗后及时放风，降温排湿，温度白天控制在 22～25℃，夜间 14～15℃，防止幼苗徒长；果实膨大期提高温度，白天温度控制在 25～28℃，夜间 15～20℃，有利于果实快速膨大和着色。土壤温度控制在 13℃以上，最好为 20～22℃。温度的管理也遵循三段式管理原则。

第一阶段为凌晨到日出前，该阶段温度控制在 17～20℃，主要通过设备对温室进行加温。

第二阶段为日出后到日落前，该阶段温度控制在 17～27℃，主要通过太阳光对温室进行加温，在外界温度极寒的地区，当太阳光对温室的加温满足不了需求时，也需要使用设备将温室温度加热到适宜范围，另外，若遇到阴天，通过设备加温的同时要关闭保温幕布，温室内温度保持在 17～18℃即可。

第三阶段日落后到凌晨，该阶段温度控制在 12～18℃，日落前半小时左右关闭保温幕布，地面白天积累的热量可以通过辐射对温室进行加温，使温室内温度提高 1～2℃，外界温度极低时也需要通过设备加热温室。

冬季生产中需要注意的是，从第一阶段过渡到第二阶段，温室加热速率不宜过快，该阶段加温过快容易造成果实结露，影响果实储运。

3. 肥水管理

缓苗后至开花坐果前一般不浇水，第一穗果长至核桃大时浇促果水，并结合浇水每亩冲施尿素 10 千克、硫酸钾 5 千克，以后根据生长情况，每 15～20 天浇一次水，浇水应选择在晴天的上午进行，严禁下午和阴天浇水，进入次年 3 月份以后应 10～15 天浇水一次，追肥应掌握每收一穗果施肥一次、一般每亩冲施大量元素（14∶6∶40）水溶肥 5 千克。结合用药、每隔 10 天喷一次 0.3%磷酸二氢钾、芸苔素内酯、螯合钙镁硼锌叶面肥。

4. 补施二氧化碳气肥

由于冬天放风量小，棚内二氧化碳浓度低，可使用二氧化碳气肥。番茄的二氧化碳气体饱和点为0.1%～0.16%、补偿点为0.008%～0.01%，在饱和点与补偿点之间，二氧化碳浓度越高，光合作用越旺盛，增产效果越明显。日光温室二氧化碳气体适宜浓度为0.08%～0.15%，冬季低温或阴天浓度可保持0.08%～0.1%，春秋光照强时0.1%～0.15%，晴天可在卷苫0.5小时后到放风前0.5小时补施。

5. 植株调整

单秆整枝，培养主秆无限生长结果，5～6穗时摘心，在顶部果穗下留一侧枝继续生长，再结5～6穗左右，其他部位的侧枝全部去掉，全年结果10～12穗，在生长过程中，每采收一茬果要及时进行落蔓去除黄叶，落蔓的方法可采用横向引蔓的方法落蔓，始终保持生长高度一致。在整枝的过程中要进行疏花疏果，每穗留4～6个果、以保持生长均衡和果个一致，每穗花序的第一朵花为突出的大型花时多为畸形果，应该及时清除掉。打杈摘叶都应该在晴天的上午进行。

6. 保花保果

用丰产剂2号（每支兑水600～1 000克）或保果净1号（每小包兑水1 000克）药液喷花蕊。有条件的也可以用振荡器或熊蜂授粉、以促进坐果。为防止灰霉病的发生，在蘸花药内加入0.15%速克灵，为避免重复涂药、掺红色助剂以作标志，蘸花应在上午8时到10时进行，蘸花时不可单花进行、应同时处理2～3朵花。

7. 灾害性天气管理

连续阴雪天不能正常揭苫，易造成寒害或冻害，要注意防寒保温。在外界温度不太低，能保证温室内气温5～8℃以上即可，中午前后要揭苫见光，或揭花苫。必要时用增温补光设施，注意控水和适当放风降湿，冬季防病采用粉尘剂。久阴暴晴要注意回苫，防闪苗。

（五）病虫害防治

坚持“预防为主，综合防治”的植保方针，针对不同防治对象及其发生情况，根据辣椒生育期，分阶段进行综合防治，优先采用农业措施、生物措施、物理措施防治，科学、合理施用化学农药。具体参照本章第五节内容。

（六）采收

越冬茬番茄前期成熟的果实正好在元旦、春节上市，果实着色 60%～80% 即可采收上市；春季上市的番茄在 5 月 1 号以前上市，越早效益越好。

四、日光温室番茄秋冬茬栽培技术

（一）品种选择

秋冬茬番茄是秋天播种，秋末冬初收获，生育期限于秋冬季，采收期短，应选择抗病毒、大果型、丰产、果皮较厚、耐贮藏的优良品种。

（二）育苗

育苗技术参照本书第一章第二节和第三节番茄育苗技术有关内容。

（三）定植

1. 整地施肥

按照每亩施优质腐熟农家肥 3 000～5 000 千克，撒施地表，然后深耕 25～30 厘米，耙细，按大行距 100～120 厘米、小行距 30～40 厘米做畦，畦高 15～20 厘米。作畦过程中建议沟施 4 种肥料，商品有机肥 80～100 千克、含有枯草芽孢杆菌的生物菌肥 40～50 千克、氮磷钾含量 15：15：15 的硫酸钾型复合肥 20～25 千克、中元素微肥 5 千克（主要含钙、硼）。起垄前撒施辛硫磷预防地下害虫，起垄后铺滴灌带并覆盖地膜。

2. 定植密度及方式

8 月中下旬定植，定植前，铺好滴管带并覆黑色地膜，依行距 40 厘米，株距 20～30 厘米打定植孔。宜选择阴雨天或傍晚进行，在垄上按平均株距 40 厘米挖穴定植，每亩密度为 2 200～2 500 株。随定植随穴浇稳苗水，定植幼苗不宜过深，深度以苗坨表面低于畦面 2 厘米为宜。栽完后浇定植水。

（四）田间管理

1. 温度管理

番茄怕热，缓苗后应及早扣大棚膜或覆遮阳网，膜底脚卷起，上放风口扒开，下雨天盖好，白天温度控制在 25～28℃。浇完花前水后覆盖银灰色或黑白色地膜，上面银灰色或白色，背面黑色可以防杂草。秋冬茬番茄前期室外温度较高，应昼夜通风。外界温度降到12℃以下时，放下塑料薄膜，白天放风，晚上闭风。进入生长发育后期，外界气温降到8℃以下时，昼夜不通风。当室内气温不能保持到5℃以上时，开始覆盖草苫。扣棚后一段时间，室内温度较高，室内空气湿度增大，要注意通气降温排湿，特别要防止夜温过高。一般晴天白天掌握在25～27℃，夜间16～14℃。以后随光照减弱，天气变冷，温度相应降低一些，白天掌握在22～25℃；夜间上半夜18～16℃，下半夜12～10℃即可。

2. 肥水管理

水分调控：定植3～6天后，视棚内土壤干湿程度滴灌一次透水20～25立方米/亩，缓苗水宜小不宜大，可以配合养根型肥料进行冲施。缓苗水后土壤稍干可进行划锄，保持土壤水分，避免浇水过于频繁，改善土壤通透性，引导根系下扎和向四周延伸。缓苗水后10～12天，如土壤过于干旱，再浇一次花前水。这两次浇水建议早上浇，因为早上地温低，对根系伤害最小。

及时追肥：①根施为主。前期温度高，蒸发量大，既要控制水分防止植株旺长，又要防干旱发生病毒病。60%的第一穗果长有鸡蛋黄大小时，进行第一次随水追肥，用氮磷钾含量为20∶20∶20的均衡性水溶肥8～10千克，配合微生物菌肥或者腐殖酸肥料2千克。此后根据留果的穗数，确定追肥量，若共留6穗果，在第3、5穗果膨大时再追肥2次，用氮磷钾含量为14∶6∶40高钾型水溶肥10～12千克，配合微生物菌肥或者腐殖酸肥料2千克，同时加入适量硅钙镁、优力硼锌、硝酸铵钙等中微肥料。若共留4穗果，在第1、3穗果膨大时追肥2次；留果量大时，可适当增加追肥一次。追肥以硫酸钾型复合肥为主，同时配合黄腐酸等有机质更好，以缓冲纯化学肥料对地温和根系的影响。11月看天看苗适当浇水补肥，12月一般不再浇水。②叶面喷肥为辅。第2～4穗果膨大时叶面喷施补肥2～3次，喷0.3%磷酸二氢钾溶液+螯合钙硼、悬浮锌、液钙等微肥500倍液+海藻酸、氨基酸类叶面肥兑水500～1 000倍液，用量参照说明书。可提高开花质量，避免畸形花，促进坐果。

3. 打杈、摘心、疏果、打叶

（1）打杈：不宜过早或过晚，一般来说，当植株高度30厘米、侧枝长度5～7厘米时，选择晴天高温时段着手进行，有利于伤口快速愈合、养分流失少。并注意适当留茬。打杈切忌从侧枝的基部抹掉，若茬口发生病害侵染，容易由此扩散至主茎。摘除侧枝时，被摘除的侧枝应留1～2厘米长，若植株长势较弱，侧枝可留 2～3 片叶再打掉。

（2）摘心：摘心时间由植株长势确定，长势健壮可留 5～6 穗果，长势较弱可适当提前，4～5 穗果摘心。一般来说，当最后一穗花长出后当及时进行，在摘心时，顶端花序上应保留 2～3 片叶。

（3）疏果：尽量保留健壮果，疏掉畸形果、弱果、小果等。通常而言，对于大型果品种，每穗可留果 2～3 个；中型果可每穗留果 3～5 个。

（4）打叶：主要是摘除弱病叶、离地较近的老叶、果实膨大后的无用叶片等，一方面能增加植株行间的通风透光性，有助于果实发育，另外就是减少养分不必要的消耗。当第一穗果放白时，即可将该穗果下方的老叶摘除。

4. 授粉

为了防止番茄落花落果，在生产上使用二氯苯氧酸和防落素两种药剂进行蘸花。二氯苯氧酸的使用浓度一般为 10～20 毫克/千克，防落素的使用浓度一般为 20～40 毫克/千克，高温时取浓度的低限，低温时取浓度的高限。在药液中加少量广告色或黄泥，可避免重复处理，以免形成裂果。蘸花时以花顶见黄且未完全开放或花朵呈喇叭口状时最好。在晴天下午蘸花较好，早晨蘸花由于植株表面结露会使药液浓度发生变化，产生药害。用毛笔将配好的溶液轻涂在花柄或花梗上，或将整个花序在溶液中浸一下，一序花处理 4～5 朵。

（五）病虫害防治

秋冬茬番茄前期高温应防治蚜虫和病毒病，后期低温应防治细菌性病害（叶斑病和髓坏死病）、晚疫病和灰霉病，具体参照本章第五节内容。

（六）收获与贮藏

日光温室秋冬茬番茄收获越晚，产值越高。第一穗果在 3 个月左右达到成熟期即可采收，后期温度低，光照不足，成熟比较慢，最迟要在春节前一次性采收完毕，最后采收的处于绿熟期或转色期的果实放在温度 10～12℃、空气相对湿度 70%～80%的条件下贮藏转色。及时采收为下茬生产做好准备。

五、日光温室番茄冬春茬栽培技术

（一）品种选择

选择优质、抗病、高产、耐贮运的品种，连续坐果能力强、抗黄化曲叶病毒病的品种。

（二）育苗

于 11 月下旬至 12 月初播种育苗。育苗技术参照本书第四章第二节和第三节番茄育苗技术有关内容。

（三）定植

1. 温室消毒

定植前一周进行温室消毒，每亩用 5～6 千克锯末与 2～3 千克硫黄粉混合，分 10 处点燃，密闭一昼夜后放风，也可采用百菌清烟雾剂熏蒸消毒。

2. 整地施肥

每亩施腐熟优质厩（圈）肥 8～10 立方米或腐熟干燥禽肥 1 500 千克、三元素复合肥（氮肥：磷肥：钾肥 15：15：15）50 千克，其中 2/3 撒施土壤表面后深翻 20～25 厘米，1/3 在种植带内集中沟施。

3. 定植方式

1 月中旬～2 月初定植。做垄栽培，垄距 120～140 厘米，垄高 15～20 厘米，每垄定植双行，株距 45～50 厘米，每亩定植 2 000～2 200 株。也可做成双小垄，每小垄定植一行，株距同上。定植后浇透水，7～10 天，进行中耕培垄、覆膜。

（四）田间管理

1. 缓苗前后管理

低温阴雪天气，以保温为主，晚揭早盖草苫，外界温度低于 5℃时，不通风。白天室温控制在 28～30℃，夜间 18～22℃，地温不低于 20℃，空气相对湿度 80%～90%，以促进缓苗。缓苗后，适当降低室温。白天 25～28℃，夜间 18～20℃，空气湿度 60%～65%。此期间应控制浇水，防止植株旺长。

3 月上旬，北方外界气温比较低，为减少通风对棚内作物的不良影响，保证棚内适宜温度，可采取棚室门口和棚前脸处悬挂薄膜、上通风口的下方悬挂缓冲膜等措施；若遇雨雪天气，应在保温被外覆盖塑料薄膜等措施，确保保温被的保温效果；若遇连续阴天等极端天气，可根据实际条件采取多层覆盖，或使用增温块、电热炉、自动加热风机等进行加温。对于应急增温块，每亩地用量 10 块，于凌晨 1 点钟左右点燃应用；也可采用自动加热风机，可于夜间 10

点和凌晨 2 点分别启动 1～1.5 小时。

采用单秆整枝方式，及时抹除多余的枝杈。植株高度达到 25 厘米左右时，及时吊蔓、绕蔓。

2. 第一花序坐果前后

温度控制在白天 25～30℃，夜间 18～20℃，最低夜温不低于 15℃。晴天午间温度达 30℃时，通风降温排湿。

3. 第一花序坐果后生长期

早揭、晚盖草苫，延长见光时间。保持薄膜清洁，增加光照强度。及时通风排湿，晴天时，白天室温上午 25～30℃，下午 20～25℃，上半夜 15～20℃，下半夜 13～15℃；阴雨天，白天室温 20～25℃，夜间 10～15℃。2 月中旬至 3 月中旬，15 天左右浇一次水，每亩冲施（氮∶磷∶钾＝20∶10∶20）复合肥 20 千克或水溶性冲施肥。3 月中旬以后，7～10 天浇一次水，浇 2 次水追肥一次，每亩施（氮∶磷∶钾＝20∶10∶20）复合肥 15～20 千克或水溶性冲施肥。

当果穗中有 2～3 朵花开放时，用 30 毫克/千克浓度的防落素等生长调节剂喷花、蘸花或抹花。大果型品种每个果穗留果 3～4 个，中果型品种每个果穗留果 5～6 个，小果型品种一般不疏果。采用单秆整枝，连续坐果方式，至目标花序（第 5 个花穗）出现后，进行摘心打顶。及时摘除下部黄叶和病叶。一般于翌年 5 月下旬至 6 月上旬拉秧。

（五）病虫害防治

冬春茬番茄主要病害为猝倒病、立枯病、病毒病、灰霉病、晚疫病、叶霉病、早疫病、青枯病、病毒病、细菌性溃疡病、灰叶斑病、枯萎病、根结线虫病等；虫害有蚜虫、烟粉虱、白粉虱、潜叶蝇、棉铃虫、地下害虫等。按照预防为主，综合防治相结合的原则进行。尽量采用农业防治、生态防治、物理防治。提倡采用生物防治。具体参照本章第五节内容。

（六）采收

果实硬熟期及时采收，并在阴凉处存放；远途运输销售在果实转色期采收。

第五节　常见番茄病虫害诊断及防治技术

番茄是人们日常生活中必不可少的蔬菜品种之一，但是设施番茄在实际的生长和发育过程中非常容易发生多种病虫害，如果不能有效地进行治疗和防治，轻则导致减产，重则出现绝收。所以，在实际的设施番茄相关病虫害的防治工作方面，要始终遵循“预防为主、防治结合”的基本原则，并根据综合治理的基本方针，选择抗病虫性比较强的品种进行种植，并实行综合性的防治措施。基于此，本章从设施番茄病虫害防治对策入手，说明番茄常见病虫害的实际发病特点，提出几点常见病虫害的防治措施。

一、番茄病虫害种类

（一）常见的病害

番茄常见病害包括：猝倒病、立枯病、病毒病、叶霉病、早疫病、细菌性斑疹病、灰霉病、细菌性溃疡病、细菌性髓部坏死病、灰叶斑病、斑枯病、青枯病、菌核病、枯萎病、黑斑病、灰斑病、晚疫病、疮痂病、细菌性软腐病、根结线虫病等 20 多种病害。

按病原物分：卵菌门菌物引起的有猝倒病、绵疫病、牛眼果腐病、晚疫病、疫霉根腐病、腐霉根腐病；子囊菌门菌物引起的有菌核病；半知菌类菌物引起的有茎基腐病、炭疽病、早疫病、枯萎病、黄萎病、灰叶斑病、叶霉病、腐皮镰孢菌根腐病、拟茎点霉根腐病、灰霉病等。细菌病害有青枯病、细菌性髓部坏死病、细菌性溃疡病、细菌性疮痂病、细菌性斑点病等。病毒病害有番茄黄化曲叶病毒病、褪绿病毒病、条斑病毒病、褐色皱纹果病毒病。线虫病主要是由南方根结线虫引起的。

（二）常见的虫害

常见的虫害有蚜虫、白粉虱、斑潜蝇、棉铃虫等。

（三）常见的生理性病害

常见生理性病害有裂果、脐腐病、筋腐病、肥害、缺硼、缺镁、二氯苯氧乙酸危害、亚硝酸气危害、盐类障碍、番茄顶裂果、茶色果、网筋果、畸形果、空洞果等。

二、绿色防治技术指南

（一）防控原理

病虫害全程绿色防控重点是强调产前、产中、产后各项防治技术措施的有机结合和优化集成，做好病虫源头控制，尽量不让病虫发生，或发生很晚、很轻，真正实现“源头控制，预防为主，综合防控”。

病虫害全程绿色防控的核心内容包括产前生产环境整体清洁、无病虫育苗、棚室表面消毒、土壤消毒；产中在优化栽培管理、双网覆盖、黄板诱杀的基础上，配合生物或化学药剂综合防控；产后及时无害化处理蔬菜带病虫残体。

（二）技术措施

1. 农业防治

（1）园区清洁：彻底清除生产基地或园区内各种植株残体和生产废弃包装物，清除杂草，集中进行无害处理，并且因地制宜选用抗病优良品种。

（2）培育无病虫壮苗：苗棚在育苗前用药剂进行表面消毒和土壤消毒。表面消毒可采用20%辣根素水乳剂，每亩用1升兑3～5升清水，对空喷雾后密闭熏蒸4～6小时，或每亩选用20%腐霉利（速克灵）烟剂和22%敌敌畏烟剂各0.25～0.50千克熏闷12～24小时；育苗基质消毒可选用移动式臭氧农业垃圾处理装置熏蒸处理，或每立方米用20%辣根素水乳剂10～15毫升密闭熏蒸12小时后散气1～2天；苗床土壤消毒可选用98%噁霉灵可湿性粉剂2 000～2 500倍液喷淋。预防溃疡病宜用种子质量0.4%的47%春雷氧氯铜可湿性粉剂拌种，或采用1%稀盐酸浸种40～60分钟后洗净催芽播种。夏秋季在出入口和通风口设置50目防虫网防止烟粉虱和蚜虫传入，必要时在正午覆盖遮阳网，预防病毒病发生。苗棚内挂设黄板诱杀可能残存的害虫。移栽前根据病虫害发生情况，必要时喷施一次药剂预防病虫害。

(3) 棚室表面消毒：定植前在通风口和出入口设置好防虫网，关闭棚室，将滴灌管铺设完毕后每亩用施肥罐将20%辣根素水乳剂1.0～1.5升通过滴灌系统随水施入土壤表面，保持棚室密闭12小时，从土壤表面散出的辣根素将彻底熏蒸杀灭棚室表面传带的各类病菌和小型害虫；或采用10%苯醚甲环唑水分散粒剂1 000倍液和5%阿维菌素水乳剂3 000倍液均匀喷洒棚室土壤、墙壁、棚膜、缓冲间等进行棚室表面消毒。

(4) 土壤消毒：定植前2～3天将滴灌管覆好膜，每亩用施肥罐将20%辣根素水乳剂4～6升通过滴灌系统随水滴入土壤耕作层，密闭熏蒸12～24小时，可有效杀灭土壤传带的根结线虫、疫霉菌、枯萎病菌、溃肠病菌等各类病虫害和杂草。处理后最好施入生物有机肥，补充有益微生物。

(5) 科学轮作：通过轮作，一方面可以改善土壤理化性质，提高土壤肥力，另一方面也可以阻隔病虫来源，降低病虫害发生率，一般和豆科蔬菜轮作。

(6) 带病虫残体无害处理：番茄拉秧后，将番茄植株集中清理到棚室外，选择平整向阳的地方堆放，并用废旧棚膜覆盖，四周用土压实，进行高温堆沤杀灭残存病虫，棚膜破损需及时用宽胶带粘补；有条件的最好采用移动式臭氧农业垃圾处理装置就地快速粉碎后进行高浓度臭氧除害处理，实现资源就地利用。

2. 生物防治

(1) 用菌治病虫害：针对早疫病、灰霉病、晚疫病等大棚番茄病害，在发病早期可以使用武夷菌素防治；对于蚜虫，可以选取阿维菌素等防治；白僵菌可以防治烟青虫、菜青虫、棉铃虫等。

(2) 天敌防治：在番茄大棚内释放适量的赤眼蜂、丽蚜小蜂、草蛉等益虫，丽蚜小蜂能有效防治粉虱；赤眼蜂能防治棉铃虫等。若是粉虱已进入成虫期，则要及时在室内释放丽蚜小蜂。若每株番茄植株成虫密度<0.5头，每14天释放一次，丽蚜小蜂的放蜂密度是一万头/亩，释放3次。若每株番茄植株的成虫密度>5头，需首先使用药剂防治一次，待到基数压低，7天之后释放丽蚜小蜂。

3. 物理防治

以黄板对害虫进行诱杀，也可在大棚内铺设银灰色地膜，黑光灯、高压汞灯等也可消灭大多数害虫，通常每年4月中旬至9月底，21：00点开灯到次日4：00点左右关闭，安设高度距地面1.0～1.5米。

4. 化学防治

(1) 选择合理药剂：农药选择需依据无公害蔬菜生产技术规程，选择低毒、高效的药剂。例如，防治晚疫病可以使用杜邦克露；防治叶霉病可使用甲霉灵、敌菌灵等；防治灰霉病可使用嘧霉胺等；高锰酸钾、吗啉胍等可以防治病毒病。

(2) 科学施加药剂：依据农药施药技术的相关规程，严格规定并科学控制施药量及施药次数，选用合适的施药方法。在具体生产中，需遵循轮换用药、交替用药的基本原则，防止长期单一用药提高病虫害自身的抗药性。与此同时，应用质量合格的施药器具，防止发生漏、滴、跑等问题，可以在用量较少的情况下强化病虫害防治效果。应依据实际生产需要和选择的农药种类使用科学的施药方法。

(3) 粉尘法防治病害技术：粉尘法是采用弥雾机进行防治的新化学防治技术，喷出的水雾雾粒直径在 0.5～10 微米，喷出后的水雾穿透力强，并在空中弥漫扩散，能够在作物的叶片正反面以及茎秆黏附，并形成一层水膜，大大增加了与病菌、虫害的接触机会，从而达到防治病虫害的目的。弥雾机喷射高度与幅度一般为 5～6 米，在棚室内喷施幅度与高度会增加，尤其是在早上、傍晚或者阴天情况下，静态喷射距离可达 10 米以上。加发烟剂，可喷射高度达到 20～30 米。根据农药的种类不同，一般掌握是正常用药量的 2～3 倍。由于弥雾机喷出的雾粒非常细微，因此不会使作物造成药害。一般选择在傍晚施药，在关闭棚膜后，自温室内侧匀速倒退施药，一个标准温室一般 8～10 分钟施药完成。施药完成后关闭温室门，次日早晨气温适宜时打开风口进行通风。

三、常见病害及防治方法

(一) 菌物病害

1. 猝倒病（彩图 42）

番茄幼苗期常见的病害。育苗期间低温、多雨的月份发病严重，发病严重时常造成秧苗成片死亡。

(1) 发病症状：幼苗出土后受害，靠近地面处，茎部染病。开始是暗绿色水渍状病斑，接着变黄褐色并干瘪缢缩，植株倒伏，但茎叶仍为绿色。湿度大时，病部及地面可见白色棉絮状霉。开始时仅个别植株发病，但蔓延迅速，几天后扩散到邻近秧苗，引起成片倒伏。

（2）发病规律：苗床温度低于16℃，湿度90%以上，易发病。借助灌溉水、雨水传播。土壤温度低、光照不足、幼苗长势弱，发病重。

（3）防治方法：

床土处理：常规育苗可用甲霜灵＋多菌灵拌土，还可以兼治其他多种病害。

种子处理：采用温汤浸种或药剂浸种方法，对种子进行消毒处理，浸种后催芽。

病苗处理：苗床发现有番茄苗萎蔫、倒伏症状，及时拔除病株，并及时治疗。

施用药剂选择：烯酰·锰锌、霜霉威＋代森联、霜脲·锰锌、噁霉灵等药剂。

2. 立枯病（彩图43）

番茄幼苗常见的病害之一，刚出土的幼苗及大苗均可发病。

（1）发病症状：病苗茎基变褐，后病部缢缩变细，茎叶萎垂枯死。稍大的幼苗白天萎蔫，夜间恢复，当病斑绕茎一周时，幼苗逐渐枯死，但不倒状。病部初期着生椭圆形暗褐色斑，有同心轮纹及淡褐色蛛丝状霉。

（2）发病规律：温度15～40℃均可发生。主要发生在育苗中后期。播种过密、湿度过高、幼苗徒长、间苗不及时、造成通风不良，极易发病。

（3）防治方法：

药剂防治：床土消毒可撒施“甲霜灵＋代森锰锌”药土，进行苗床消毒。

施用药剂选择：百菌清、代森锰锌、枯草芽孢杆菌等。

3. 晚疫病（彩图44）

病原菌为卵菌门疫霉，属致病疫霉。

（1）发病症状：幼苗受害，近叶柄处呈黑褐色腐烂，蔓延至茎，造成幼苗萎蔫倒伏。叶片上病斑多从叶尖或叶缘开始发生，形状不规则，呈暗绿色水渍状，后逐渐变成褐色，边缘不明显，病斑上无轮纹，在病健交界处产生稀疏的霉层。茎部病斑呈暗褐色，形状不规则，稍凹陷病斑，边缘有明显的白色霉状物。果实上病斑多发生在绿果的一侧，边缘不明显，常以云纹状向外扩展，初为暗褐色油渍状病斑，后渐变为暗褐色至棕色，病斑占果面的1/3，被害部分深达果肉内部，果实质地硬实而不软腐，潮湿时，患病部可长出白色霉状物。在适合的条件下病斑发展得很快，往往看不到叶片出现水浸状斑，即在绿色部分直接长出白色的霉层。

（2）发病规律：番茄晚疫病病菌生长的温度范围为10～30℃，最适温度20℃左右；病菌萌发并发生侵染的温度范围是6～15℃，适宜温度为10～13℃。空气湿度达到85%～97%，有利于该病发生。低温高湿、昼夜温差大是番茄晚疫病发生的决定条件。病原菌通常以菌丝体或卵孢子随病残体在土壤里越冬。第二年萌发形成孢子囊，产生游动孢子，随雨水传播，侵染寄主。发病后再产生大量游动孢子进行再侵染。

（3）防治方法：可选用抗病品种，如中蔬4号等。加强监测，发现中心病株、中心病叶及时摘除，带到棚室外集中妥善处理，适当提高管理温度，控制浇水，同时进行药剂防治。可选用1×10^6孢子/克寡雄腐霉可湿性粉剂6 000～10 000倍液，或银法利687.5克/升悬浮剂2 500倍液喷雾，可单独使用，也可与粉尘法、喷雾法交替轮换使用。

4. 早疫病（彩图45）

病原菌为茄链格孢，属半知菌类物菌。

（1）发病症状：主要危害叶片及果实。叶片发病，病斑多为近圆形或不规则形，最典型的症状为发病后期形成轮纹状病斑，边缘多具浅绿色或黄色晕环，中部呈同心轮纹。果实发病，始于花萼附近，初为椭圆形褐色或黑色斑，凹陷病斑，直径10～20毫米，后期果实开裂。

（2）发病规律：病原菌在5～35℃范围内均能生长，一般在23～30℃、湿度较大的情况下容易侵染到番茄体内。降水多、空气湿度大发病重。病原菌以菌丝体或分生孢子随病残体在土壤中越冬。第二年借气流或雨水传播，可直接侵染或从气孔等孔口侵入，形成病斑后产生大量分生孢子进行再侵染。

（3）防治方法：发病初期喷75%的百菌清可湿性粉剂600～800倍液，或50%的苯菌灵可湿性粉剂1 500倍液，或40%的多·硫悬浮剂500倍液。每隔10天喷一次，连续喷2～3次。

5. 灰霉病（彩图46）

番茄灰霉病是番茄生产过程中比较常见的一种病害，其发病期为12月到翌年5月之间，病菌比较喜欢温度低、湿度大的环境，因此在冬春的阴雨天易发病，严重时可导致植株死亡。病原菌为半知菌类灰葡萄孢菌。

（1）发病症状：番茄灰霉病可危害叶片、叶柄、茎秆、花萼、果实等各个部位。叶片常从叶缘开始发病，形成明显的“V”字形病斑。病花等部位掉到叶片上也会侵染引起发病，形成圆形或椭圆形病斑，有明显的轮纹。叶柄受害，病部变褐色，出现灰色霉层。茎秆发病，受害处变为灰白色，边缘颜色略深。茎秆或枝条受害重时容易折断，造成病部以上部分萎蔫枯死。果实发病，多从果蒂处开始，病部变软变白，湿度大时出现灰色霉层（分生孢子梗及分生孢子）。病花或病叶掉到果实上也会引起发病，用药治疗后会留下不同颜色的病疤。

（2）发病规律：低温高湿是影响灰霉病发生的重要因素，其发病最适温度为20～28℃，最高温度32℃，最低温度4℃；对湿度要求很高，空气相对湿度达到90%时开始发病，一般在气温低、通风不利、湿度高的环境下容易大面积发生。此外，在每年番茄定植20～25天后（第一次结果后），4月至5月下旬为发病高峰期。病菌主要以菌丝体或菌核随病残体在土壤中越冬。南方设施蔬菜中的病菌可常年存活，不存在越冬问题。分生孢子主要通过风雨传播，条件适宜时即萌发，多从伤口或衰老组织侵入。初侵染发病后又长出大量新的分生孢子，通过传播进行再侵染。温室大棚内的高湿环境有利于病害发生和流行。

（3）防治方法：防治方法主要有农业防治和化学防治。

农业防治：培育壮苗可提高植株抗病能力，抵御病菌侵入。生长期发现病果、病叶、病枝及时清除，带至棚室外集中妥善处理，切忌乱扔。采用熊蜂、蜜蜂或振荡器授粉可以有效防治灰霉病，显著降低灰霉病烂果。

化学防治：在番茄开花期和坐果前选用1×10^{6}孢子/克寡雄腐霉可湿性粉剂600～1 000倍液，或60%甲基硫菌灵·异菌脲可湿性粉剂750倍喷雾进行预防。发病后使用25%啶酰菌胺·40%异菌脲水分散粒剂1 000倍喷雾进行治疗。用药时注意二次稀释，可提高药液利用率，提高药效。轻微发病时，5～7天用药一次；病情较重时，每3天用药一次，具体施药次数视病情而定。在使用农药时一定要注意农药安全间隔期和使用次数限制，严格按农药标签规定来科学合理使用农药，达到提高防治效果和降低农药残留的目的。

6. 叶霉病（彩图47）

属高温、高湿条件下高发的真菌病害，主要危害叶片。

（1）发病症状：叶片发病，由下部老叶向上发展，以中部叶片最易感病。发病初期，叶片正面出现边缘不清晰的椭圆形或不规则形淡黄色病斑，叶片背面出现白色病斑，并逐渐长出乳黄色或黑褐色的绒状霉层。湿度大时，叶片表面病斑也可长出霉层。病株下部叶片先发病，后逐渐向上蔓延，使整株叶片呈黄褐色干枯。发病严重时，病斑连片，叶片干枯卷曲，直至病株枯死。嫩茎和果柄上也可产生相似的病斑，花器发病易脱落。果实受害后，围绕果蒂形成圆形或不规则形黑褐色斑块，病部稍凹陷、硬化，或在果面上产生较大斑块，最后变成僵果或造成大量落果。

（2）发病规律：番茄叶霉病病菌以菌丝体、分生孢子等随病残体在土壤或地表越冬，也可以分生孢子附着在种子上或以菌丝体在种皮内越冬，翌年环境条件适宜时产生分生孢子，借助气流传播，从叶背的气孔、萼片、花梗等部位侵入，病菌进入子房，潜伏在种皮上。保护地反季节番茄生产，为病菌越冬提供了良好的环境条件。病菌多在夜间高湿环境下形成分生孢子，白天借气流传播。该病在9～34℃条件下均可发生，最适温度20～25℃。湿度是该病害流行的最重要因素，叶表有水露可促进病害发展，空气相对湿度在90%以上时最适宜发生与流行，空气相对湿度低于80%会影响孢子的形成和萌发，不利于病害发生。

（3）防治方法：防治方法主要有农业防治和化学防治。

农业防治：选用抗病品种。土壤种植，和非茄科作物实行3年以上轮作，降低土壤中菌源基数。合理密植，及时整枝打杈、绑蔓，植株坐果后适度摘除下部老叶、病叶，并带出田外销毁，减少菌源，利于田间通风透光。发病后适当控制浇水量；苗期浇小水，定植时浇透，开花时轻浇，结果后重浇；浇水后立即排湿，尽量使叶面不结露或缩短结露时间；增施充分腐熟的有机肥，或直接使用有机基质进行栽培，避免偏施氮肥，增施磷钾肥，增强植株抗病性；及时追肥，并进行叶面喷肥。

化学防治：发病初期可选用50%敌菌灵可湿性粉剂500倍液，或70%代森锰锌可湿性粉剂1 000倍液；防治时优先选用露娜润（35%氟菌·戊唑醇悬浮剂）、露娜森（42.8%氟菌·肟菌酯悬浮剂）、健达（42.4%唑醚·氟酰胺悬浮剂）、健攻（12%苯甲·氟酰胺悬浮剂）等复配药剂，防效较好且可以兼防早疫病、灰霉病等番茄真菌病害。

7. 枯萎病（彩图48）

枯萎病是一种土传病害，致病菌为番茄尖镰孢菌，病菌在定植时从根系伤口、自然裂口、根毛侵入，到达维管束，在维管束内繁殖，堵塞导管，阻碍植株吸水吸肥，导致叶片萎蔫、枯死。一般在作物花期或结果期开始发病，症状由下而上逐渐显现，该病传染性强，但病程进展缓慢，一般15～30天整个植株枯死。

（1）发病症状：受侵染植株，部分叶片或一侧叶片中午出现萎蔫下垂的情况，似缺水状，早晚恢复，之后萎蔫的叶片不断增多，逐渐发展为整株，慢慢感染的植株越来越多，出现大面积枯萎现象。

（2）发病规律：病原菌以菌丝体或厚垣孢子随病残体在土壤中或附着在种子上越冬。带菌种子可以进行远距离传播，生产上播种带菌的种子，出苗后即发病。多在分苗、定植时从根系伤口、自然裂口、根毛侵入，到达维管束。高温高湿有利于病害发生。土壤偏酸、地下害虫多、土壤板结、发病重。番茄连茬年限多、施用未腐熟粪肥或追肥不当，植株生长衰弱，抗病力降低，病情加重。

（3）防治方法：防治方法有农业防治和化学防治。

农业防治：合理轮作，重病田与十字花科、瓜类及葱蒜类等蔬菜实行3～5年轮作。选用苏抗 5 号等抗病品种，选用无病、包衣的种子，如未包衣则种子须用拌种剂或浸种剂灭菌。合理施肥，底肥使用洋丰硫平衡型复合肥和菌磷天下海藻微生物菌肥。菌磷天下除了含大量有机质外，还添加了大量高活性有益菌，通过有益菌的作用，抑制有害菌的繁殖，减少致病菌的数量。同时活跃在根际土壤的有益微生物会形成保护层，有效地降低番茄染病的风险。此外，菌磷天下还添加了中微量元素以及海藻活性物质，促进根系生长，提高番茄抗病性和抗逆性。

化学防治：防治时可选择噁霉灵、甲基托布津等，加噻菌铜或噻唑锌等一起灌根，或者用 41%唑醚·甲菌灵悬浮种衣剂加 42.4%唑醚·氟酰胺悬浮剂灌根。

8. 根腐病（彩图 49）

（1）发病症状：番茄根腐病主要危害茎基部和根部，整个生育期皆可发病。一般先是侧根和细根变黄变褐，后主根变褐，有时也会是主根先变褐，表皮木栓化，发病严重时病根肿胀或变粗，最后茎基部和根系腐烂，致植株地上部生长不良，下部叶片变黄干枯，发病初期病株中午萎蔫，早晚恢复，反复几日后全株枯死。

（2）发病规律：病菌以厚垣孢子、菌核或菌丝体在土壤中越冬，成为来年主要初侵染源。温度 22～26℃，相对湿度 95%以上或土壤干裂后浇大水极易发病。借助灌溉水、雨水传播。连作地、低洼地、黏土地发病重。

（3）防治方法：防治方法主要有农业防治和化学防治。

农业防治：避免施用未经充分腐熟的土杂肥。小水勤浇，既保证植株水分的供应，又避免根系正常呼吸受阻。

化学防治：发病初期用 21.4%柠檬酸铜·有机络氨铜（枯菌双效灵）水

剂 600 倍液或 40%甲硫·福美双可湿性粉剂 300～400 倍液或 56%甲硫·噁霉灵可湿性粉剂 600～800 倍液进行灌根，隔 7～10 天施药一次，连续防治 2～3 次。

9. 绵疫病（彩图 50）

绵疫病又名褐色腐败病，我国南北菜区均普遍分布，露地番茄上发生较重，主要在 6—8 月高温期下大雨后易发生，引起果实腐烂。

（1）发病症状：果实发病，先在近果顶或果肩部发病，长有表面光滑的淡褐色斑，有时长少量白霉，后形成同心轮纹状病斑，变为深褐色，皮下果肉也变褐。湿度大时，病部长出白色霉状物，病果多保持原状，不软化，易脱落。叶片发病，出现水浸状褪绿大斑，慢慢腐烂，有时可见同心轮纹。

（2）发病规律：绵疫病菌主要以卵孢子、厚垣孢子或菌丝体在植株病残体和土壤中越冬，病菌存活时间长，可随植株病残体在土壤中存活 3～5 年，为初侵染菌源。很多地区几乎一年四季都种植番茄，病株上的孢子囊也可以成为下季番茄发病的初侵染菌源。阴雨连绵、相对湿度 85%以上、气温 25～30℃的条件下，特别是雨后转晴、气温骤升最有利于绵疫病的流行。露地栽培高温多雨是主要发病条件，夏季常下大雨最易发病，大雨将病菌溅在茎叶和果实上，形成中心病株，以后每次下雨时病斑上的病菌借雨水传播。灌溉水亦可带菌蔓延。重茬地、排水不良地、低洼地，与茄子、辣椒等茄科作物连作或邻作时，田间菌源充足，为绵疫病大面积发生提供了菌源保证，发病较重。

（3）防治方法：防治方法有农业防治和化学防治。

农业防治：避免与茄子、辣椒等茄科蔬菜连作或邻作，应与葱蒜类或水稻等非茄科作物实行 3 年以上轮作。采收后彻底清洁田园，植株病残体带出田外集中销毁；种植前深翻晒土，高畦深沟，整平畦面，挖好排水沟以利于雨后迅速排水；宜覆盖地膜，阻隔地面病菌传到下部果实或叶片上；勿过度密植，勤除畦面杂草，及时整枝打杈，开花结果后可适当剪除底部老叶，以利田间通风透光；及时清除病果，并将其深埋或烧毁。

化学防治：植株进入开花结果阶段，又值潮湿多雨高温季节，应进行预防性喷药，一旦发现病害应立即喷药防治。可用 58%甲霜灵锰锌可湿性粉剂 500～600 倍液，或 30%氧氯化铜悬浮剂 500 倍液，或 72%霜脲锰锌可湿性粉剂 700 倍液，或 50%烯酰吗啉可湿性粉剂 1 500 倍液，隔 7～10 天喷一次。上述药剂轮换使用，连喷 3～4 次。

10. 菌核病（彩图 51）

番茄菌核病是由核盘孢侵染引起的真菌病害。菌核病寄主范围十分广泛，几乎能危害到所有蔬菜，尤其是番茄、茄子、黄瓜、甘蓝、莴笋和芹菜危害较重。

（1）发病症状：菌核病在番茄幼苗、成株期均可发病，但以成株期茎基部受害重，植株叶片、花器、果实和茎秆等均可受害。衰老叶片染病，多始于叶缘，初呈水渍状淡绿色，迅速扩展成大型灰褐色湿腐病斑，可引起腐烂或枯死。植株上部病花、病果掉落在叶片上，也可引起发病。花器受害，花梗褪色变白，稍呈水演状湿腐，花失去光泽呈苍白色，易脱落。茎部染病，多在地表处或近地面 10～30 厘米处及分枝部先发病，也可由叶柄基部侵入，产生褪色水浸状斑，迅速扩大，向两端蔓延并环绕茎秆，病部灰白色稍凹陷，有时可见不明显的灰褐色环状纹，后期表皮纵裂，最终病部以上茎叶枯死。湿度大时病部密生白色絮状霉层，继而菌丝集结形成初为白色、成熟后转为黑色鼠屎状、圆柱形或颗粒形的菌核。纵剖病茎，髓部空腔中可见到较多的黑色菌核。青果受害，病菌多从果柄侵入，也可从残留花瓣或残存柱头侵入，向果面发展，病部水渍状灰白色似水烫过，殃及萼片甚至脐部，迅速变褐，软化腐烂。苗期茎基部发病，初呈浅褐色水渍状斑，病部缢缩，易折断致幼苗枯死。湿度大时病部产生絮状白色霉层并形成黑色菌核，引起湿腐。

（2）发病规律：病菌会遗留在土壤中，也会混杂在种子中越冬。即便是在干燥的土壤中，病菌存活时间也可长达 3 年。病菌也会通过气流进行传播，会通过寄主的伤口处、衰老叶片、残存花瓣等侵入，最终导致番茄发病。病菌能够在 0～35℃的温度条件下生长，而湿度则是限制菌核病病菌生长的主要因素。温度低，湿度高，或早春晚秋多雨季节，最适合病害发生。我国北方番茄菌核病发病盛期是 3—5 月和 10—11 月，而南方发病时期则是 2—4 月和 10—12 月。

（3）防治方法：防治方法有农业防治和化学防治。

农业防治：根据番茄品种特性进行合理密植，建议采用滴灌的方式浇水。除此之外，应增施磷肥、钾肥，提高番茄的抗病性能。及时将病叶、病枝、病果摘除；适时打老叶；番茄收获后，应将病株残体清理掉。

化学防治：在番茄移栽之前，可使用 50%腐霉利可湿性粉剂 1 千克/亩，兑细土 20 千克拌匀然后耙入土中对土壤进行消毒。发病初期，可使用 50%乙烯菌核利可湿性粉剂（农利灵）1 000 倍液，或 50%异菌脲可湿性粉剂（扑海因）1 500 倍液，或 70%甲基硫菌灵可湿性粉剂 800 倍液，或 25%醚菌酯悬浮剂 1 000 倍液，或 10%苯醚甲环唑水分散粒剂 1 000 倍液，或 40%菌核净可湿性粉剂 500 倍液，着重喷洒植株基部与地表。注意轮换用药，以免病菌对药物产生抗性。7 天左右喷一次药，连续喷 3～4 次。

11. 黑斑病（彩图 52）

（1）发病症状：主要危害果实、叶片和茎。果实染病，病斑灰褐色或褐色，圆形至椭圆形稍凹陷，有明显的边缘。果实上有一个或几个病斑，大小不等，斑面产生黑色霉状物即分生孢子梗和分生孢子。

（2）发病规律：以菌丝体或分生孢子丛和分生孢子随病残体遗落到土壤中越冬，翌年春季以分生孢子借气流传播蔓延，进行初侵染和再侵染。该菌寄生性较弱，寄主范围广，通常植株生长衰弱或果实有伤口才受病菌侵害。温暖多湿的天气有利于病害发生。

（3）防治方法：防治方法有农业防治和化学防治。

农业防治：加强水肥管理，使植株稳生稳长可减少受害。

化学防治：从青果期开始喷洒 75%百菌清可湿性粉剂 600 倍液，或 58%甲霜灵·锰锌可湿性粉剂 500 倍液，或 50%异菌脲可湿性粉剂 1 000～1 500 倍液，或 40%克菌丹可湿性粉剂 400 倍液，后期任选一种药剂加 50%氯溴异氰尿酸可溶粉 1 500 倍，或 10%苯醚甲环唑，或 2%春雷霉素等配方交替使用，7～10 天喷施一次。

12. 炭疽病（彩图 53）

（1）发病症状：主要危害番茄的果实，发病严重时，也可危害番茄的叶片和茎秆。果实发病后，在果实表面出现淡褐色的近圆形小斑点，随着病情的发展，病斑逐渐扩大和增多，在干燥的条件下，病斑上常会出现同心轮纹，后期病斑开裂，并稍凹陷，湿度较大时，病斑上会长出褐色的小点，果实失去食用价值，从而造成严重的减产。叶片发病，多在叶片上出现黑褐色的斑点，逐渐扩大为近圆形的黑褐色病斑，病斑上有同心轮纹，在干燥条件下，病斑容易开裂穿孔。茎秆发病，发病初期，在茎秆上出现褐色斑点，随着病情的发展，病斑逐渐扩大，在茎秆上形成黑褐色的椭圆形病斑。后期病斑发生纵向开裂。严重影响植株的生长发育。

（2）发病规律：番茄炭疽病是一种高湿型真菌病害，病菌附着在病果、病叶等病残体上，在土壤中越冬，发病最适宜的温度为 24℃，空气相对湿度为 97%以上。病菌主要通过雨水反溅或气流传播至寄主上，从果实的伤口、自然裂缝或直接侵入，引起初次侵染，并处于潜伏状态。当果实进入转色期后，开始发病，尤其在秋季降雨频繁的季节，发生严重，防治不及时，可在短时间内造成大量果实被害。

（3）防治方法；番茄生长中后期，可结合防治番茄早疫病和晚疫病等病害，选用咪鲜胺、吡唑醚菌酯、戊唑醇、苯醚甲环唑等药剂定期喷雾，病害严重时，可选用 32.5%苯甲·嘧菌酯悬浮剂 30～50 克，或 40%唑 醚·咪鲜胺水乳剂 20～30 毫升，40%唑醚·戊唑醇悬浮剂 40 毫升等药剂，兑水 30～50 毫升，均匀喷雾，均可有效控制该病的继续危害和蔓延。

13. 茎基腐病（彩图 54）

高温期定植番茄，经常发生茎基腐病，表现为茎基部一侧或一周变成褐色、干枯。番茄和樱桃番茄大苗期或植株定植后不久即发病。

（1）发病症状：茎基腐病主要危害大苗茎基部或地下部主侧根。发病初期，植株地表上下的茎基部产生暗褐色病变，后绕茎基部扩展，病部皮层腐烂，造成植株地上部叶片变黄、萎蔫，严重的病部环绕茎基部一周后，引起植株萎蔫枯死。湿度大时茎基病部表面出现浅褐色蛛丝状霉层或出现灰褐色、大小不一的小菌核。

（2）发病规律：茎基腐病发病适温为 24℃，所以在每年 7—10 月份棚内温度较高时发病最为集中。温度高、湿度大，幼苗徒长时易发病。秋茬种植发生尤为严重，与管理不当有很大关系，主要有定植过深、大水漫灌，地膜覆盖过早等原因。

（3）防治方法：防治方法有农业防治和化学防治。

农业防治：栽苗不栽深，起垄定植。番茄定植时，一定要注意深浅适宜，并起垄定植。为了防止地温升高可以起小垄。起垄栽培由于蔬菜栽在垄顶或斜坡上，浇水时水一般漫不过茎基部，这样此处会长期保持相对干燥的环境，不利于病菌的侵染。切忌浇水量过大，尤其不能让水面漫过垄顶浸到茎基部。晚覆盖地膜。完成缓苗，划锄 2～3 次引根下扎后再进行覆盖。如果担心植株过大，可以使用窄地膜覆盖地面，将番茄蔓子吊起来以后，用小夹子将地膜连接处夹好即可，也可以将地膜两边撕开，覆盖在行间。

化学防治：幼苗定植之前，可每亩使用增效根病灵 1 千克，加细土均匀撒于地面，进行土壤消毒。定植时，使用 95%噁霉灵 5 000 倍液进行蘸根，防止病菌的侵染。发病后可用甲基托布津或甲霜·噁霉灵或多菌灵等混加（氰霜唑、霜霉威、25%咯菌腈、25%嘧菌酯、80%乙蒜素等）一起使用，同时能促进根系生长发育。对于发病植株，应将茎基部的土壤扒开，对病部进行晾晒，避免病害的扩展，再进行灌药防治，效果更好。

（二）细菌病害

1. 斑疹病（彩图55）

病原菌为丁香假单胞菌番茄叶斑病致病型，属细菌。

（1）发病症状：可危害叶片、茎秆、果实等。叶片发病，叶面出现边缘不清晰的褐色褪绿斑，继而形成近圆形或不规则形褐色病斑，一般病斑外具有黄色晕圈，病斑背面边缘清晰，田间条件适宜时，病叶率甚高。茎秆受害，出现近圆形或椭圆形褐色病斑，后期病斑不断融合。叶柄发病，症状与茎秆相似。果实发病，先出现褐色针状小病斑，略凹陷，感病品种病斑稍大。

（2）发病规律：病菌以菌体在种子、病残体及土壤中越冬，主要通过雨水飞溅或整枝、打杈等农事活动传播。低温多雨、大水漫灌、阴天进行农事操作易发病。发育适温为25℃以下，相对湿度80%以上。高温、大雾、重露、多雨等因素有利于病害的发生，排水通风不良，利于病原菌的近距离大面积传播。

（3）防治方法：防治方法有农业防治和化学防治。

农业防治：清除病株和残体并集中深埋或烧毁，病穴撒入石灰消毒。采用高垄栽培，避免带露水或潮湿条件下整枝打杈等操作。

化学防治：发病初期喷72%的农用硫酸链霉素可溶性粉剂3 000倍液，或23%的氢铜·霜脲可湿性粉剂800倍液，或3%的中生菌素可湿性粉剂800倍液。每隔7天喷1次，连续喷洒3～4次。连续防治2～3次。

2. 软腐病（彩图56）

病原菌为胡萝卜软腐欧文氏菌胡萝卜软腐致病型，属细菌。

（1）发病症状：主要危害果实。果实病斑呈透明状，易破裂，有臭味，后期病果常失水干缩。

（2）发病规律：病菌随病残体在土壤中越冬。腐生性强，从植物表面的伤口侵入，在扩展过程中分泌原果胶酶，分解寄主细胞间中胶层的果胶质，使细胞解离崩溃、水分外渗，病组织呈软腐状。

（3）防治方法：防治方法有农业防治和化学防治。

农业防治：轮作倒茬，软腐病发生严重地块，应与非茄科作物及十字花科蔬菜进行两年以上轮作；应在发病后及时清除病株，并注意浇小水。在晴天及时修整枝叶，改善通风透光条件，并及时剪除残存的病枝，适时浇水施肥和防治害虫，减少伤口。有伤口的植株，可以用多菌灵等药涂抹伤口，防止病菌侵染。

化学防治：番茄软腐病发病初期可以用47%春雷·王铜可湿性粉剂800倍液或20%噻菌铜悬浮剂600倍液喷雾或灌根，每7天一次，连续防治3次，防效可达800%以上。病害发生初期还可以用叶枯唑、氯溴异氰尿酸、春雷霉素、中生菌素、噻森铜等药防治，视田间发病情况合理用药。注意交替用药，防止产生病菌抗药性。

3. 溃疡病（彩图57）

病原菌称密执安棒杆菌番茄溃疡病致病型，属细菌。

（1）发病症状：主要危害果实。果面初现乳白色圆形病斑，病斑中央颜色不断变深，形成褐色木栓化针状凸起，整个病斑如同鸟眼一般，又称为“鸟眼斑”。有的病斑较大，着色期后发病病斑边缘多为黄色。幼果发病，病斑数量较多。叶片发病，多从叶缘向内发展，形成“V”字形褐色病斑，周围有黄色晕圈。

（2）发病规律：病菌随病残体在土壤中越冬。通过雨水、灌溉水、农事操作等传播，由植株的伤口、气孔等孔口侵入。发病后，病斑产生菌体，借助雨水传播到健康植株上引起再侵染。

（3）防治方法：防治方法有农业防治和化学防治。

农业防治：实行轮作，与非茄科蔬菜轮作，最好与瓜类或禾本科作物轮作，不要与茄科蔬菜相互接茬栽种；选种抗病品种；调整土壤酸碱度，病田可结合整地每公顷撒施消石灰250～1 500千克，调整酸性土质为微碱性，可抑制青枯菌的生长，减轻危害；及时拔除病株，并向病穴内灌20%福尔马林液或20%石灰水进行消毒。

化学防治：预防及治疗可选用下列药剂，20%的叶枯唑可湿性粉剂800倍液，或77%的氢氧化铜可湿性粉剂800倍液，或25%的络氨铜水剂500倍液，或72%的农用链霉素可溶性粉剂4 000倍液。

4. 疮痂病（彩图58）

（1）发病症状。该病又称细菌性斑点病，主要危害叶片、茎秆和果实。叶片染病，初生水渍状黄绿色或黄褐色小斑点，近圆形或不规则形，边缘暗褐色，稍隆起，中部色浅，稍凹陷，表面粗糙像疮，有时病斑反面有黄褐色菌脓，受害严重时，病斑连片、破裂，最后叶片脱落，有时叶片畸形。茎枝染病，初为水渍状不规则条斑或斑块。扩展后互相连接，呈暗褐色，隆起，织裂呈疮痂状。果实染病，初生褐色隆起小点，渐扩大成1～3毫米的稍隆起疮痂斑，病斑边缘有裂口，有水浸状晕环，潮湿时，可溢出菌脓。茎部染病，生水渍状暗褐色条斑，病斑稍隆起，纵裂呈溃疡状疮痂斑。

（2）发病规律：病菌主要在种子上或随病残体遗落在土壤中越冬。病菌借助灌溉水、雨水或昆虫传播，从气孔或伤口侵入致病。高温多湿，尤其在台风或风雨频繁的年份和季节有利于发病。地势低湿，通透不良，或偏施氮肥，或植株生长势差等，易发病。

（3）防治方法：防治方法有农业防治、物理防治和化学防治。

农业防治：深翻土壤，加强松土、追肥，促进根系发育，提高植株抗病力，并注意氮、磷、钾肥的合理搭配，提倡施用充分腐熟的有机肥或草木灰、生物菌肥。高垄栽培，避免田间积水，雨后及时排水。实行轮作，与非茄科蔬菜轮作2～3年。

物理防治：种子消毒，种子先用冷水浸2～3小时后，用55℃温汤浸种或用0.1%高锰酸钾溶液浸种5分钟，洗净药剂后，再浸泡10小时左右，然后催芽播种。

化学防治：发病初期用3%中生菌素可湿性粉剂800倍液或20%噻菌铜悬浮剂700倍液喷雾防治，隔7～8天喷一次，连续防治2～3次。

5. 细菌性髓部坏死（彩图59）

病原为番茄髓部坏死病假单胞菌，又称皱纹假单胞菌，属非荧光假单胞细菌。该病害发生范围广泛，不管是大棚栽培还是露地种植，都可以发生，相对来说，大棚发病早于露地，一般发病率在10%以上，防治不及时导致病情加重时，发病率可达30%～50%，造成严重减产。这种病害近年来发生面积比较大，需要及时进行防治。

（1）发病症状：发病初期嫩叶褪绿，严重的植株上部褪绿和萎蔫，伴随着下部茎坏死，病茎表面初生褐色至黑褐色斑，外部变硬，纵剖病茎可见髓部变成黑色或出现坏死，维管束褐变，这些病变多发生在植株外部无病变的地方，髓部发生病变的地方则长出很多不定根。生产上当下部茎被感染时，常造成全株死亡。湿度大时菌脓从茎伤口和不定根溢出，别于溃疡病。

（2）发病规律：番茄细菌性髓部坏死病病程发展缓慢，在夜温低及高湿的条件下容易发病，特别是雨水多时病情往往更为严重，此外，连作田块、地势低洼、排水不良以及氮肥使用过量的田块发病较重。大棚栽培番茄中一般大量施用化肥，特别是氮肥用量大，在低温条件下，如在阴雨天整枝打杈等农事操作条件下，会造成大量伤口，为该病的发生提供了有利条件，造成该病在棚室内的大量发生。

（3）防治方法：防治方法有农业防治和化学防治。

农业防治：选用抗病品种；种子消毒处理；与非茄科作物合理轮作；加强水肥管理，避免田间湿度过大；根据当地气候采用合理的栽培方式；避免阴雨天整枝打杈；及时拔除发病植株以防止成片发病。

化学防治：由于细菌性髓部坏死病发病最初很难依据外表判断，所以一定要提前冲施或滴灌去预防，并且在整枝打杈后要喷施一遍防治细菌性药剂防止伤口侵染，若是有植株茎秆或分杈处已经出现病症，应及时针对病部进行药剂涂抹处理，个别发病严重的要掰开茎部将药剂均匀地涂抹到髓部。药剂可选用72%农用链霉素可溶性粉剂 3 000～4 000 倍液，或 90%新植霉素可溶性粉剂 4 000 倍液，或 77%氢氧化铜可湿性粉剂 500 倍液，或 50%琥胶肥酸铜可溶性粉剂 500 倍液，或 14%络氨铜洗水剂 300 倍液等，每隔 10 天用药一次，连续防治 2～3 次。在发病较重时，采用注射法进行防治，将上述药剂从病部上方注射到植株体内进行防治，间隔 3～5 天注射一次，连续注射 3～4 次。也可用上述药剂灌根，或提高药液浓度后与白面调成药糊涂抹在轻病株的病斑上，如77%氢氧化铜可湿性粉剂 300 倍液，或 50%琥胶肥酸铜可溶性粉剂 300 倍液，或 14%络氨铜洗水剂 200 倍液，白面适量，能黏住即可。

（三）病毒病害

病毒病是当前番茄生产中的主要病害，在我国大多数番茄种植产区均有分布。一般每年会造成减产 20%～30%，严重年份可达 50%以上。夏、秋季番茄损失更为严重，有的年份或地区甚至绝收，严重影响番茄生产。病原由 20 多种病毒引起，主要有烟草花叶病毒、番茄褐色皱纹果病毒、黄瓜花叶病毒、烟草卷叶病毒、苜蓿花叶病毒、番茄斑萎病毒等。

其中番茄褐色皱纹果病毒是新发生的一种番茄病毒，传播快，危害严重、导致绝收。该病毒 2014 年 10 月首次在以色列被发现，已传播到欧洲、美洲、亚洲的 9 个国家。病毒引起番茄果实变褐，形成皱缩斑，果实出现僵果、裂果和黑色斑点症状，导致番茄果实完全失去商品价值，给番茄产业造成了巨大损失。由于其传播途径多，危害强，在世界多地引发关注，墨西哥、土耳其、新西兰、澳大利亚已规定进口番茄和辣椒种子必须进行针对褐色皱纹果病毒的检测，加拿大、英国、美国都对该病毒进行了报道和警告。

1. 发病症状

番茄病毒病田间表现症状复杂多变。有时在同一植株上也会出现不同的症状。常见的主要类型有黄化曲叶病毒病、蕨叶型病毒病、条斑病毒病和褐色皱纹果病毒病等。

（1）黄化曲叶病毒病：较常见的发病类型，从苗期到成株期均可发生。一般先出现黄色或浅绿色褪绿斑点，发展成黄绿或深绿、浅绿相间的斑驳；发病重时花叶与畸形症状常同时出现，植株矮化，果实小（彩图 60a）。

（2）蕨叶型病毒病：叶片生长缓慢、退化、变小，严重时叶片呈长条状（彩图 60b），植株矮化，结果少，严重影响产量。

（3）条斑病毒病：叶背叶脉呈紫褐色油浸状条斑，其叶脉坏死或分布黑褐色油浸状坏死斑，后沿叶柄蔓延至茎秆，扩展为坏死条斑，严重时植株死亡。病部上部叶片呈现或不呈现深绿色与浅绿色相间的花叶症状，下部叶片症状不明显。发病早的植株节间短，叶片小。在植株茎秆的上、中部，初生暗绿色下陷的短条纹，后变为深色下陷的油浸状坏死条斑，再逐渐蔓延扩大，使条斑连片，上下连接，病株逐渐黄萎枯死（彩图 60c）。病株上的果实畸形、坚硬，病斑大小不一，大部分较小，浅褐色至深褐色，表皮凸凹不平。切开病果，则可见褐色条斑，严重者可变褐腐烂。

（4）褐色皱纹果病毒病：感染褐色皱纹果病毒病的番茄叶片症状为褪色、花叶、斑驳，偶尔出现叶片变窄，叶片畸形、坏死，花序梗、花萼、叶柄出现坏死性黄斑；番茄果实症状为出现绿色、黄色、褐色斑块及畸形（彩图 60d）。

2. 发病规律

烟草花叶病毒寄主广泛，可在多种植物和杂草上越冬，也可附着在种子上或病残体上越冬，通过整枝打杈等农事操作进行传播，一般不能通过蚜虫传播。黄瓜花叶病毒也可在多种植物和杂草上越冬，主要通过蚜虫传播。高温、干旱时发病重，因为这种环境有利于传毒介体蚜虫的繁殖及迁飞。

3. 防治方法

农业防治：选用抗病品种，清洁田园，避免重茬，可与葱蒜类、豆科和十字花科蔬菜进行 3～4 年轮作。

物理防治：采用 60 目防虫网对传毒昆虫进行有效的物理隔离，利用蚜虫、粉虱对黄色以及蓟马对蓝色有强烈的趋向性，悬挂黄蓝板诱杀成虫。黄蓝板与性诱剂相结合效果更佳，能较大程度上降低传毒昆虫的虫口密度从而减轻病毒病的发生。定植时利用银灰色膜避蚜虫。

化学防治：种子用10%磷酸三钠溶液浸泡消毒，播种前先用温水浸泡3～4小时，再放入磷酸三钠溶液中浸泡20～30分钟，然后用清水冲洗干净，捞出沥去多余水分后播种催芽。用25%噻虫嗪水分散粒剂1 500～7 500倍液提前3～5天灌苗盘或灌根，并能促苗壮根，提高对病毒病的抗性。定植前1～3天，对秧苗进行喷药预防，2%宁南霉素水剂300倍液混加20%吗胍·乙酸铜可湿性粉剂500倍液，混加芸苔素内酯6 000倍液，连续喷施2～3次，防病效果良好。发病初期可用6%寡糖·链蛋白（中保阿泰灵）可湿性粉剂800～1 000倍液，也可采用2%香菇多糖500～600倍液喷洒，每7天喷洒1次，连喷3～4次。在传毒昆虫蚜虫、烟粉虱、蓟马危害初期，可选用阿维菌素、乙基多杀菌素、印楝素等生物源农药，当害虫大量发生时选用吡虫啉、吡蚜酮、啶虫脒、噻虫嗪、呋虫胺、烯啶虫胺、高效氯氟氰菊酯等作为补充药剂交替使用，生产上常施用“噻虫啉+螺虫乙酯”“阿维菌素+螺虫乙酯”“噻虫嗪+联苯菊酯”“氯噻啉+高效氯氟氰菊酯”等复配剂来杀死媒介昆虫，减少病毒传播。

（四）根结线虫病（彩图61）

近年来随着设施番茄面积的不断扩大，重茬、连作的现象越来越普遍，加之防治措施跟不上，致使番茄根结线虫病危害日趋加重。因棚室环境条件适宜病原线虫繁殖，一年四季都可发病，因病损失一般20%～30%，重者高达60%～70%，甚至绝收。该病属于土传病害，传播途径广，靠单一防治措施，难以达到预期目的。必须以农业防治为基础，配合化学防治，才能收到好的效果。

1. 发病症状

根结线虫主要侵染番茄的侧根和须根，导致根部出现形状大小不同的根结及根瘤，形成的根结早期为白色，到后期出现龟裂，变为褐色，严重时根系腐败、溃烂。此外线虫侵染的植株会逐渐变成弱苗，主要原因是根系吸收养分、水分能力下降，影响植株正常生长发育，也使植物叶片不再生长、颜色发黄，不能正常进行光合作用，植株抗性变弱，进而导致作物果实产量下降和品质变差。

2. 形态特征

雄虫虫体外观呈蠕虫状，雌虫虫体外观呈圆形至梨形。雌虫不存在孢囊期，有略弯曲的颈，最大长度3 000微米左右，最大宽度750微米左右。雄虫具体环，最大长度在2 500微米左右，最小长度在600微米左右。根结线虫卵外观呈肾脏形到长椭圆形，颜色多为淡褐色，大小在408～3 784平方微米之间。此外二龄侵染幼虫呈蠕虫状，无色透明，外观不规则，尾部呈圆锥状，尾尖有透明区又叫透明尾，最大长度约为500微米，最大宽度约16微米。口针纤细，在15微米左右。三龄及四龄根结线虫幼虫时期虫体膨大成囊状，固定寄生于作物根结内，且有明显突尾。

3. 习性及繁衍

根结线虫的生活史从卵孵化到幼虫，再到成虫，最后到两性成虫交配产卵。通常分为卵、幼虫和成虫三个时期。根结线虫以卵、二龄幼虫及雌成虫三种形态随植株病根在土壤中继续存活，并在次年再次对植株进行侵染伤害。

4. 防治方法

农业防治：采用无土育苗是避免西红柿根结线虫危害的一条重要措施。因为无土育苗可培育壮苗，避免早期受到根结线虫的危害，而移栽后，即使受到根结线虫的危害，对作物产量影响不大。采用无土育苗的方法对育苗基质进行消毒，消毒的药剂有棉隆和威百亩。方法是将基质集中，将棉隆或威百亩与基质充分拌匀后，盖上塑料布熏蒸。含有Mi基因的野生茄科类品种，对番茄根结线虫具有优异的抗性。利用这些品种作砧木进行嫁接栽培，能有效地防治根结线虫危害，生产中表现比较好的有：托鲁巴姆、CRP、水茄、温棚茄砧、超托鲁巴姆、托托斯加。其中托鲁巴姆苗期茎粗壮，嫁接操作方便，成活率高，嫁接生产的番茄产量高、品质好，是一种较为理想的抗根结线虫砧木品种。

物理防治：利用石灰氮、棉隆等对土壤消毒。高温闷棚杀虫：番茄拉秧后的6月下旬至7月的高温季节，彻底清除残体后，每亩施用生石灰150～200千克（或石灰氮70～100千克），切碎的小麦或玉米秸秆500～1 000千克（覆盖地面约3～5厘米），土壤深翻30厘米，混合均匀后，挖沟大水漫灌，使土壤达到饱和状态，覆盖地膜和棚膜高温闷棚，持续30～40天。此时大棚气温可达60～70℃，土表10厘米温度可达40℃左右。结束后浅翻地面，晾晒10天以上，可有效减少线虫危害。注意闷棚期间盖好地膜，防止雨水渗入，保证土壤表面完全密封，以减少水分散失，提高温度。

生物防治：根据轮作年限，整地施肥过程中每亩可撒施1～2千克（100亿/克）的淡紫拟青霉菌剂或2～3千克（2.5亿/克）的厚垣轮枝菌孢子菌剂。

化学防治：在播种或定植时，每平方米施用1.8%阿维菌素乳油1毫升，稀释2 000～3 000倍液，喷在地面上，立即翻入土中。或每亩用10%噻唑磷颗粒剂1 500～2 000克撒施，或每亩用35%威百亩水剂4 000～6 000克，兑水 300～500 千克，于播前 15 天开沟灌入药剂，覆土压实，15 天后播种。

（五）生理性病害

1. 筋腐病

番茄筋腐病是一种常见的生理性病害，又叫条腐病、条斑病，是温室番茄发生比较普遍且严重的一种生理性病害。番茄得了筋腐病后，口感差，无商品价值。

（1）发病症状：番茄筋腐病有黑筋病和白筋病 2 种。黑筋腐属于生理性病害，幼果期开始发病，多发生于植株下部，在果实膨大期，果面着色不匀，进而出现局部褐变，切开果实，可看到果皮内的维管束呈黑褐色和茶褐色。后期果实不转红，果面凹凸不平，不能食用。白筋腐属于病理性病害，是幼果期感染番茄花叶病毒所致。主要表现为病部有蜡质光泽，切开果实，可见果肉呈“糠心”状，果皮及隔壁中肋部分出现白色或褐色筋丝，病果果肉硬化，品质差。

（2）发病规律：土壤中钾含量低或因施氮肥过多拮抗对钾的吸收，日照不足或温度低时也易发生。

（3）防治方法：防治方法有农业防治和化学防治。

农业防治：选用抗病的品种作为重病区的主要栽培品种。在番茄坐果盛期，磷钾肥要供应充足，特别是要增加磷肥供应，同时叶面喷施中微量元素。合理地整枝打杈，增强植株的透光透气性。低温天气在保证番茄正常生长的情况下尽可能地延长棚室的光照时间。保证番茄棚室内昼夜有 10℃左右的温差，白天棚室温度保证 25～28℃，夜间温度保持在 15℃左右。低温寡照天气，需每天坚持打开放风口除湿通风，有利于棚室内外气体交换；低温晴朗天气，应尽可能增加棚室内光照时间，切勿过早放下草苫或棉被；当棚内湿度大时可选用烟剂熏蒸或者用喷粉机喷施粉剂来防治病虫害。避免多年重茬连作，可与非茄科蔬菜轮作，以缓解土壤养分的失衡状态，以满足作物正常生长需要，特别是重病大棚的轮作换茬尤为重要。

化学防治：在番茄植株周围开沟，然后适当追施硫酸钾、草木灰等含钾的肥料，覆土后及时补水。喷施 0.2%～0.3%的复合型磷酸二氢钾水溶液，也可喷施 15%的草木灰浸出液，或 0.001 6%的芸苔素内酯水剂 800～1 000 倍液喷雾。

2. 空洞果

（1）发病症状：空洞果是指果皮与果肉胶状物之间具有空洞。空洞果从外表上看带有棱角，不圆润，切开果实，可以看到果肉与胎座之间缺少充足的胶状物和种子，存在明显的空腔。

(2) 发病规律：花芽发育过程中的高温和日照不足，常使花粉不成熟、受精不良，种子形成时产生的果酸较少，此时会形成空洞果。果肉部与果腔部发育速度相差过大而使两者之间出现空隙，也会形成空洞果。植物生长调节剂用量过高，水肥供应不足，营养物质供应不良，也易产生空洞果。同一花序中迟开花形成的果实，易形成空洞果。需肥量多的大型品种，生长后期营养跟不上，碳水化合物积累少，也易出现空洞果。

(3) 防治方法：防治方法有农业防治和化学防治。

农业防治：选用心室多的品种。采用配方施肥技术，合理分配氮、磷、钾，避免枝叶过于繁茂，使植株营养生长与生殖生长协调平衡发展。结果盛期，及时追足肥、浇足水，满足番茄营养需要，若有早衰现象要及时进行根系养护和叶面喷肥。创造果实发育的良好环境条件。苗期和结果期温度不宜过高，特别是苗期要防止夜温过高、光照不足。开花期要避免35℃以上的高温对授粉的危害。

化学防治：合理使用激素。一般当花序上的花有60%～70%开放时使用激素，提倡选用对氯苯氧乙酸钠蘸花，通常含量为25～40毫克/千克，温度高时含量适度降低。

3. 脐腐病

(1) 发病症状：番茄脐腐病从番茄坐果至着色成熟前均可发病，初始发病期一般是在开花后的12～15天，这一时期果实体积增长相对较快，对钙的需求量相对较大，容易引起局部缺钙，导致脐腐病的发生，且同一穗果上的果实几乎同时发病，但该病只危害果实。脐腐病发生时，均从果实顶端出现一个或几个凹陷的斑点，渐渐变为暗绿色或灰白色水浸状，后逐渐扩大至直径1～2厘米的暗褐色斑，严重时可达小半个果面，病斑多为圆形，有时有同心轮纹。从发病开始大约一周后，病斑扩展到最大面积，最后收缩或萎陷，在胎座的顶端形成一凹陷的革质状枯斑，病斑附近的果皮也从褐色逐渐变为黑褐色。脐腐病一旦发生，果顶部呈扁平或凹陷状，其下部果肉干腐收缩，果实停止膨大，发硬，提早变红，并且在潮湿条件下，病部易被腐生菌侵染，产生墨绿色、黑色或粉红色霉状物，失去商品价值。

(2) 发生规律：土壤中钙含量不足或土壤干燥植株难以吸收土壤中的钙元素，导致果实脐部细胞正常的生理活动受到抑制引起发病。另有研究认为，土壤中水分不稳定，时多时少，也易发病。

（3）防治方法：补充钙肥，番茄结果后1个月内是吸收钙的关键时期。可喷洒1%的过磷酸钙，或0.5%的氯化钙加5毫克/千克的萘乙酸，或0.1%的硝酸钙及1.4%的复硝酚钠5 000～6 000倍液。从初花期开始，隔10～15天喷一次，连续喷洒2～3次。

4. 芽枯病

（1）发病症状：前期一般表现为：顶部叶片轻微发黄，第2、3片叶出现弯曲的情况，仔细观察生长点下一厘米左右的茎秆，能看到茎秆中间有一条凹陷的线。随着病情的发展，茎秆中间这条线出现变褐的情况，到了后期茎秆开裂，生长点停止生长并变褐坏死。缝隙为线形或"Y"字形，有时边缘不整齐。芽枯病发生严重的植株，生长点枯死不再向上生长，而是出现多分枝向上长的情况。

（2）发病规律：芽枯病是一种生理性病害，除了与品种有关外，直接原因就是高温导致生长点坏死。

（3）防治方法：注意通风，不使温度超过35℃，或及时采用遮阳网覆盖，以降低光照强度，避免造成高温危害。在高温的中午，在叶面喷洒清水，以降低周围温度。喷洒含硼、钙等微量元素叶面肥。由于芽枯病易造成裂口，使植株很容易感染细菌性病害，因此喷药时还应加入中生菌素、春雷霉素、叶枯唑等药剂，避免细菌侵染造成茎秆腐烂、幼苗无头。

四、常见虫害及防治方法

（一）潜叶蝇（彩图62）

1. 虫害识别

以幼虫钻叶危害，在叶片上形成由细变宽的蛇形弯曲隧道，开始为白色，后变成铁锈色，有的在白色隧道内还带有湿黑色细线。幼虫多时叶片在短时间内就会被钻干枯死。

2. 形态特征

成虫有趋黄性，晴朗的白天行动活泼，夜间静止。卵多单粒，产于基部叶片，偏喜在成熟的叶片上由下向上产卵。幼虫老熟后咬破表皮在叶片上、下表皮或土表化蛹。成虫寿命7～15天，雌虫一生平均产卵110～300粒，卵期约13天，幼虫期约9天，蛹期20天左右。一年发生数代，世代重叠现象严重，在温室内世代更加混乱。以蛹在病残体或土壤中越冬，或冬季寄宿于保护地蔬菜上。一般5月中下旬开始发生，6月中旬为危害盛期。

3. 防治方法

农业防治：清洁田园，收获后清洁田园，把被害植株残体和杂草集中深埋，沤肥或烧毁。适时灌水和深耕，当虫害前期，植株为害叶片少，可采取人工摘除，集中深埋或烧毁，再用药剂防治。种植其非寄主植物或非喜食植物，以达到拆桥断代、减轻危害的目的。低温冷冻晒堡，在冬季1月育苗前，将塑料棚、温室敞开暴露在低温环境中7～10天，自然冷冻，消灭越冬虫源。高温闷棚，在夏季高温换茬时将塑料棚、温室密闭7～10天可杀死大量虫源。

物理防治：在春、秋季保护地的通风口处设置防虫网，防止露地和保护地内的虫源交换。采用规格为（40×25）厘米粘虫黄板，按照300～450个/亩均匀悬挂于作物生长点上方20厘米左右处，注意保持黄板的粘性。

生物防治：释放天敌姬小蜂、潜蝇茧蜂等寄生蜂。7—9月自然天敌可起主要控制作用，田间自然寄生率可达60%～90%。

化学防治：斑潜蝇主要以幼虫潜入叶片或叶柄引起危害，应选用渗透力强，药效持久的药剂进行防治。药剂有昆虫生长调节剂类，如10%除虫脲悬浮剂3 000倍液，或25%灭幼脲悬浮剂2 500倍液；抗生素类农药，11%阿维·灭蝇胺悬浮剂3 000～4 000倍液，或20%斑潜净乳油1 500倍液；植物性农药，如6%绿浪水剂1 000倍液等，或昆虫生长调节剂5%抑太保2 000倍液等。

（二）白粉虱（彩图63）

1. 虫害识别

产卵于上部叶片，卵孵化成幼虫布满番茄叶片背面大量取食，成虫群集叶片背面刺吸叶片汁液，导致叶片褪色变黄，严重时造成叶片枯死。再加上成虫和若虫分泌大量蜜露，致使叶片和果实发生煤污病，不仅影响植物光合作用和呼吸作用，而且降低果实品质。成虫体长0.9～1.4毫米，淡黄白色或白色，雌雄均有翅，全身披有白色蜡粉，雌虫个体大于雄虫，其产卵器为针状。

2. 发生规律

白粉虱一年可发生10代以上，在保护地越冬，成虫群集在新生叶片背面，具有显著的趋嫩性和趋黄性，25～30℃为雌虫的最适发育温度。

3. 防治方法

农业防治：培育无虫苗。育苗前铲除杂草、残株，彻底熏杀育苗温室内残余虫口，通风口要安装纱网，杜绝白粉虱进入。培育无虫苗，将其定植到清洁的经熏杀的生产温室中去。

物理防治：利用白粉虱成虫对黄色有激烈趋向性的特色，在白粉虱发作初期，将涂有机油或蜜汁的黄色板，挂在保护地内行间植株上方，诱杀成虫。

化学防治：可选用的药剂如下：25%的噻嗪酮可湿性粉剂 2 000 倍液，或 3%的啶虫脒乳油 1200 倍液，或 70%的吡虫啉水分散粒剂 1 500 倍液，或 25%的噻虫嗪水分散粒剂 3 000 倍液，或 2.5%的联苯菊酯乳油 5 000 倍液。喷药时注重叶背喷洒。提示白粉虱体表蜡粉较多，多数药剂渗透效果较差，可在药剂中加入有机硅助剂，增加药剂渗透性，提高药剂防治效果。同时，白粉虱繁殖速度快，世代重叠严重，应注意杀菌机理不同的药剂交替使用，延缓其抗药性的产生。

（三）蚜虫（彩图 64）

1. 虫害识别

成虫和若虫在瓜叶背面和嫩梢、嫩茎上吸食汁液。嫩叶及生长点被害后，叶片卷缩，生长停滞，甚至全株萎蔫死亡；老叶受害时不卷缩，但提前干枯。

2. 发生规律

蚜虫以在冬季寄生植物芽附近产下的卵形态越冬，春季，在这些植物上胎性繁殖，数代后成为有翅虫，移至夏季寄主植物茄子、番茄等继续繁殖。但在暖地，棉蚜和桃蚜呈非常复杂的生态，无规律性，在冬季亦可通过胎生雌虫继续繁殖，成为春季的发生源。在春秋，10～14 天完成一代，而夏季只需一周，繁殖十分旺盛。

3. 防治方法

农业防治：育苗前彻底熏杀残余的蚜虫，清理杂草和残株，以及在通风口增设尼龙纱等，控制外来虫源，培育出“无虫苗”。避免黄瓜、番茄、菜豆混栽，以免为蚜虫创造良好的生活环境，加重危害。

物理防治：蚜虫对黄色有强烈诱集作用，在温室内设置黄板诱杀成虫效果显著。黄板设置于行间，与植株高度相平。

化学防治：可用 46%氟啶虫酰胺×啶虫脒水分散粒剂 800～1 000 倍液；或 16%多杀霉素×啶虫脒悬浮剂 15～20 毫升/亩；或 20%吡蚜酮×噻虫胺悬浮剂

20～40 克/亩；或 75%吡蚜酮×螺虫乙酯水分散粒剂 6～15 克/亩等药剂防治。

（四）棉铃虫

1. 虫害识别

以幼虫蛀食蕾、花、果，也危害嫩茎、叶和芽。花蕾受害时，苞叶张开，变成黄绿色，2～3 天后脱落。幼果常被吃空或引起腐烂而脱落，成果虽然只被蛀食部分果肉，但因蛀孔在蒂部，便于雨水、病菌流入引起腐烂，所以，果实大量被蛀会导致果实腐烂脱落，造成减产。

2. 形态特征

成虫体长 14～18 毫米，翅展 30～38 毫米，灰褐色。前翅中有一环纹褐边，中央一褐点，其外侧有一肾纹褐边，中央一深褐色肾形斑；肾纹外侧为褐色宽横带，端区各脉间有黑点。后翅黄白色或淡褐色，端区褐色或黑色。卵直径约 0.5 毫米，半球形，乳白色，具纵横网络。老熟幼虫体长 30～42 毫米，体色变化很大，由淡绿至淡红至红褐乃至黑紫色。头部黄褐色，背线、亚背线和气门上线呈深色纵线，气门白色。两根前胸侧毛连线与前胸气门下端相切或相交。体表布满小刺，其底座较大。蛹长 17～21 毫米，黄褐色。腹部第 5～7 节的背面和腹面有 7～8 排半圆形刻点。臀棘 2 根。成虫交配和产卵多在夜间进行，交配后 2～3 天开始产卵，卵散产于番茄的嫩梢、嫩叶、茎上，每头雌虫产卵 100～200 粒，产卵期 7～13 天。卵发育历期因温度不同而不同，15℃时 6～14 天；20℃时 5～9 天；25℃时 4 天；30℃时 2 天。初孵幼虫仅能将嫩叶尖及小蕾啃食成凹点，2～3 龄时吐丝下垂，蛀害蕾、花、果，一头幼虫可危害 3～5 个果。幼虫具假死和自残性。幼虫有 6 龄，发育历期 20℃时 25 天，25℃时 22 天，30℃时 17 天。老熟幼虫入土 3～9 厘米深筑土室化蛹，蛹发育历期 20℃时 28 天，25℃时 18 天，28℃时 13.6 天，30℃时 9.6 天。

3. 防治方法

农业防治：冬前翻耕土地，浇水淹地，减少越冬虫源。根据虫情测报，在棉铃虫产卵盛期，结合整枝，摘除虫卵烧毁。3 龄后幼虫蛀入果内，喷药无效，此时可用泥封堵蛀孔。

生物防治：生物防治成虫产卵高峰后 3～4 天，喷洒 Bt 乳剂、HD-1 苏芸金杆菌或核型多角体病毒，使幼虫感病而死亡，连续喷 2 次，防效最佳。

物理防治：一是利用成虫趋黑光灯特性，在田间安装黑光灯诱杀成虫。二是在发蛾高峰期，可用杨树、柳树、洋槐树等树枝把诱蛾。三是在烟青虫成虫发生期间，用性诱剂诱杀雄蛾，可降低雌蛾产卵量。

化学防治：药剂防治当百株卵量达 20～30 粒时即应开始用药，如百株幼虫超过 5 头，应继续用药。一般在番茄第一穗果长到鸡蛋大时开始用药，每周一次，连续防治 3～4 次。可用 2.5%功夫乳油 5 000 倍液，或 4.5%高效氯氰菊酯 3 000～3 500 倍液，或 40%菊・杀乳油 3 000 倍液（不仅杀幼虫并且具有杀卵的效果），或 5%定虫隆（抑太保、IK17899、克福隆、氟啶脲）乳油 1 500 倍液，或 5%氟虫脲（卡死克）乳油 2 000 倍液，或 5%氟铃脲（盖虫散、六伏隆、XPD－473）乳油 2 000 倍液，或 20%除虫脲（灭幼脲 1 号）胶悬剂 500 倍液，或 5%氟虫腈（锐劲特、威灭）悬乳剂 2 000 倍液，或 50%丁醚脲（宝路、克螨隆、杀螨隆、汰芬隆）可湿性粉剂 2 000 倍液，或 2.5%溴氰菊酯 2 000 倍液，或 20%氰戊菊酯 2 000 倍液喷雾。用茴蒿素杀虫剂 500 倍液也有较好防效。

（五）叶螨（彩图 65）

1. 虫害识别

番茄苗期至结果期均有叶螨危害。成螨、若螨和幼螨在叶背面吐丝结网，刺吸植株汁液，叶正面出现白色或黄白色斑点。随着叶螨数量的增加，危害范围不断扩散，严重时全叶干枯脱落，同时花蕾及果实也会严重脱落，植株早衰严重，严重影响番茄产量和品质。

2. 形态特征

卵长约 0.1 毫米，椭圆形，灰白色，半透明，卵面有 6 排纵向排列的泡状突起，底面平整光滑。幼螨近椭圆形，躯体分 3 节，足 3 对。若螨半透明，菱形，是一静止阶段，被幼螨表皮所包围。雌成螨长约 0.21 毫米，体躯阔卵形，体分节不明显，淡黄至黄绿色，半透明有光泽。足 4 对，沿背中线有一白色条纹，腹部末端平截，雄成螨体长 0.19 毫米，体躯近六角形，淡黄至黄绿色，腹末有锥台形尾吸盘，足较长且粗壮。

3. 发生规律

叶螨通常以卵的形式在杂草或土壤中越冬。当温度达 25℃左右，湿度维持在 35%～55%时，有利于叶螨的发生。叶螨具有趋嫩的习性，幼虫及前期若虫活动较少，但后期贪食。

4. 防治方法

农业防治：合理轮作和间作，在常年发生虫害较重的田块，应避免与玉米、豆科作物间作，杜绝来自中间寄主的虫源，也是减轻危害的一项措施。加强田园清洁，在冬、春季节铲除田间、田埂、路边、沟边等处的杂草，以减少越冬虫口基数，从而减轻危害。

化学防治：药剂可选用15%扫螨净乳油2 500～3 000倍液，或73%克螨特乳油2 000倍液，或20%甲氰菊酯乳油2 000倍液，或20%复方浏阳霉素乳油1 000倍液，或20%螨克乳油2 000倍液，或5%卡死克乳油2 000倍液，或2.5%功夫乳油4 000倍液，或2.5%天王星乳油3 000倍液，或5%尼索朗乳油2 000倍液，或1.8%阿维菌素乳油4 000倍液，或10%吡虫啉可湿性粉剂1 500倍液，或20%三氯杀螨醇乳油1 000～1 500倍液。隔7～10天左右喷一次，连续2～3次。药剂应轮换使用，以免产生抗药性。喷药要均匀，一定要喷到叶背面；另外，对田边的杂草等寄主植物也要喷药，防止其扩散。

（六）蓟马（彩图66）

1. 虫害识别

蓟马的幼虫和成虫，主要在番茄叶片背面啃食叶肉，能将叶片背面啃食成不规则的形状，从叶片正面来看，受害叶片上会出现白色或者浅绿色的小斑。随着低龄幼虫的生长，该虫的食量也会逐渐增加，虫害发生后期叶片上的斑会连成片，最终导致受害叶片出现干枯现象。蓟马也能够在番茄花中产卵，被害花朵所结的果实就会间接受害，受害果实表面会有明显的产卵斑痕，并且在果实膨大的过程中，斑痕也会逐渐扩大。更重要的是，受害果实还会出现着色不良的现象，就算果实到了成熟期，果肉仍然不能正常转色。从外观来看，受害果实是果面有绿斑的花斑果。有时候成虫还会直接在果实表面锉食果肉，使得果实表面形成许多圆形的凹陷斑。最终，果面就会出现开裂现象，甚至会导致直接腐烂。

2. 形态特征

蓟马体长0.5～2毫米，黑色、褐色或黄色；头略呈后口式，口器锉吸式，能锉破植物表皮，吸吮汁液；触角6～9节，线状，略呈念珠状，一些节上有感觉器；翅狭长，有长而整齐的缘毛，脉纹最多有两条纵脉水；足的末端有泡状的中垫，爪退化；雌性腹部末端圆锥形，腹面有锯齿状产卵器，或呈圆柱形，无产卵器。

3. 防治方法

农业防治：蓟马对温度的要求非常高，尤其是在冬季的时候，可以在番茄定植前的半个月左右，先将棚室的门窗紧闭 8～10 天之后，等待土壤中蓟马的若虫化蛹出土之时，再在夜间对棚室进行通风降温处理，这样反复对棚室降温几次，可以将土壤中 90%以上的蓟马杀死，能大大地减少蓟马的数量。由于蓟马可以危害番茄整个植株，从叶片到茎秆再到果实，都有危害的可能，要及时清理田间病残株并进行消毒深埋处理，以免传播危害到其他植株。等到番茄收获以后，要把田间的茎、叶和周边的杂草一起清理干净，可以将其粉碎沤肥，也可以对其深埋或者是焚烧来减少蓟马虫源。蓟马是可以靠土壤生存越冬的害虫，那么土壤处理也是非常关键的一步。可以将土壤深翻 30 厘米左右，破坏土层中蓟马的穴室，将表土层的害虫深翻到土层下方抑制其生长，这样既可以减少蓟马的数量，还可以降低来年蓟马危害概率。

物理防治：利用蓟马趋蓝色的习性，在田间设置蓝色粘板，诱杀成虫，粘板高度与作物持平。

化学防治：生长期检查每棵植株生长点或心叶，当发现有成虫 3～5 头时，用药防治。可选用如下药剂：6%乙基多杀霉素悬浮剂 1 000 倍液，或 48%噻虫啉悬浮剂 500 倍液，或 10%啶虫脒乳油 500 倍液，或 2%甲维盐乳油 750 倍液。每隔 5 天喷一次，连续防治 2 次。要在上午 10 时到下午 2 时喷药，但要注意喷洒均匀，地面也要喷药，重点在幼嫩组织，如花、幼果顶尖及嫩梢等部位。收获前 7 天停止喷药。

（七）烟青虫（彩图 67）

1. 虫害识别

烟青虫主要是蛀果类害虫，以幼虫蛀食花、果危害，整个幼虫钻入果内，啃食果皮、胎座，并在果内缀丝，排留大量粪便；烟青虫初孵幼虫在番茄苗期至旺长期，集中危害番茄顶部心芽和嫩叶，形成窗斑、孔洞、缺刻和无头苗。番茄株严重受害时，叶片仅剩叶脉；也可蛀食蕾、嫩果等。成虫对萎蔫的杨树枝有较强的趋性，对糖蜜也有趋性，趋光性则弱。幼虫有假死性，可转果危害。天敌有赤眼蜂、姬蜂、绒茧蜂、草蛉、瓢虫及蜘蛛等。

2. 形态特征

烟青虫成虫体长 15 毫米左右，翅展 27～35 毫米，黄褐色，前翅上有几条黑褐色的细横线、肾状纹和环状纹较棉铃虫清晰；后翅黄褐色，外缘的黑色宽带稍窄。后翅端区有黑褐色宽带，其中段内侧有一条黑褐色细线。烟青虫老熟幼虫一般体长 30～42 毫米，体色有绿色、淡绿色、黄白色、淡红色、黑紫色。

两根前胸侧毛的连线不与前胸气门下端相切，远离前胸气门下端。气门上下两端较圆，故气门片的宽度也较均匀，气门片的颜色一般为褐色。体上的小刺较棉铃虫的短，体壁柔薄且较光滑。烟青虫的卵较扁，淡黄色。烟青虫的蛹很长，黄褐色或赤褐色，纺锤形。腹部第 5 至第 7 节前缘密生小刻点，末端有 2 根平行伸直的臀刺，着生在 2 个接近的突起上。

3. 防治方法

农业防治：冬耕灭蛹：冬春及时耕翻土地，通过机械杀伤、恶化越冬环境、增加天敌取食机会等，达到减少越冬蛹的目的。及时打顶抹杈，可以降低田间虫口密度，减轻危害。

物理防治：在幼虫危害期，于阴天或晴天的早晨到番茄田检查心叶及嫩叶，在新鲜虫孔或虫粪附近找出幼虫并杀死。诱捕成虫利用成虫的趋光性和趋化性，在成虫盛发期可采用杨树枝把、黑光灯、高压汞灯或性诱剂进行大面积统一诱杀。杨树枝把的设置方法：取 10～15 枝两年生半枯萎杨树枝（长约 60～70 厘米）捆成一束，竖立在田间地头，高出番茄株 15～30 厘米，用量设 7～10 把/亩，每天日出前用网袋套住枝把捕捉成虫。杨树枝把每周需换一次，以保持较强的诱虫效果。

生物防治：性诱剂诱捕器的设置方法：取直径 30～40 厘米的水盆，盆中装满水并加少许洗衣粉，盆中央用铁丝串挂性诱芯，诱芯距水面 1～2 厘米，诱芯凹面朝下，将制成的诱捕器置于用木棍做成的简易三角形支架上，然后放在番茄株行间，略高于番茄株。诱捕器两两相距 50 米。诱芯每 20 天更换一次。另外，利用诱捕器可对烟青虫进行预测预报，根据诱蛾数量曲线确定诱蛾高峰期，诱蛾高峰期后 2～3 天后为卵孵化盛期，也是田间用药的适宜时间。

化学防治：在幼虫发生期间，可选用 1.8％阿维菌素乳油 3 000 倍液，或 10％吡虫啉可湿性粉剂 1 500 倍液，或 2.5％溴氰菊酯 4 000 倍液喷雾，多数幼虫在 3 龄以前施药，才能收到良好的效果。

第五章

茄果类蔬菜生产管理新技术

茄果类蔬菜主要包括番茄、茄子、辣椒，均属茄科植物。茄果类蔬菜适应性强、产量高、供应季节长，露地和设施均可栽培，其生物学特征及栽培管理方面具有许多共性，在我国南北各地普遍栽培。当前随着我国设施蔬菜快速发展、劳动力成本逐年提升以及蔬菜标准化、规模化、机械化、智能化生产技术的逐步成熟，为加快推进农业现代化进程，围绕农机农艺深度融合，降低生产成本，节约劳动力成本，提高生产效率，结合茄果类蔬菜种植模式与当前新产业新技术的发展，提高蔬菜管理水平，本章节主要介绍无土栽培、连作障碍防治、化肥农药减施增效等方面的新兴技术，为茄果类蔬菜的优质高效生产提供重要的参考依据。

第一节　无土栽培技术

无土栽培技术是指应用营养液或固体基质加营养液代替土壤栽培农作物的农业生产技术。无土栽培技术能够为农业生产提供更大的便利条件，便于进行科学管理，进而促进农作物产量与品质的提升。当前，无土栽培已由试验研究全面转入生产应用阶段，其关键技术日渐成熟，生产体系逐步完善，产业规模迅速扩大。其中不同的无土栽培类型有着各自的特点和优势，在应用过程中应结合实际需求合理选择无土栽培类型。相比土壤栽培，无土栽培具有产量高、品质好、可不施或少施用农药、水肥利用率高、不受重金属或其他污染物污染、可进行半自动化生产等优点，是一种较先进的栽培方式。其在绿色农业、节水农业、高效设施农业、高品质农产品生产、都市农业、拓宽农业生产空间、环境保护等方面呈现出广阔的应用前景。番茄，具有产量高、营养丰富的特点，是世界年总产量最高的蔬菜作物之一。近年来，番茄已逐步成为我国日光温室栽培的主要果菜类作物之一，在中国北方农业生产中占有十分重要的地位。同时番茄也是国内外无土栽培面积最大且最具代表性的无土栽培作物。无土栽培种植番茄，产量高，3 米高结 12 层果。6 至 7 月为一个生长周期，可以生长 12 穗果或者 13 穗果。穗数增加，相应产量也会增加。每亩产量大约在 2 500～3 000 千克，甚至高达 4 000 千克，产量远远高于普通种植的番茄产量（孙锦，2022）。本节针对设施番茄无土栽培技术，分别详细描述。

一、无土栽培类型

无土栽培可分为营养液水培、营养液基质培和营养液气雾培 3 种类型。

（一）营养液水培

营养液水培又分为深液流技术、营养液膜技术和浮板毛管栽培等。

1. 深液流技术

深液流栽培设施主要由种植槽、定植板、贮液池、营养液循环系统等构成。种植槽及营养液液层较深，营养液循环流动，既可提高营养液的溶存氧，又可消除根表局域微环境有害代谢产物的积累和养分亏缺现象，还可促进沉淀物的重新溶解。但是，植株悬挂栽植技术要求较高，需要较大的贮液池和坚固较深的栽培槽及较大功率的水泵，投资和运行成本相对较高。种植槽一般宽度为40～90厘米，槽内深度为12～15厘米，槽长度为10～20米，主要有水泥预制板块加塑料薄膜构成的半固定式和水泥砖构成的永久式等形式。定植板由2～3厘米厚聚苯乙烯硬泡沫板块制成，板面按株行距开直径5～6厘米的定植孔，植株定植到孔内。贮液池大小一般按1 000平方米温室建设30立方米左右，由砖加耐酸抗腐蚀水泥池壁、水泥混凝土池底及池盖构成，营养液循环系统由供液管道、回流管道与水泵及定时控制器构成。管道采用硬质塑料管。

2. 营养液膜技术

营养液膜技术，简称“NFT”。一种简易的节能型无土栽培技术。营养液膜栽培设施主要由种植槽、贮液池、营养液循环流动装置和一些辅助设施构成，将作物根系置于一薄层营养液中栽培。利用水泵将贮液池中的营养液，连续或间歇地循环供给栽培床上定植的作物根系，因供液量仅保持1～2厘米深度，使一部分根浸于营养液中，一部分根暴露在空气中，简易有效地解决了根系吸水与吸氧的矛盾。其种植槽用轻质的塑料薄膜制成，设施结构简单，成本低。种植槽是由0.1～0.2毫米厚面白里黑的聚乙烯薄膜制成的薄膜三角形槽，长度为10～25米，槽底宽25～30厘米，槽高20厘米，坡降1∶70～1∶100贮液池设于地平面以下，其容量应满足大株型蔬菜作物每株5升、小株型蔬菜作物每株1升的需求。营养液循环系统由水泵、管道及流量调节阀门等组成，其中水泵选用耐腐蚀的自吸泵或潜水泵，管道采用耐腐蚀的塑料管，流量调节以大株型作物2～4升/分钟、小株型作物2升/分钟为准。其他辅助设施包括间歇供液定时器、电导率自控装置、pH自控装置。

3. 浮板毛管栽培

浮板毛管栽培设施由种植槽、地下贮液池、循环管道和控制系统四部分组成，其中除栽培槽外，其他3部分与营养液膜栽培装置相同。浮板毛管栽培利用分根法和毛细管原理有效地解决了水培中供液与供氧的矛盾。根系环境相对稳定，营养液液温、浓度、pH等变化较小，根系供氧较好，既解决了营养液膜栽培根环境不稳定、因临时停电营养液供应困难的问题，又克服了根际易缺氧的问题，具有成本低、投资少、管理方便等特点。

（二）营养液基质培

营养液基质培设施主要由栽培容器、基质、营养液、营养液槽、营养液供液系统、营养液回收系统、营养液供液和回液控制系统等组成。栽培容器有硬质塑料槽、砖砌混凝土槽、塑料编织袋等多种类型；基质有沙、砾石、炉渣、岩棉、珍珠岩、石等无机基质和草炭、菇渣、树皮、炭化稻壳、藻类等有机基质多种类型；营养液有液体配方和固体配方两种；营养液槽有混凝土内衬塑料薄膜槽和硬质塑料槽两种；营养液供液系统有水泵加塑料管道的泵压供液系统和栽培容器上部加塑料贮液罐的落差压供液系统两种；营养液回收系统主要是栽培容器下部加塑料贮液罐的落差压回液系统；营养液供液和回液控制系统主要由阀门和电门等组成。

1. 岩棉培

岩棉培是将作物种植于一定体积的岩棉块中，使作物在其中扎根，并采用滴灌方式供应营养液，让作物根系在岩棉中吸水、吸肥、吸气。通常栽培床用岩棉切成定型的长方形块，用塑料薄膜包成枕头袋状，称为岩棉种植垫。种植时，将岩棉种植垫按一定行距摆放在种植区，并将岩棉种植垫的面上薄膜按一定株距开小穴，将带有岩棉块的幼苗摆放在小穴处，安装上滴管滴入营养液。

2. 槽式基质培

槽式基质培一般由栽培床、贮液池、电泵和管道等几部分构成。栽培床为槽式，内装蛭石、珍珠岩、砾石、炉渣、草炭等基质，故称槽式基质培。

3. 钵式柱状立体基质培

钵式柱状立体基质培由营养液池、栽培立柱、栽培钵、营养基质和供液回液系统等组成（图 5－1）。立柱起到将各栽培钵穿成一体的作用，由水泥墩或塑料底座和镀锌铁管两部分组成；水泥墩埋在地下，用以固定立柱铁管，墩距为 90 厘米；镀锌薄壁铁管长约 2 米，管下端插入水泥墩或塑料底座的孔中；栽培钵是栽植作物的装置，由工程塑料制成高 20 厘米、瓣间距 10 厘米的 5 或 6 个瓣状塑料钵，钵中装入单一或复合基质，然后将 8～9 个栽培钵错开瓣处位置叠放在立柱上，串成柱形，瓣处定植作物；供液系统由水泵、硬质管、16 毫米无孔硬质滴管及圆形塑料滴液盒组成，滴液盒的两端有两截空心短柄，用于连接支管，盒的底部四周有 4 个或 6 个小孔，用于营养液向下流动，滴液盒的底部中心固定在立柱上方。供液时水泵从液池中抽出营养液，经供液主管、支管进入滴液盒，从滴液盒流入栽培钵，再通过栽培钵底部小孔，流入第二个栽培钵，依次顺流而下到达最下面一个栽培钵，然后流回营养液池，完成一个循环。

图 5-1 钵式柱状立体基质培示意

（三）营养液雾培

营养液雾培又称喷雾培或气培。这种栽培设施一般由栽培床、贮液槽、供液管道、营养液回收装置及控制系统等组成。栽培槽上部用聚苯板覆盖，然后按株行距打孔栽植作物，使作物根系悬挂在栽培槽空间，栽培槽内按一定距离设置喷头，营养液通过喷雾直接喷到作物根系上，使营养液与空气都能良好供应给作物，协调了作物根系水、气供给的矛盾。

二、番茄无土栽培技术

（一）设施条件

1. 安装栽培槽

根据栽培槽的长度选择塑料薄膜的长度，在薄膜上铺设 3 厘米厚的干净河沙。此外，要保证栽培系统的清洁，选择的隔离层为水泥砖、红砖、沙子和塑料膜等材料。

2. 栽培基质

栽培基质可以为草炭、玉米秸秆、炉渣和菇渣等材料，保证有机基质含量占 40%～50%，应控制好栽培基质厚度。在使用栽培基质前要充分地腐熟灭菌，减少土传病害。

3. 供水系统

在完成栽培基质的填充后，铺设滴灌管，每条栽培槽中铺设两根滴灌管，再在滴灌管上覆盖地膜，避免滴灌管外漏。

4. 养分供给

对基肥的选择，可使用固态缓效肥代替营养液，均匀放入基质中，控制好具体的施肥量。

（二）植株调整

1. 吊蔓

当植株长到30～50厘米，及时吊绳、绕蔓。顺着栽培行的方向在植株上方拉一道铁丝，作为固定的支撑。吊蔓选用绕有聚乙烯绳的“M”形钩，“M”形钩挂在铁丝上，聚乙烯绳绑在番茄植株上，并随着植株生长顺时针方向缠绕。番茄挂果后，配合使用固果夹保证番茄苗易于打理，且不会发生因果实过重导致的茎干劈裂现象。当植株生长过高时，放绳落蔓，以便日常管理（图5-2）。

图5-2　番茄椰糠无土栽培示意

2. 打杈摘心摘叶

管理中采用单秆整枝，打杈时把应保留侧枝以外的其余侧枝及时摘除，即留2片已长大的功能叶后摘除嫩梢，当最上目标果穗开花时，留2片叶后摘心；第一穗果成熟后，及时摘除下部枯黄的病叶和老叶或植株间过多过密的叶片。

3. 授粉

番茄属于自花授粉植物，但在设施栽培条件下由于通风差、昆虫少，最好进行人工辅助授粉。在太阳出来后，用竹竿轻轻敲击吊绳的铁丝，以振动的方式进行授粉。另外也可采用熊蜂授粉，绿色环保。

4. 病虫害防治

番茄主要病虫害有灰霉病、早疫病、晚疫病、叶霉病、病毒病、蚜虫、粉虱、斑潜蝇等。详细防治方法见本书第四章第五节内容。

第二节　连作障碍综合防控技术

近年来，随着设施栽培技术的推广，茄果类蔬菜生产的规模化、专一化、产业化经营模式日趋成熟，但设施茄果类蔬菜主产区的连作障碍也日趋突出，已成为设施茄果类蔬菜生产可持续发展的瓶颈。连作障碍能导致棚室内土壤养分分布不均衡，极易引起植株出现缺素症状（如番茄缺钙易发生脐腐病等）；且随着连作年限的延长，土传病虫害大量积累，极易造成减产甚至绝收。本节主要对设施茄果类蔬菜连作障碍成因及主要表现进行介绍，并在此基础上提出针对性的新型防治措施。

一、连作障碍成因

（一）自毒作用

自毒作用是植物根系通过代谢与非代谢途径产生的分泌物和组织脱落物，对其他个体生长产生直接或间接的有害影响，化感作用与连作障碍关系密切，是连作障碍发生的主要原因之一。随着蔬菜生产的发展，各类蔬菜连作障碍日趋严重，如在一个设施棚室内连续多年种植同种蔬菜，常造成作物根系分泌物中化感物质的累积，并对下茬作物生长产生不良影响，导致自毒作用发生。近年来，国内外科研人员已在番茄、黄瓜和辣椒等多种园艺作物组织和根系分泌物中分离出酚酸类、醇类、吡喃类、胺类、醛类、烷烃等物质，这些物质被认为是根系分泌物中的主要化感物质。酚酸类化合物通过改变膜透性抑制植物养分吸收，抑制细胞分裂、生长和亚显微结构，影响植物光合与呼吸作用，影响各种酶的功能和活性，影响内源植物激素合成代谢，影响蛋白质合成。单宁酸、一些酚酸树脂和醌可使蛋白质变性失活，某些酚如足叶草毒素具有剧毒。

（二）土壤养分不均衡

在蔬菜种植过程中，农户为获取高产，往往会施用大量的氮磷钾三元复合肥和少量的农家有机肥。同种蔬菜的根系分布范围及深浅一致，对肥料中各元素的吸收比例也是一致的，因此多年连作以后势必造成土壤中养分的比例失调，尤其是一些微量元素缺乏。主要施用氮磷肥，长久以来会导致土壤中缺失钾元素和一些微量元素，同时氮、磷和某些中微量元素会大量积累，从而产生元素间的拮抗作用，影响作物的生长。黄瓜连作后土壤次生盐渍化加重，磷过剩，钾则消耗过多，造成养分不平衡。从根系分布角度看，同种蔬菜根系在土层中的分布较为一致，如果耕地不到位，那么很容易引起该土层中一些大量或微量元素的缺失，致使蔬菜的生长发育不良。例如：茄子缺钙新叶失绿，功能叶向上卷曲，老叶虽然保持绿色，可以见到部分植株生长点已经坏死，番茄缺钾果实着色不均；辣椒缺镁叶尖黄化等。

（三）土壤次生盐渍化

土壤含盐量随着种植年限的增加而增加，从而导致土壤理化性状变劣。次生盐渍化的程度与环境条件有关，温度高、湿度大、缺乏排水洗盐条件等。土壤次生盐渍化最明显的特征是土壤表面出现一层白色盐霜，当白色盐霜由白变绿再变红（紫球藻）时，土壤的含盐量已经超过 10 克/千克，可对植株的生长造成严重的影响。总结造成土壤盐渍化的原因主要包括以下几点。

1. 水分蒸发强烈

温度较高而蒸发量大，水分的运动方向总是由下向上移动，使深层水分不断通过毛细管作用上移，溶解其中的盐分随之移至土壤表层而聚积。

2. 灌溉方法不当

在蔬菜种植过程中，为了保证土壤湿度和温度，常采用“小水勤浇”的灌溉方式，导致土壤表层盐分滞留。

3. 施肥量大且不合理

蔬菜复种指数高，施肥量大，施肥次数多，特别是氮肥的施用，土壤易累积硝酸盐和加剧次生盐渍化，同时出现土壤酸化的现象。蔬菜在种植过程中需施用有机肥，但是过量施用未腐熟的有机肥料，会因物料分解不彻底造成盐分残留，加重土壤盐渍化。

4. 缺乏漫灌排盐

长期干旱，没有雨水淋洗的栽培条件下土壤水分蒸发快，灌溉后向下渗漏排水受阻，地表容易积盐。另外，若经常种植不耐盐的蔬菜，如豆类、黄瓜等，也会加重土壤盐渍化。

（四）土壤酸化

土壤酸化与次生盐渍化多伴生，土壤酸化指的是土壤吸收性复合体接受了一定数量的致酸离子，使土壤中碱性离子淋失的过程。土壤酸化是一种土壤退化的表现形式。南方土壤酸化更加严重。南方土壤 pH 较北方土壤 pH 低，土壤致酸离子含量高，土壤酸化更加严重。大量化肥、农药的施用使得土壤有机酸、营养阳离子被吸收后产生的生理酸物质含量不断增加，且铵态氮肥用量达80 千克/公顷时就会加速土壤酸化；设施栽培土壤施肥量远远高于同区域露天栽培土壤，土壤酸化程度较露天土壤更加严重。土壤含氧量不足，根系及土壤微生物呼出的二氧化碳积累在土壤中，与水结合形成碳酸，导致土壤中的 pH 降低，也会导致土壤酸化。灌溉次数较多，土壤灌水量过大会加剧钙、镁离子的流失，这也是导致土壤酸化的一个主要原因。

（五）根系微生物变化

土壤微生物和酶是土壤生态系统的重要动力，土壤中所进行的一切生物学和化学过程都要通过微生物和酶作用才能完成。土壤中的硝化细菌，促进磷酸盐水解的细菌、固氮菌、根瘤菌和一些假单胞杆菌等，对促进植物生长和增强植物对土壤中微量元素的吸收有着积极的作用。同一种作物连作后，可使某些特定的微生物群得到富集，造成肥料分解转化过程受阻，土壤病菌和病害蔓延。特别是植物病原真菌，不利于土壤中微生物种群的平衡，而有利于植物根部病害的发生，使产量逐年降低。土壤微生物比例失调，是导致土壤分解能力下降的直接原因，间接导致连作蔬菜无法正常补给元素，生长发育受阻。再次，土壤中有害真菌的增多，使连作后期的蔬菜受到病害感染的可能性大大上升。

（六）重金属元素积累

菜地重金属元素的累积不仅对土壤造成严重污染，还对蔬菜的食用安全存在潜在威胁。从我国重金属累积的空间分布来看，我国南部土壤重金属含量以镉、汞、铅含量最高，北部土壤重金属以铜、砷、铬含量最高。农业重金属含量除了受人为喷施农药、化肥影响外，土壤重金属背景值也是影响重金属含量高的重要原因之一。土壤重金属元素镉、铜、锌、铅和砷主要与种植蔬菜过程中施用化肥和农药有关；露天菜地中铅主要来源于交通污染源，铬受人类活动影响较小，主要取决于自然背景值。磷肥中含有较多的汞、镉、砷、锌、铅，氮肥中含铅量较高。为提高土壤质量，有机肥施用被人们所提倡，畜禽粪便堆肥则含有较高的铜、锌、铬、镍，不合理的施肥方式和有机肥生产原料的处理不当，导致重金属在土壤中滞留。重金属元素积累对蔬菜的生长已经产生了重大影响。重金属含量的高低不仅影响土壤的污染程度，还影响蔬菜的品质和食品安全问题。

二、连作障碍主要表现

（一）病虫害发生概率增加

连续种植同一作物能够为这种病害提供良好的环境去繁衍、扩散，如果下一次种植同一种作物，病虫害能迅速攻破植株。3年以上大棚栽培的蔬菜或8年以上老菜地种植的蔬菜，土传病害、根结线虫、病毒病、白粉病、疫病、红蜘蛛、蚜虫、螨类等病虫害发生普遍，产量损失达10%以上。大量使用化学农药，甚至剧毒农药，使蔬菜体内的农药残留超标，安全品质下降。

（二）土壤板结

种植过程中灌溉方式和耕作措施等外因作用使土壤结构被破坏，造成土壤结构不良，而干燥后受内聚力作用影响使土面变硬，导致土壤板结。

（三）生理病害加重，产量降低，品质下降

蔬菜的生长和发育出现蔬菜连作障碍会弱化蔬菜生长速度，影响蔬菜产量。相关研究发现，番茄、甜椒、黄瓜等蔬菜连作3年以上会以每年10%～20%的速度减产。此外，会影响蔬菜的抗逆性。部分菜农大量使用农药，在连作障碍发生后蔬菜抗逆性开始下降，而农药的大量使用也可能出现药物残留，威胁人们身体健康。对3年以上大棚栽培的蔬菜或8年以上老菜地种植的蔬菜调查显示，植株生长滞缓，根系生长不良，植株矮小，年减产10%～15%。

（四）土壤养分不均衡，蔬菜养分平衡失调出现缺素症

农户为了提高蔬菜的栽培质量以及产量，经常在蔬菜栽培中追加氮、磷肥。由于蔬菜对不同营养元素的吸收量以及吸收速度存在差异，如果施肥不当或管理工作存在疏忽，蔬菜栽培连作过程中很容易出现土壤养分不均衡的情

况，导致土壤中某些微量元素难以满足蔬菜正常生长的需求。常见的缺素症：如茄子的黄萎病、瓜类作物的枯萎病、番茄的青枯病、白绢病、辣椒的疫病等。

三、连作障碍综合防控技术

（一）科学施肥、平衡施肥

基于种植过程中出现的连作障碍，为更好地对其进行防治，应当以科学合理的方式，对土壤开展施肥作业。以现如今的栽培状况来看，当种植蔬菜时，人们往往会施加较多的化肥，或者没有应用正确的化肥种类。在进行施肥的过程中，应当以有机肥为主，辅之使用适量的化肥，除此之外，配施土壤改良调理制剂，培育健康土壤。改良土壤营养失衡的根本在于平衡高效施肥，有机肥和无机肥配施，增添中微量元素，增施土壤调理剂，提倡使用的改良剂有石灰石、蛭石、珍珠岩等天然矿物，粉煤灰等无机废弃物，作物秸秆、豆科绿肥和畜禽粪便、泥炭等有机物料，生物控制剂、微生物接种菌、菌根、蚯蚓等生物改良剂。施肥时要平衡氮和磷的用量，增加钾、钙、镁、硼等元素的用量；针对土壤次生盐渍化、酸化障碍配施化学改良制剂，包括施用石膏、磷石膏、过磷酸钙、腐植酸、泥炭及醋渣等，适当调节土壤 pH，改善土壤理化环境。

实施测土配方施肥技术措施，根据采集土样化验检测的结果，明确土壤养分的丰缺程度、土壤中的主要障碍因素，制定合理的氮磷钾及微量元素施肥配方，科学提出氮磷钾及中微量元素等肥料的施肥品种，限量使用限定的化学肥料，做到“缺什么补什么、缺多少补多少”，从而减轻连作障碍。

（二）采用水肥一体化技术

水肥一体化技术，控制氮素施用，加强氮水管理。采用灌溉与施肥融为一体的精准灌溉施肥技术，主要原理是借助压力灌溉系统，将水溶性固体或液体肥料配兑而成的肥液与灌溉水混合均匀，然后通过可控管道系统按照土壤养分含量和作物种类的需水需肥特点，为作物根区均匀、定时、定量地供水、供肥。加强氮水管理，防止次生盐渍化，改善作物微生物环境培育健康土壤。

（三）土壤排盐

栽培蔬菜达到一定年限后，土壤中盐分积累，不利于蔬菜的正常生长，需要农户适当采取土壤排盐措施，对土壤中的盐分进行排减。科学的灌水排盐就是要以水洗盐，将土壤表层的盐分随着水分带走，高温蒸发不易将土壤盐分带回表层降低土壤表层的盐分累积。在休闲期，采用大水漫灌的方式，每亩进行2～3 次灌水且每次不少于 100 立方米，才能达到洗盐的目的。在作物生长时期，采用缩短畦头，接通大明沟等方式，将土壤表层的盐基离子清除。

（四）使用优良品种

就克服连作障碍而言，选育抗性品种具有重要意义。针对连作障碍进行专门的生态育种，种植耐连作的作物品种（如耐病虫害、耐自毒、耐盐害等）。通过简单序列重复标记 SSR、单核苷酸多态性 SNP 等手段定向筛选耐性基因，继而筛选出耐性品种。目前在耐性品种抗性高、品质好、产量高等方面都有了不小的收获，如茄子的抗青枯病品种、重金属低累积马铃薯、辣椒品种、番茄砧木双抗品种等。种植耐性品种对于治理土壤酸化、次生盐渍化、重金属污染都有很好的效果。耐性品种已经在生产、生活中得到了广泛应用。

（五）改善栽培制度，合理轮作技术

现如今，国内的蔬菜栽培技术正处于发展阶段，在农作物种植方面，对于该项技术的运用，仍然有着一定的问题，面对这样的情况，有必要优化并健全该项技术，在提升技术水平的基础上，有效处理连作障碍的问题。间作、轮作是一种有效且容易实现的解决连作障碍的种植模式。

间作具有增产、提高养分资源利用率等优点，可降解连作作物根际土壤中的自毒物质，改变自毒物质的种类和含量，从而减轻自毒物质对病原菌生长的刺激作用，缓解连作障碍。大量研究证明，间作在克服土壤连作障碍中具有重要作用，间作改变了作物根际的真菌群落结构，提高了作物根际真菌的活性、多样性和丰富度，增加了土壤微生物总生物量，改善了根际土壤的微生态环境，降低了镰刀菌的数量，提高了土壤酶活性并改善作物生长状况，从而提高产量。

轮作是目前生产上解决土壤连作障碍的最好方法。轮作既有利于作物吸收土壤中的不同养分，又可调节微生物群落，使土壤病害受到控制。轮作可使病菌和害虫失去寄主或改变生活环境，因而减轻或消灭病虫害，同时也可以改善土壤结构，充分利用土壤养分。马铃薯豆科植物轮作对防止马铃薯连作田土壤盐渍化有显著效果，对土壤速效氮、速效磷及速效钾含量有不同程度的促进作

用。番茄—水稻水旱轮作模式能够降低盐渍离子含量和土壤 pH，能较好地改良连作土壤的特性。随着番茄轮作年限的延长，与连作相比，其在减少田间病害和烂果率、降低生产成本、增加果实单果质量和产量方面效果较明显。伴生、间作、套作等栽培方法也可有效避免化感作用导致的作物连作障碍。

（六）合理运用嫁接技术

嫁接是目前生产上克服土壤连作障碍普遍采用的方法，嫁接既能保持接穗品种的优良性状，又能利用砧木的有利特性，达到早结果，增强抗寒、抗旱、抗病虫害能力的目的。嫁接育苗具有能有效控制土传病害和线虫病害，抗病、抗重茬，增强植株长势，延长生产期，提高产量等作用，通过种植嫁接苗预防土传病害的效果较好。选择砧木时，要充分考虑砧木的抗病性及其与接穗的亲和性，有的品种抗病性强，有的品种综合性好，应根据需要进行选择。为便于操作和管理，大多使用穴盘育苗，可直接购买商品育苗基质，也可自行配制，自行配制基质时要注意防止基质带菌。

（七）土壤消毒技术

1. 电消毒法

电消毒法是一种较为常见的土壤消毒方法，对线虫、韭蛆等顽固性害虫具有较好的灭杀效果。电消毒可以平衡土壤酸碱性、灭杀土传病害的病原微生物，也可以促进难溶态的矿物质的分解转化，提高养分利用率的效果。有研究表明，综合生产成本、耗电量等因素，在通电 10 分钟，电极差选择 750 毫米或 500 毫米时效果最佳。

2. 高温消毒法

高温消毒法是指将常压热水锅生产的 80～95℃的热水，通过开口洒水管灌入土壤，在表面盖上保温膜，利用高温来消灭土壤中的病原菌及害虫的方法。热水消毒可有效减少土壤中根结线虫数量。这种方法需水量较大，不宜在缺水的地区使用。或者通过蒸汽锅炉高温蒸汽输入，合理布置蒸汽管道，采用可移动蒸汽金属管架，对土壤进行高温消毒，杀灭土壤中的大量有害病菌，分解有害自毒物质。

3. 化学消毒法

利用化学药剂结合太阳能高温闷棚的方法，直接杀死或减少土壤中病原微生物和害虫，也是消除土壤连作障碍的有效措施。如用化学药剂（溴甲烷熏蒸、硫黄粉熏蒸）消灭土壤病菌和根结线虫等。现已证明溴甲烷是破坏大气臭氧层和有潜在致癌危险的有害气体，国际规定自 2015 年起，全球全面禁用。

4. 生物消毒法

接种有益微生物或拮抗菌的生物方法是通过与病原菌竞争养分和生存空间而达到抑制病原菌的效果，方法是施用生物有机肥、菌肥、生物农药或连续种植拮抗植物等引入拮抗菌。例如将培养好的拮抗微生物以一定方式施入土壤中，或是通过在土壤中加入有机物等措施来提高原有的有益微生物的活性和数量，使土壤中形成有利于有益菌生长的微生态环境，使有益菌大量生长、繁殖，从而降低土壤中病原微生物的数量，抑制病原微生物的活动，减轻病虫害的发生。

（八）采用有机生态型无土栽培技术

无土栽培由于完全采用基质或人工配制的营养液进行作物生产，不使用天然土壤，因此病虫害较少，不会产生土壤盐类积累现象和自毒作用。无土栽培技术能避免土传病害和连作障碍，节水、省肥，效益高，产品清洁卫生，无污染。但是一次性投资较大，运行成本高，营养液配制与管理要具备一定的知识才能掌握，对技术要求较严格。

有机生态型无土栽培是现代无土栽培技术与传统有机农业相结合的产物，为我国推广应用无土栽培开辟了新途径。10 年间全国推广有机生态型无土栽培面积已超过 163 公顷。有机生态型无土栽培系统包括栽培槽、栽培基质、灌溉系统等。是以各种专用固态有机肥作为供应栽培作物所需营养的基础，直接混施于基质中，滴灌清水或低浓度营养液，从而节省生产费用。有机生态型无土栽培主要施用消毒有机肥，与使用营养液相比，大大节省了无土栽培的生产成本。

第三节　化肥农药减施增效技术

近年来，茄果蔬菜化肥、农药大量及不合理施用，导致土传病害发生严重，造成环境污染及产品农药残留，严重影响蔬菜产业的发展。本章节主要对蔬菜化肥农药减施增效生产关键技术进行集成，分析茄果蔬菜化肥农药用量增加的因素及化肥农药施用过量导致的问题，提出了包括测土配方施肥、水肥一体化、缓控施肥、精准施药、无人机高效喷药等技术，以指导茄果类蔬菜绿色健康生产。

一、导致茄果类蔬菜化肥农药用量增加的因素

（一）导致瓜菜化肥用量增加的因素

1. 采用大水大肥的栽培管理方式

我国每公顷化肥施用量偏高，施肥总量过大，我国化肥施用量占全球化肥施用量的1/3。施用过量的化肥，加上大量灌水的栽培管理方式带来大量的氮、磷等养分流失，是面源污染严重的直接原因。受高经济价值的驱动，经济作物施肥量远高于大田作物。总体来说，我国蔬菜、水果等高经济价值作物化肥用量大量增加，蔬菜已是我国第一用肥作物。相比大田作物，经济作物的化肥利用率相对较低。

2. 施肥不均衡

传统施肥习惯是氮肥施用量最大，导致氮磷钾比例失调，过量氮肥损失浪费；作物不同生育期对养分的需求不同，但部分农户在种植时基肥通常一次性施用大量速效肥，中后期不追肥或追肥不及时，导致化肥供应和植株吸收不吻合。

3. 施肥技术落后

测土配方、水肥一体化的施肥手段与管理方式对于提高肥料利用效率、降低面源污染具有重要作用。我国现阶段施肥方式主要以手工撒施化肥为主。撒施化肥容易造成肥料的流失，特别是氨元素的挥发，撒施后灌水、浇灌会造成肥料的淋洗流失。同时，由于小农户的分散经营，土地经营方式较为粗放，加之施肥过量、不合理的施肥方式与农业漫灌的灌溉方式之间三者交互作用，会

加速化肥流失，加剧农业面源污染。

4. 施肥结构不平衡

“三重三轻”（重化肥、轻有机肥，重大量元素肥料、轻中微量元素肥料，重氮肥、磷肥，轻钾肥）问题突出，传统化肥撒施、表施现象比较普遍，机械施肥仅占主要农作物种植面积的30%左右。我国农用施肥结构仍以氮肥和复合肥为主，氮肥施用占化肥施用量的40%以上。

5. 施肥方法不科学

我国蔬菜每亩平均化肥养分用量是农作物化肥养分用量的4倍多，达1 354千克/公顷。农户化肥实际施用量并没有随着测土配方推广而减少。农户是否采用配方肥主要受技术推广措施的影响，但其是否进行科学施肥主要受劳动力因素的约束。农户仅重视对底肥的施用，而缺少对土地的追肥，在对土地进行追肥的农户中，多采用传统的条施方法，而条施掩埋施肥方式容易造成化肥的挥发，降低化肥利用率。

6. 土壤板结

长期超量施用磷肥，加剧了土壤板结，磷与土壤中可溶性钙、铁、锰和铝结合，形成难以分解的固化物，破坏土壤团粒结构。这也是鸡粪等磷含量丰富的有机肥改良土壤效果差的原因。板结土壤中水、肥、气、热和微生物群系失衡，营养元素失调，瓜菜长势差，促使农民偏施化肥。

（二）导致瓜菜农药用量增加的因素

1. 病害频繁发生，害虫抗药性增强

连年种植，田间引入带菌带虫种苗和苗土，致使根系微生物环境恶化，土壤环境恶化，土壤板结，土壤盐渍化，气传病害频繁发生，主要依靠化学防治进行防控。但病原菌繁殖快，极易变异而对防治药剂产生抗性，并导致作物品种抗病性丧失。在一个生长季节内仍需多次喷药防治，有些长季节蔬菜一个生长季节甚至要用近20次化学农药。

2. 种子消毒检疫不严带入病原体

种子检疫力度不强，带病种子转运至非疫区，没有对播种种子包衣或种子用药剂处理后再播种，生长期没有用药喷施处理植株。

3. 生产器械及技术不完备

生产中缺乏高效的施药器械及与之配套的施药技术和农药剂型，烟雾机、高效喷粉机等施药器械还未能在生产中大量使用，有利于将棚室湿度控制在较低范围内，避免类似喷雾处理带来的增加棚室湿度的问题出现，因此有利于棚室病害的控制。采用背负式喷雾器喷雾施药仍是防治病虫害的主要防治手段，导致农药的大量流失，农药利用率低，防治效果大打折扣，大量农药渗进土壤，污染地下水，恶化土壤结构和土壤环境。

二、化肥农药过量导致的问题

（一）农业生产成本增高

现在，农村劳动力转移加快，促进了收入水平的提高，但回乡务农人员时间紧迫，导致进行农业生产时不计成本，错误地认为只要增加肥料和农药用量就能产生更高效益，从而导致肥料和农药用量的盲目增加。

（二）农产品整体品质降低

随意增大氮肥用量、只注重添加氮磷肥而忽视加施钾肥的现象仍然存在，不仅降低农产品的产量，还降低了农产品的品质。如：粮食作物滥施氮肥，导致作物营养生长过大、茎秆生长瘦弱，在生长中后期不但易发生倒伏、诱发多种病虫害的发生，更影响籽粒灌浆，导致籽粒瘦弱；有的瓜果由于氮肥施入较多，致使果实着色均匀性不足，糖分降低，口味较差，市场销售价格降低。

（三）土壤理化性状变差

长期过量施用磷肥将会导致土壤酸化问题加重。长期酸化的土壤会导致部分毒害性物质活跃度增强，间接加剧部分毒害性物质释放，对植物以及土壤微生物生长环境产生较大负面影响。酸化作用还会溶解土壤中的部分营养物质，溶解后在自然降水等外部要素影响下逐步下渗，土壤营养大量流失，逐步贫瘠。过量施肥还会导致 NH_4^+ 以及土壤胶体吸附的 Mg^{2+} 以及 Ca^{2+} 等产生阳离子交换，对土壤结构产生较大破坏作用，导致土壤层发生板结问题。

（四）环境污染加重

过量施加化肥将会导致土壤中养分补充过多，多余养分物质部分下渗之后会对地下水产生较大污染，还有部分随径流对河流水体产生污染。生产化肥的矿物质原材料中含有较多重金属放射性元素以及毒害成分，此类毒害要素对土壤环境会产生直接污染。过多施用氮肥会致使氨挥发，污染大气环境，此类污染与土地环境生产中的各类农副产品有效结合之后对人体健康会产生较大危害。破坏土壤理化性质、土传病害加重、蔬菜农药残留高、土壤环境污染、生态平衡破坏，也严重影响着农产品质量安全。

三、化肥农药减量增效关键技术措施

（一）化肥减量增效关键技术措施

1. 测土配方施肥技术

测土配方施肥技术是根据蔬菜需肥规律、土壤供肥情况，在施好有机肥的基础上，进行科学施用化学肥料的方法。不但确定施用数量，且定好施用时期和施用方法，尤其是重视中微量元素的施用，坚持“缺什么补什么，需多少补多少”的原则，确保养分平衡、精准供应，既能满足蔬菜生长发育的需要，又不浪费。此技术将蔬菜需肥规律、土壤供肥能力、肥料施用有机地结合起来，避免盲目施肥，避免用肥成本过大及产生环境污染，真正实现肥料的科学、高效、安全施用目的。

2. 水肥一体化技术

水肥一体化技术是将施肥与灌溉结合在一起的农业新技术。它是通过压力管道系统与安装在末级管道上的灌水器，将肥料溶液以较小流量均匀、准确地直接输送到作物根部附近的土壤表面或土层中的灌水和施肥方法，可以把水和养分按照作物生长需求，定量、定时直接供给作物。其特点是能够精确地控制灌水量和施肥量，显著提高水肥利用率。增产增效情况与传统技术相比，蔬菜节水 30％～50％，节肥 40％～45％；果园节水 40％，节肥 30％；蔬菜产量增加 15％～22％，水果增产 9％～15％。

3. 缓控释肥技术

缓控释肥是通过不同调控机制，延缓、延长养分释放期或根据设定需求来控制养分释放的肥料，具有养分有效供应期长、肥料利用率高和施肥次数少等优点，对具有生长周期较长、养分需求量大、后期施肥操作困难的作物，通过施用缓控释肥可较好满足各生长期的养分需求，提高养分利用率，有效减少化肥过量施用导致的环境污染问题，同时减少施肥次数、简化生产环节、节省施肥人工成本，是今后肥料发展和应用的必然趋势。

4. 有机肥部分替代化肥技术

增施有机肥料，农家肥与化肥混合施用。有机肥种类多，肥源广，易于积制，成本低，施用简单，是发展优质、高效、低耗农业的一项重要技术措施。充分腐熟的农家肥养分含量比较齐全，肥效持久而稳定，坚持化肥与有机肥混合施用，一可改良土壤理化性状，增强土壤肥力；二可使迟效与速效肥料优势互补；三可减少化肥的挥发与流失，增强保肥性能，较快地提高供肥能力；四可提高作物抗逆性、改善品质，并对减轻环境污染有显著效果。

目前通过化工和生物技术的结合应用对有机肥进行二次发酵，可以有效增加土壤中的有机质，实现土壤中活性物质的增加，在提升土壤肥力的同时，也可以产生抑菌物质来减少病虫害概率，促进农作物健壮生长。为此，可以通过使用有机肥来代替化肥的方式，并在此基础上应用相应的蔬菜种植技术模式，合理应用沼气设施中的沼渣和沼液，结合配方肥、秸秆生物，实现水肥利用率的提升，同时也起到对土壤次生盐渍化的抑制作用。比如在进行底肥铺施的过程中，可以使用有机肥，或者是在浇水时喷灌一定浓度的菌肥。而在植株定植时适量减少追肥次数，在作物结果期可以应用黄腐酸和氨基酸来提升光合作用。通过平衡施肥技术的应用，实现化肥使用量的减少。

5. 推广机械化深施肥技术

机械化深施肥技术主要是指使用农业机械在耕翻、播种和作物生长中期将化肥按农艺要求按种类、数量和位置施于土壤表层以下一定的深度。主要包括：深施底肥、深施种肥（也称种肥同播）、深施追肥。机械化深施的好处：减少了化肥损失，提高了化肥利用率，节省了成本，增加了效益。

6. 改良土壤结构，提高土壤肥力

土壤改良的方法主要有土壤深耕、增施有机物料、覆盖栽培、促进微生物增殖、促进蚯蚓增殖等方法。通过改良土壤，可以改善土壤物理性状和化学性状，增强土壤微生物活性，提高土壤肥力和肥料利用效率5%以上。引导农民改进耕作方式，实施合理轮作、间作、套种；实行水旱、粮菜轮作；不同种类作物、同一种类作物不同科的品种轮作、间作和套种；通过植物对土壤营养成分的自身调节，改善土壤肥力，减少化肥使用量。

7. 应用好沼渣沼液，实现农业良性循环

沼液和沼渣总称为沼肥，是生物质经过沼气池厌氧发酵的产物。沼液中含有丰富的氮、磷、钾、钠、钨等营养元素，沼渣是由部分未分解的原料和新生的微生物菌体组成，沼渣中含有较多腐殖酸，对土壤有改良作用，并且沼渣能增加土壤有机质。以农户土地资源为基础，以新型高效沼气为纽带，形成以农促牧，以沼促农，配套发展的良性循环系统，有利于提高农业生产的综合效益，达到对农业资源的高效利用，促进生态环境建设，环境友好发展，提高果蔬品质，增加农民收入。

8. 不断更新施肥技术，确保施肥质量

一要提倡施用高含量的多元复合肥，减少施用低含量的复混肥；二要积极试用高能有机无机复合肥；三要推广有机无机复混肥；四要配施高含量有益微生物的肥药兼用肥；五要加快高效缓释肥、水溶性肥料、生物肥料、土壤调理剂等新型肥料的应用。六要做到精准投放化肥，避免过度使用；七要在有条件的地方采用滴灌的方法均匀施用液体肥料。

（二）农药减量增效关键技术措施

1. 加强抗药性监测，早期实施治理

化学农药的长期单一、大剂量和大面积施用，极易促使害虫产生抗药性，导致防治效果下降甚至失效，继而导致用药剂量逐渐增加，形成“虫害重、用药多”的恶性循环。同时，过量农药在土壤中残留能造成土壤污染，进入水体后扩散造成水体污染，或通过漂移和挥发造成大气污染，严重威胁生态环境安全。停用或淘汰不能或难于恢复靶标敏感度的农药品种，及时弃用产生抗性而致防治效果大为降低的传统农药。

2. 正确进行药剂轮用和混用

将不同作用机理的药剂进行合理混用或轮换使用。原则上保护性药剂用于病虫害预防，而具有内吸传导型药剂用于病虫害治疗，将无拮抗作用或作用方式与内吸传导性互补的药剂混配组合用于混用。

3. 建立与药剂、作物系统、病虫害相匹配的施药技术

以作物为中心，按照产前、产中及产后几个阶段进行管理．根据不同生长时期病虫害发生规律，制定合理的施药规程和栽培管理规程，在有效控制病虫害和作物增产的基础上少用化学药剂。

4. 提高栽培管理和病虫害防治水平

改进施药方式，强化技术培训和指导服务，大力推广先进适用技术（包括田园清洁技术、种子无毒无病虫处理技术、种子包衣技术、无病土或基质工厂化育苗、壮秧壮苗栽培技术、嫁接技术、土壤消毒技术、适期施药技术、对靶施药技术、利用新型药械高效施药技术、棚室内天敌释放技术、色板诱杀与防虫网结合、生态调控降湿控温技术、产后残体无害化处理技术等），推进机械施药（超声波布药器，常温烟雾机、热力烟雾机、轨道风送式喷雾机、自走式风送喷雾机），研发水肥药一体化施用技术。

5. 基于精确测报的精准施药技术

通过病虫害测报体系，结合人工田间调查，监测主要病虫害发生动态，及时记录主要病虫害发生规律和危害情况，并进行检测分析和鉴定，集中研究防治适期、防治药剂及施药方法，科学制定防治方案，在病虫害发生初期进行精准防治，实现施用最少农药达到最佳防治效果的目标。

6. 无人机高效喷药技术

无人机高效喷药技术是利用无人机搭载喷药装置，通过控制系统和传感器进行操控，实现对作物的定量精准喷药。相比传统喷药方式，无人机喷药优势突出，具体表现为：一是节药效果明显。凭借无人机喷洒装置的自稳定功能，能确保雾流始终垂直向下，较常规喷药方式可节省30%～50%的农药用量。二是农药利用率高。通过精准控制喷洒流量可使农药喷洒均匀，加上无人机作业时产生的下压风场能增加雾流的向下穿透力，从而确保农药在叶片表面有效附着，农药利用率可提高30%以上。三是高效安全。据统计，无人机作业效率是传统人工打药的60倍以上，同时可实现人机分离，有效避免作业人员与农药直接接触，安全性更高。

7. 物理措施灭杀害虫

装置性诱剂诱捕器诱杀害虫雄蛾；根据害虫趋光、趋波的特性，安置杀虫灯实现对害虫的精准、高效诱杀，可有效减少农药的施用；针对害虫的趋色习性，在田间悬挂黄板、蓝板有效降低虫口基数。同时叶面喷施微生物光合菌剂增加植株叶绿素含量，既可提高肥效，又能抑制病害发生。在减轻虫害的同时保证幼苗健康生长，安全环保且效果非常明显。

8. 优势天敌防治技术

利用害虫优势天敌防治害虫，不仅能降害增产、保护生态环境，还能减药增效、维持生态平衡，经济效益和生态效益均十分显著。

9. 合理密植和整枝摘叶技术

蔬菜病害的发生与植株种植过密及不进行植株调整有关，很多菜农过于密植，且不重视整枝摘叶工作，让其自然生长，导致病害发生严重。因此，在蔬菜栽培中，要根据品种的特性进行合理密植，并及时进行整枝，使植株间通风透光，提高果品的商品性，增加中后期的产量。结果后期摘除植株底部的老叶、黄叶、病叶，以利通风透光，减少叶片对养分的消耗，减轻病害的发生。

第四节　秸秆生物反应堆技术

随着设施蔬菜产业的发展，设施栽培成为现代农业建设的一大亮点。然而设施蔬菜栽培中为了追求高效益，盲目施用过量化肥和农药、栽培品种单一且存在多年连作等现象，直接导致土壤质量下降，蔬菜品质、产量及抗性也随之下降，并严重威胁生态环境、制约设施蔬菜产业可持续发展。应用秸秆生物反应堆技术可以有效提高设施温室的低温以及增加二氧化碳浓度，有效克服土传病害、连作障碍等因素。本节主要介绍了设施蔬菜生产中秸秆生物反应堆技术的核心原理、应用效果、应用形式及技术要求，旨在为设施茄果类蔬菜生产应用秸秆生物反应堆技术提供技术支持。

一、秸秆生物反应堆技术的核心原理

（一）植物饥饿理论

饥饿理论是秸秆生物反应堆技术研制成功的关键。植物产量和品质取决于气、水、光三要素和微量矿物质元素，主要制约因素是二氧化碳。大气中提供的二氧化碳远远不能满足植物快速生长需要，增加二氧化碳是提高农作物产量和品质的关键因素。若植物长期在缺乏二氧化碳（严重饥饿）的状态下生存，则生长缓慢或性状发育不全，作物、果树出现落花落果、大小年、早衰、午休、晚熟、果实畸形等现象。研究证明，要想作物高产优质，就必须解决二氧化碳缺乏问题。

（二）叶片主、被动吸收理论

植物叶片吸收二氧化碳后，利用根系从地下吸收水分，在光的作用下二者汇集于叶片合成有机物，并储存于植物各个器官中。此过程使二氧化碳贯彻作物整个生长期。白天，叶片具有把不同位置、不同距离的二氧化碳吸进体内的本能，即“叶片主动吸收”。在叶片吸收二氧化碳的过程中，人为地将二氧化碳送进叶片内或其附近，则合成速度加快，积累增多，这种现象称为“叶片被动吸收”。主动吸收会减少有机物积累，被动吸收会增加有机物积累。

（三）矿物质元素可循环重复利用理论

植物生长除大量需要气、水、光外，还要从土壤中吸收氮、磷、钾、钙、镁、铁、硫等矿物质元素。这些积存于秸秆（植物体）中的矿物质元素，经秸秆生物反应堆技术定向转化后，能被植物重新全部吸收。据测定，这些元素完全可以满足植物生长需要，无需再施用化肥。

（四）植物生防疫苗理论

植物疫苗是生物反应堆技术体系的重要组成部分，与动物疫苗相似，但它通过对植物根系进行接种，进入植物各个器官，激活植物的免疫功能并产生抗体，实施病虫害防疫。植物疫苗在果树、蔬菜、茶叶、豆科植物、烟草等作物上大面积示范应用后，生防效果达 90%以上，平均用药成本降低 85%，平均增产 30%以上。

二、秸秆生物反应堆技术的应用效果

（一）二氧化碳浓度可明显提高

应用秸秆生物反应堆的大棚，在相同的光照强度下，一般可使二氧化碳的浓度低的在 531.9mg/m^3，高的可达到 967.29mg/m^3，二氧化碳浓度比普通大棚提高 4～6 倍，光合效率就会随着二氧化碳的提高而相应提高到 50%以上，使大棚瓜果蔬菜生长加快，开花坐果率提高，农产品品质显著提高。

（二）棚内温度可明显增加

秸秆在分解过程中除了释放出二氧化碳外，在严寒冬季的大棚里使 0～20 厘米地温能提高 4～6℃，气温提高 2%～3%，使植物的生长环境得到了显著的改善，增强了作物抵御低温的能力，使生育期提前 10～15 天。

（三）生物防治效果明显

在转化秸秆过程中产生大量抗病微生物及抗病孢子，对分布在土壤中、叶片上的病虫害能够产生较强拮抗、抑制和致死作用，降低了植物防病率 90%以上，标准规范化操作可基本上不打农药，有效解决了当前因病虫害严重，严重影响食品安全的难题。

（四）土壤有机质可增加

在秸秆生物反应堆种植层内，秸秆分解过程中总是会剩下一定量的残渣，且含有丰富有机质，各种矿物质元素被定向释放出来，使 20 厘米耕作层土壤孔隙度能够提高 1 倍以上，土壤会变得肥沃、松软，有益微生物群体的增多，为根系生长创造了优良的环境，同时解决了化肥的使用量。

（五）可处理土壤中的农药残留

该技术的应用还能有效消除植物根系周围的农药残留，最终使农药残留变为植物需要的二氧化碳，因为在秸秆反应中，菌群的代谢会产生大量高活性的生物酶，经过和化肥、农药的接触，致使有害物质变为有益物质，无效肥变为有效肥料。

（六）提高资源综合利用效果

秸秆生物反应堆技术在加快秸秆利用的同时，还能提高了微生物、光、水、空气游离氮等自然资源的综合利用率。经过测定：光利用率提高 2.5 倍，在二氧化碳浓度提高 4 倍时，水利用率提高 3.3 倍，豆科植物固氮活性提高 1.9 倍。可见，秸秆生物反应堆技术体系是一堆多效应。

三、秸秆生物反应堆技术的应用形式

（一）行下内置式秸秆生物反应堆

春、秋、冬三季均可使用，高纬度、高海拔、寒冷、干旱和无霜期短的地区尤其适宜采用。

1. 挖发酵沟

在作物种植行下挖一条宽 60～80 厘米、深 25～30 厘米与棚内种植行长度相等的沟。将所挖土壤分放两边。

2. 填铺发酵料

在沟内添加作物秸秆，厚度以高过沟 10 厘米为宜，铺匀踏实，沟两头露出 10～15 厘米秸秆茬，以便进氧气。一般每亩棚室使用干秸秆约 5 000 千克，玉米秸、麦秸、豆秸、花生秸、稻草、杂草、树叶等均可，但不能使用棉柴。为保持地下部分的通透性，秸秆以完整的状态铺入发酵沟内。不能切碎或粉碎，也不能铺整捆的秸秆。如果有牛、马、羊、兔等食草动物粪便，最好在秸秆上每亩撒施 5～6 立方米。

3. 撒菌种、尿素

填完发酵料后，按每沟所需菌种量、尿素量分别均匀撒在秸秆上，并用铁锹轻拍秸秆，使菌种、尿素与沟内各部位秸秆均匀接触。菌种用量为秸秆干重的 2‰，尿素用量为秸秆干重的 3‰，一般每亩棚室用菌种 10 千克和尿素 15 千克。

4. 回填种植土

结合起垄和施用底肥（基肥用量为常规用量的 1.0～0.8 倍），其中化肥用量每亩不超过 50 千克（一般磷酸二铵 30 千克、硫酸钾 12 千克），在铺好的秸秆上面覆盖种植土。秸秆必须踏实后方可覆土，若秸秆填铺松散，栽培中后期垄面容易出现塌陷现象。不利于生产管理。覆土的厚度以 20 厘米左右为宜，如土层过厚，秸秆发酵后产生的热量向上传导较慢，地温升高不明显：如土层过薄，植株根系过早接触地下秸秆，易产生“烧根”现象，导致茎叶变黄。

5. 打孔

用粗钢筋或尖木棍在垄上向下打孔，打孔时应穿透秸秆层，孔径 3～4 厘米，孔距 20 厘米，每沟两行。秸秆发酵采用的菌种为好气性复合菌种，打孔必须在埋入秸秆后 7 天以内进行（一般 3～4 天进行），否则容易造成地下菌种的缺氧死亡。

6. 合理定植，适时浇水

采用秸秆生物反应堆技术后，植株生长更加茂盛，定植密度应比常规种植降低 10%左右，避免植株叶片相互遮光而影响正常的光合作用。冬茬生产，茄果类、瓜类蔬菜定植期一般在 8 月下旬至 10 月中旬，约到 11 月上旬低温季节才需要秸秆发酵。可在 11 月初向发酵沟的秸秆里浇透水，上层所覆盖的土被洇湿。早春茬栽培一般于 11 月下旬至翌年 1 月定植，此时需要立即发挥秸秆发酵作用，覆盖种植土后就要大水浇灌，充分湿透秸秆，水深约为垄高的 2/3。灌水后第 3～4 天打孔。土壤水分适宜时起垄找平，定植作物，并重新打孔。

7. 及时追施

秸秆虽能提供一定营养，为保证较大的增产幅度，不可忽视追肥，但要控制每次追肥的数量。需要注意的是，若原来棚室土壤施肥过量，不需再追肥。

（二）行间内置式秸秆生物反应堆

定植前无秸秆、高温季节的区域宜采用。在定植后的大行间起土 15 厘米，将土放在邻行或一头，沟内填铺秸秆并踏实，厚度 30～40 厘米，沟两头露出 10～15 厘米秸秆茬，再按每沟所需菌种量、尿素量分别撒在秸秆上。用锨拍一遍，将所起土全部回填于秸秆上，如此循环进行。在行间浇小水湿润秸秆，行间内置式秸秆生物反应堆只浇这一小水，以后浇水在栽培行（小行）进行，靠渗透为行间秸秆提供水分。3～4 天后（盖膜）打孔，每 30 厘米打一行、20 厘米打 1 个孔，孔深以穿透秸秆层为准。

（三）追施内置式秸秆生物反应堆

为保持全生育期持续增产、弥补定植时因没有秸秆或秸秆量不足造成的缺失，在生长期内宜使用该方式。方法是将新下的秸秆用粉碎机粉碎，按每亩菌种用量 3 千克、麦麸 60 千克、饼肥 30 千克、秸秆粉 900 千克、水 2 000 千克（比例为 1∶20∶10∶300∶666），混合拌匀，堆积成高 60 厘米、宽 100 厘米的梯形堆升温，用直径 5 厘米的木棍在堆面上打孔 9 个，盖膜、发酵，升温至 40～45℃，即可穴施。每 30 厘米挖 1 穴，离开作物 15 厘米，每穴放 0.5～1 千克，随即覆土，每穴打孔 3～4 个。追施后 7～10 天一般不浇水，以后根据墒情进行常规浇水，在生育期追施 2～3 次。

（四）外置式秸秆生物反应堆

1. 贮气池建造

在大棚山墙内侧，离开山墙 60 厘米开挖一个南北向宽 1.2 米、深 0.8～1.0 米、长 7～8 米的贮气池，用单砖铺砌水泥抹面。底部中间向棚一方挖一个低于沟底 10 厘米、高 50 厘米、宽 50 厘米、长 100 厘米向外延伸的通气道，气道末端建造一个底部内径尺寸为（50 厘米×50 厘米），并高出地面 20 厘米、上口径为 45 厘米的圆形交换机底座。贮气池上部每隔 1 米东西向放一根木棍或水泥杆作横梁，从两头南北向拉四道固定铁丝。

2. 填料与接种

秸秆添加与接种一般分为三层，第一层厚度 40 厘米，第二层厚度 50 厘米，第三层厚度 50 厘米，一般用干秸秆 1 500 千克，菌种用量为秸秆干重的 2‰，一般用菌种 3 千克，三层接种用量为 2∶1∶2。接种完毕后，将秸秆干重3‰的尿素溶于水，用水淋湿秸秆，用水量以湿透秸秆为准，一般为秸秆干重的1.5倍。接着用直径10厘米的尖木棍自上向下打孔，孔深以穿透秸秆层为宜，孔距40厘米。盖膜保湿，开机通氧抽气5小时，第二天就有二氧化碳产生。注意盖膜不可过严，四周要留出10厘米高，以利于通气。

3. 发酵堆管理

（1）供气。每天上午8点开机，日落前关机。苗期6小时，开花期8小时。结果期10小时，在氧气—二氧化碳交换机的驱动下，通过输送带将发酵堆产生的大量二氧化碳、热量等输送到大棚的各个部位。

（2）定期补水通孔。秋末冬初和早春7～8天补水一次，严冬季节10～12天补水一次，用水量以充分湿透秸秆为准，不宜过多。每次补水后要在发酵堆顶部往贮气池里打孔，以增加氧气加速秸秆发酵。

（3）补料：发酵堆一般使用50～60天，秸秆消耗在60%以上时，要及时补充秸秆，一次补充秸秆1 000千克、菌种2千克、尿素3千克，浇水湿透后，用直径10厘米木棍打孔通气。然后盖膜保湿。

（4）浸出液的科学利用。发酵堆浸出液中含有大量的有机营养物质、矿物质元素、有益微生物，既能增加植物的营养，又可起到防治病害的效果，既可灌根又可喷施叶片。灌根可结合浇水冲施，每沟15～25千克即可。浸出液过滤后按1份浸出液兑2～3份的水喷施植株叶片和生长点。

四、技术要求

（一）杜绝使用化学肥料

据测定，应用秸秆生物反应堆技术，可满足植物光合作用所需的各种元素，种类齐全，比例适中，应用该技术，必须杜绝使用化肥。如秸秆数量不足可用饼肥替代或采用牛、羊、兔等食草性动物的粪便补充，忌用猪、鸡等非食草性动物的粪便。

（二）与植物疫苗、抗体配合使用

植物具有免疫功能，植物免疫功能的发挥，需要外来活体或活性物质激活抗原产生抗体，实现植物自身对病原菌的抵抗作用，这种激活抗原产生抗体的活体或活性物质称为植物疫苗。植物疫苗是通过对植物根系接种生物活体，使其进入植物机体的各个器官，激活植物的免疫功能而产生抗体，对病虫害实施防疫。为使秸秆生物反应堆技术的应用效果更好，一般生产上除了在填埋秸秆时加入反应堆菌种，在定植时施用植物疫苗，定植后喷布抗体与植物疫苗混合液。

（三）正确掌握药剂（肥料）的使用方法

1. 反应堆秸秆接种

一般情况下施用 90～120 千克/公顷，使用时可按 1 千克菌种与 20 千克麦麸（或豆腐渣 50～60 千克）、20 千克水进行混合拌匀施用。使用时注意将以上混合好的菌种均匀混施于秸秆中。

2. 植物疫苗根系接种

植物疫苗由病毒和疫苗两部分组成，病毒可杀死线虫或其他害虫，疫苗可进入植物体内部，激活植株免疫功能，可防治病害，以此替代农药，是生物反应堆技术体系的重要组成部分（山东省秸秆生物工程技术研究中心）。幼苗定植前采用植物疫苗 30～45 千克/公顷与适量常规的基质（如椰糠、泥炭土、菇渣等）混合后施入定植穴后再进行定植，定植后进行浇水，以完成植物疫苗的根系接种工作。生长期喷布疫苗和抗体：一般定植后 20～30 天后开始喷布植物疫苗与抗体的混合液（植物疫苗：001 号抗体：水＝1：2：200），每半个月喷布 1 次，连续 3～4 次。使用时注意先将植物疫苗及 001 号抗体分开处理后再进行混合，疫苗可先溶解于适量水，4 小时后进行过滤备用；001 号抗体先用适量热水溶解。

第五节　LED植物生长补光灯的优势及应用技术

LED植物生长补光灯又称发光二极管，是利用同体半导体芯片作为发光材料，两端加上正向电压，产生可见光。主要在冬季应用LED植物生长补光灯进行蔬菜育苗和生产，此季节光照长度相对较短，且阴、雨、雪、雾、霾天气频繁出现，每天有效光照时间平均不足6小时，严重影响植株正常生长，造成生长缓慢、开花延迟、落花、落果、畸形果等现象。利用植物生长补光灯对茄果类蔬菜进行适时补光，能够有效解决寡照天气对植株正常生长的影响，是提高蔬菜产量和品质的有效途径之一。

一、LED植物生长补光灯的优势

使用植物生长灯在弱光寡照的冬春温室对番茄进行补光，可以明显促进番茄的生长发育，每亩增产20.9%，提早开花，缩短生育期，使产品提早上市6天，每亩净增产值23.5%，经济效益显著提高，是温室番茄栽培的一项增产技术，而且设备简单易操作，投资成本较少，易推广。

此外生产上常用的人工补光光源有荧光灯、白炽灯、高压钠灯、高压汞灯等，但这些补光灯均存在光效低、能耗大、热效应高等缺点。LED灯的平均使用时间为12万小时，40瓦的有效光照面积约为30平方米，综合来看，LED灯在节能环保方面表现出较强的优势。

二、LED植物生长补光灯应用技术

（一）安装前准备工作

为方便后期作业，植物生长补光灯一般在定植前安装，由于日光温室内湿度较大，在安装前一定要切断电源，防止发生触电。在安装的过程中，开关、电源线、灯头等安装、连接方法要严格遵守《住宅建筑电气设计规范》标准进行操作。

（二）安置位置

补光灯应安置在距离植株冠层 1.5～2.0 米，随着植物生长，适当调节安置高度。每隔 3.5 米安置 1 盏补光灯，平均每 30 平方米安置 1 盏补光灯。

（三）安装与调试

补光灯安置之后，及时进行调试，观察是否有短路、接触不严、灯具不亮、开关控制不良等现象，如出现上述问题要及时切断电源进行检修、重新安装，再次调试，直至正常运行。

（四）应用时间

常规日光温室蔬菜生产，在正常光照较强的天气条件下，上午揭开棉被前补光约 2 小时和下午盖上棉被后补光约 2 小时；当遇到阴、雨、雪、雾、霾天气时（光照度低于 20 000 勒克斯），已影响了蔬菜光合作用，就应及时进行补光，保证植株有效光照在 10 小时以上。一般番茄在冬季生产中为晴天补光 5～7 小时，阴雨天 13～16 小时；茄子晴天补光 4～6 小时，阴雨天 11～14 小时；青椒晴天补光 3～5 小时，阴雨天 10～12 小时；黄瓜晴天补光 4～5 小时，阴雨天 11～13 小时。

（五）定期检修和保管

日光温室冬季生产过程中，棚室内温度高、湿度大，环境相对复杂，开关、电源线、灯具等设备腐蚀、损坏现象较容易发生；因此在生产过程中要安排人员定期进行巡查，如发现损坏及时进行维修保养，若有严重损坏，无法维修，要及时进行更换，以确保安全生产和植物生长补光灯正常工作。当越冬生产结束时，及时将植物生长补光灯及相关设备拆卸，并仔细检查设备使用情况，对有损坏的设备进行维修更换，同时对完好的设备进行清除灰尘、杂物等，之后将整理好的设备装入收纳箱，放置阴凉处，以备继续使用。

参考文献

孙小武，武占会，冯一新，等，2021. “十三五”我国蔬菜育苗技术研究进展［J］. 中国蔬菜（8）：18－26.

张真和，马兆红，2017. 我国设施蔬菜产业概况与“十三五”发展重点：中国蔬菜协会副会长张真和访谈录［J］. 中国蔬菜（5）：1－5.

陈菲，张娜，窦娜，2021. 蔬菜穴盘工厂化育苗技术应用及发展［J］. 现代农业（2）：61－62.

杨洪辉，顾春山，张顺，2019. 我国蔬菜育苗现状及发展趋势探讨［J］. 南方农业，13（26）：19，22.

金鑫，2018. 现代蔬菜育苗与栽植技术及装备［M］. 北京：机械工业出版社.

赵伟，2018. 蔬菜育苗中常见的问题及防治措施［J］. 中国农技推广，34（6）：37－38.

赵兴权，2013. 温室茄果类蔬菜育苗技术［J］. 农业科技与信息（1）：26－28.

王艳琴，2017. 蔬菜育苗技术及苗期病虫害防治［J］. 现代农业（4）：46－47.

刘富中，舒金帅，张映，等，2021. “十三五”我国茄子遗传育种研究进展［J］. 中国蔬菜（3）：17－27.

樊绍翥，2017. 我国茄子产业发展现状及茄子性状评价方法进展［J］. 吉林蔬菜（6）：43－44.

申爱民，2007. 我国茄子生产概况及发展趋势［J］. 现代农业科技（21）：64－64，67.

李锡香，朱德蔚，2006. 茄子种质资源描述规范和数据标准［M］. 北京：中国农业出版社.

齐东霞，张映，刘富中，等，2017. 中俄茄子种质资源遗传多样性研究［J］. 植物遗传资源学报，18（3）：404－412.

王佳慧，2012. 国外茄子种质资源主要农艺性状鉴定与评价［D］. 保定：河北农业大学.

巩振辉，2005. 茄子—南瓜栽培新技术（第二版）［M］. 咸阳：西北农林科技大学出版社.

郭卫丽，陈碧华，周俊国，2017. 茄子栽培新技术［M］. 北京：中国科学技术出版社.

邹学校，2002. 我国辣椒的栽培季节与种植模式［J］. 辣椒杂志（6）：4－6.

邹学校，2009. 辣椒遗传育种学［M］. 北京：科学出版社.

邹学校，马艳青，戴雄泽，等，2020. 辣椒在中国的传播与产业发展［J］. 园艺学报，47（9）：12.

萨仁高娃，胡文忠，姜爱丽，2012. 辣椒营养保健功能及辣椒食品的研究进展［J］. 食品工业科技，33（15）：5.

张嘉园，辛鑫，邢泽农，等，2019. 辣椒红素相关研究进展［J］. 现代农业科技（12）：2.

丁锐锋，雷鸣，唐国昌，2009. 小辣椒专用配方肥料的施用［J］. 磷肥与复肥，24（3）：84.
史艳丽，董国靖，2014. 无公害朝天椒肥料施用原则［J］. 农技服务，31（2）：18－18.
李君明，项朝阳，王孝宣，等，2021. "十三五"我国番茄产业现状及展望［J］. 中国蔬菜，（2）：13－20.
王娟，王柏柯，李宁，等，2020. 基因编辑技术在番茄育种中的应用进展［J］. 植物生理学报，56（12）：6－16.
孙锦，李谦盛，岳冬，等，2022. 国内外无土栽培技术研究现状与应用前景［J］. 南京农业大学学报，45（5）：18.
王光娟，2021. 我国设施番茄产业种植效益分析［J］. 北方园艺（16）：155－161.
李红岭，2009. 日光温室番茄高效益栽培技术［M］. 北京：中国农业出版社.
赵凯，李作森，2020. 番茄实用栽培技术［M］. 北京：中国农业出版社.

彩图 1　猝倒病

彩图 2　早疫病

彩图 3　黄萎病

彩图 4　灰霉病

彩图 5　白粉病

彩图 6　绵疫病

彩图 7　褐纹病

彩图 8　茎基腐病

彩图 9　褐斑病

彩图 10　菌核病

彩图 11　青枯病

彩图 12　软腐病

彩图 13　细菌性叶斑病

彩图 14　病毒病

彩图 15　茶黄螨

彩图 16　棉铃虫

彩图 17　蓟马

彩图 18　蚜虫

彩图 19　白粉虱

彩图 20　茄二十八星瓢虫

彩图 21　猝倒病

彩图 22　立枯病

彩图 23　疫病

彩图 24　炭疽病

彩图 25　灰霉病

彩图 26　白粉病

彩图 27　枯萎病

彩图 28　细菌性叶斑病

彩图 29　软腐病

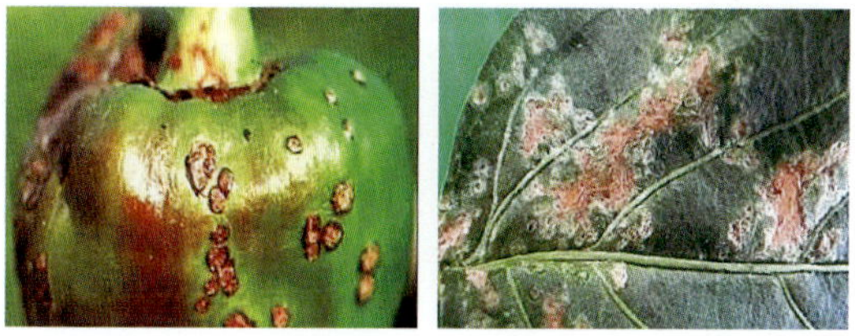

彩图 30　疮痂病

彩图 31　病毒病（叶）

彩图 31　病毒病（果）

彩图 32　日灼病

彩图 33　脐腐病

彩图 34　蚜虫

彩图 35　白粉虱

彩图 36　棉铃虫

彩图 37　茶黄螨

彩图 38　红蜘蛛

彩图 39　蓟马

彩图 40　甜菜夜蛾

彩图 41　地老虎

彩图 42　猝倒病

彩图 43　立枯病

彩图 44　晚疫病

彩图 45　早疫病

彩图 46　灰霉病

彩图 47　叶霉病

彩图 48　枯萎病

彩图 49　根腐病

彩图 50　绵疫病

彩图 51　菌核病

彩图 52　黑斑病

彩图 53　炭疽病

彩图 54　茎基腐病

彩图 55　斑疹病

彩图 56　软腐病

彩图 57　溃疡病

彩图 58　疮痂病

彩图 59　细菌性髓部坏死

彩图 60a　黄化曲叶病毒病

彩图 60b　蕨叶病毒病

彩图 60c　条斑病毒病

彩图 60d　褐色皱纹果病毒

彩图 61　根结线虫

彩图 62　潜叶蝇

彩图 63　白粉虱

彩图 64　蚜虫

彩图 65　叶螨

彩图 66　蓟马

彩图 67　烟青虫